트래블로그Travellog로 로그인하라!

여행은 일상화 되어 다양한 이유로 여행을 합니다.

여행은 인터넷에 로그인하면 자료가 나오는 시대로 변화했습니다.

새로운 여행지를 발굴하고 편안하고

즐거운 여행을 만들어줄 가이드북을 소개합니다.

일상에서 조금 비켜나 나를 발견할 수 있는 여행은

오감을 통해 여행기록TRAVEL LOG으로 남을 것입니다.

체코 사계절

체코지역은 지리적으로 유럽의 중부 내륙에 있는 드넓은 평야지대인 대륙성 기후와 지중해성 기후의 중간으로 여름은 덥고 겨울은 매우 추운 날씨를 가지고 있다.

봄

4월 초까지 기온의 변화가 심해 봄을 느끼는 시기는 4월 말이 되어서야 가능하다. 체코도 역시 봄이 짧아지고 날씨가 더워지고 있다.

여름

북부와 중부 대부분의 지역은 여름과 겨울의 기온 차이가 큰 대륙성 기후를 가지고 있다. 여름은 기온이 영상 30도를 넘는 날도 있지만 습도가 낮고, 비가 많이 내리지 않아서 덥다고 느껴지지 않는다.

가을

체코 여행이 가장 좋은 시기는 9, 10월초이다. 기온이 낮아지면서 하늘은 높고 체코의 아름다운 자연을 볼 수 있는 시기이다. 또한 다양한 축제로 즐길 수 있는 계절이 가을이다.

겨울

겨울에는 짙은 안개와 스모그 현상이 자주 일어나고 영하 10도 아래로 내려가는 날이 많고 눈이 많이 내려서 여행할 때는 반드시 따뜻한 외투와 장갑이 꼭 필요하다.

천국의 계단

아침 첫차를 타고 체스크크롬로프로 출발했다. 다행히 아직 덥지는 않다. 아침 햇살이 나의 마음을 포근하게 만들어 준다. 여름의 체스키크롬로프는 너무 싱그러운 나무와 잎새들이 아름다워 눈이 찡하고, 화창한 날, 나를 울컥하게 한다. 언제 이런 느낌을 다시 받을 수 있을까?

천재 예술가라고 하는 에곤 실레는 어머니의 고향, 체스키크룸로프에서 사랑하는 애인과 여름휴가를 보내며 작품을 남기기 시작해 체스키크롬로프의 아름다운 자연을 전 세계에 알렸다. 선정적인 누드화를 그렸다고 알려지면서 쫓겨났는데, 체스키크롬로프에서 가장

유명세를 치르는 예술가는 에곤 실레이다. 이제는 체스키크룸로프에서 그의 이름을 내세워 관광 상품을 팔면서 먹고 살고 있으니 아이러니한 일이다. 에곤 실레 뮤지엄에서 엽서를 사 들고 나와 트르델닉을 입에 문 채 햇빛 쏟아지는 거리를 활보했다.

반질반질 윤이 나는 돌이 박힌 골목길을 따라 마을 안으로 천천히 걸어 들어가면 프라하 구시가보다 한참 작은 광장을 지나 아기자기한 중세의 상점들이 나의 발걸음을 멈추게 한다. 대한민국에서 어디에서나 보던 체인점은 눈 씻고 찾아봐도 없고, 같은 간판의 매장은 당연히 보이지 않는다. 이곳은 집들의 색감이 어찌나 고운지 아이들이 조립해 만든, 조그만 장난감 집 같다. 아니면 영화를 위해 정교하게 제작한 세트장 같기도 하다.

해까지 짱짱한 파란 하늘에, 한여름 밤의 요정이 간밤에 마술을 부려 새로 색칠한 한 컬러링 북에 있는 건 아닐까 주위를 둘러본다. 파란 햇살은 선명하게 빛이 나고, 파스텔 색의 주위 건물은 겉보기만 예쁜 건 아닐까하는 생각이 든다. 체스키크룸로프 건물들의 벽은 시대의 변천사를 고스란히 담고 있다.

광장에는 다양한 양식의 건물이 둘러싸고 있지만 어느 건물이 어떤 양식인지는 잘 모른다. 고딕, 르네상스, 아르누보 등 시대별로 유행한 다양한 양식을 내가 아는 것은 사치같기만 하고 나는 파란 하늘과 대비된 건물의 벽화에 빠져들었다. 그렇게 햇빛에 나의 얼굴은 점점 땀으로 범벅을 하고, 걸어서 마을의 비경을 찾아 체스키크룸로프 성에 올랐을 때 감탄과 함께 환하게 웃는 얼굴에 드러난다.

하늘에 폭신하게 깔려 있는 하얀 구름과 동그랗게 돌아가야 하는 굽이치는 블타바 강을 따라 오렌지색의 작은 집들이 바닥을 색칠하고 있다. 위에서 보면 마을을 안고 흐르는 작은 물줄기는 아기자기하기도 하고 장관이기도 하다.

수천만 년의 작은 물이 만들어낸 작은 강줄기일 뿐인데 감탄사가 자연스럽게 나온다. 옆에서 보던 관광객도 무슨 말인지는 모르지만, 그녀의 얼굴을 보고 감탄하고 있다는 것을 알 수 있다. 이럴 때는 무슨 말을 해야 하는가? 내 안에 많은 형용사와 시적인 언어는 나오지 않고 계속 아름답다고 경탄하는 문구들만 두서없이 튀어나오고 있다.

아름다운 풍경에 반한 친구는 연신 카메라를 들고 이리저리 찍어댄다. 나는 카메라에 손도 안 대고 화창한 햇살을 온 몸으로 느끼고 있다. 이제 체스키크롬로프에서 지도도 필요 없다. 성에 올라 마을을 굽어보고 눈이 보고 머리가 느끼는 순간 따라간다. 나도 모르는 길이지만 겁나지도 않는다. 희망이 느껴지는 길이 체스키크롬로프 골목길이다.

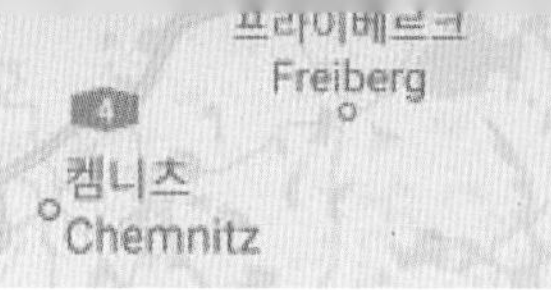

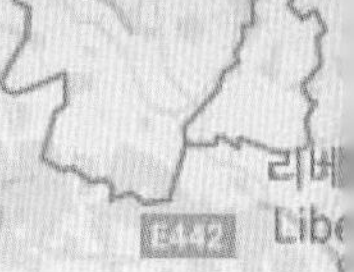

Contents

체코 여행에 꼭 필요한 Info

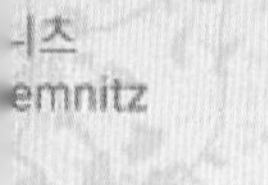

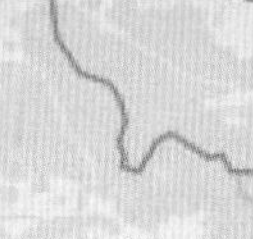

〉〉〉 모라비아(Moravia)

〉〉〉 올로모우츠(Olomouc)

〉〉〉 브르노(Bruno)

DIVADLO
HUSA NA PROVÁZKU

Intro

유럽 중부 지역에 자리 잡은 체코에서 훌륭하게 보전된 중세 시대 건축물, 세계적으로 유명한 현대 미술과 문학 유산을 볼 수 있는 나라가 체코이다. 체코는 완벽하게 보전된 중세 도시와 예술적인 현대 문화가 흥미롭게 조화를 이룬 나라이다.

프라하는 기차와 항공편을 통해 대부분의 유럽 도시와 연결되어 있다. 중세 시대 건축물과 현대 미술이 공존하는 시간 여행을 떠날 수 있다. 수도인 프라하는 프란츠 카프카의 문학, 프랭크 게리의 건축물이 14세기의 성당, 자갈이 깔린 좁다란 골목길과 만나는 체코의 매력을 간직한 곳이다. 중세의 모습을 간직한 프라하의 구시가지는 유럽에서 가장 인기 있는 관광지이다. 오래 전 14세기에 세워진 카를교(Charles Bridge), 1410년에 만들어져 지금까지 작동하는 천문시계, 도시 어디서나 볼 수 있는 언덕 위의 프라하 성이 놓인 프라하는 수백 년간 멈춰 있는 듯하다.

프라하의 고대 건축물 옆에는 역동적인 20세기를 상징하는 건물이 서 있다. 현대주의 건축가 중 한 명인 프랭크 게리의 실험 정신이 가장 돋보이는 프라하 댄싱 하우스의 굽이진 건물이 프라하 강변에 서 있다.
독창적이고 분주했던 20세기의 매력을 품은 채 중세 유산을 지켜오고 있는 체코의 여러 소도시에도 관심을 가질 만하다. 체코는 프라하뿐만 아니라 미술과 건축물, 여유롭게 문화를 즐길 수 있는 다양한 도시들이 있다.

유네스코 세계 문화유산으로 등재된 체스키크롬노프의 구시가지는 중세 시대부터 거의 변하지 않은 도시 구조와 건축물을 갖추고 있다. 카를로비바리는 유럽 최대 규모의 온천 스파 타운으로, 12개의 온천과 많은 대형 호텔이 모여 있다. 괴테와 베토벤을 비롯한 명사들도 다녀간 리조트에서 휴식을 느껴보자. 필스너 맥주를 탄생시킨 플젠으로 맥주여행을 떠나 세계 최초의 필스너 맥주를 아직도 생산하고 있는 필스너 우르켈 양조장을 둘러보고 맥주 통에서 바로 양조한 맥주도 시음해 볼 수 있다.

모라비아의 브르노에서 1920년대의 아름다운 디자인을 고스란히 간직한 두겐타트 별장에 찾아가보자. 체코에서 신구의 조화를 제대로 느껴보고 싶다면 프라하 남부에 있는 코노피스테 카타우도 좋다. 이곳은 프란츠 페르디난트 대공이 기거하던 장소였다. 이후 독일 점령기에 SS 본부로 사용되기도 했다.

프라하가 체코의 대표적이고 아름다운 도시로 대부분의 대한민국의 관광객이 찾는 곳이지만 체코 전체적으로 다양한 매력을 가진 소도시들이 전국에 빼곡하게 있어서 체코를 여행하라고 추천한다. 체코의 매력을 알리고 싶은 가이드북을 만들어보고 싶은 생각에 체코 & 프라하로 가이드북의 제목이 정해졌다.

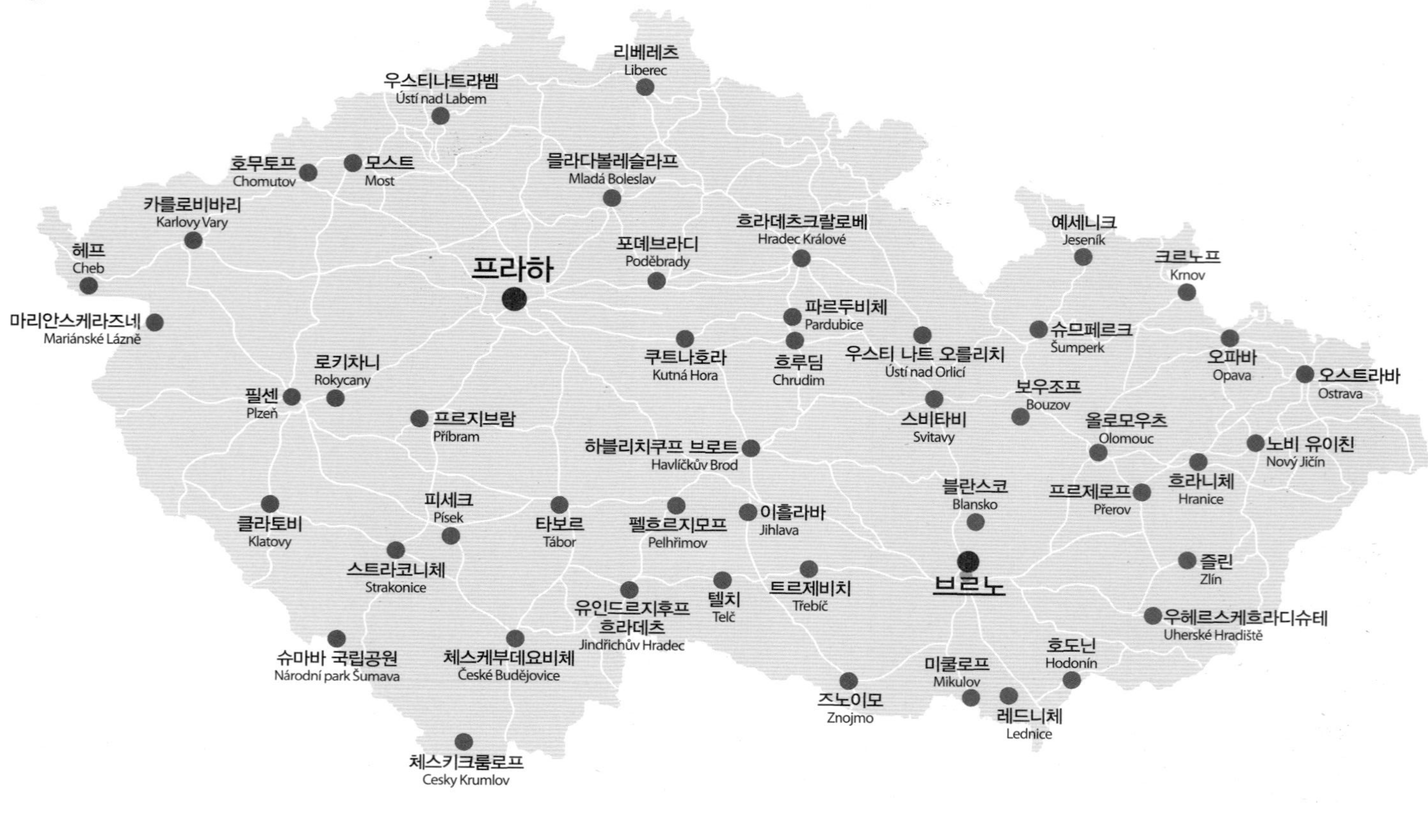
리베레츠
Liberec
우스티나트라벰
Ústí nad Labem
호무토프
Chomutov
모스트
Most
믈라다볼레슬라프
Mladá Boleslav
카를로비바리
Karlovy Vary
흐라데츠크랄로베
Hradec Králové
예세니크
Jeseník
헤프
Cheb
프라하
포데브라디
Poděbrady
크르노프
Krnov
마리안스케라즈네
Mariánské Lázně
파르두비체
Pardubice
슈므페르크
Šumperk
오파바
Opava
쿠트나호라
Kutná Hora
흐루딤
Chrudim
우스티 나트 오를리치
Ústí nad Orlicí
오스트라바
Ostrava
로키차니
Rokycany
보우조프
Bouzov
필센
Plzeň
프르지브람
Příbram
스비타비
Svitavy
올로모우츠
Olomouc
하블리치쿠프 브로트
Havlíčkův Brod
노비 유이친
Nový Jičín
흐라니체
Hranice
블란스코
Blansko
프르제로프
Přerov
피세크
Písek
클라토비
Klatovy
타보르
Tábor
펠흐르지모프
Pelhřimov
이흘라바
Jihlava
즐린
Zlín
스트라코니체
Strakonice
트르제비치
Třebíč
브르노
텔치
Telč
유인드르지후프 흐라데츠
Jindřichův Hradec
우헤르스케흐라디슈테
Uherské Hradiště
호도닌
Hodonín
슈마바 국립공원
Národní park Šumava
체스케부데요비체
České Budějovice
미쿨로프
Mikulov
즈노이모
Znojmo
레드니체
Lednice
체스키크룸로프
Cesky Krumlov

위치

체코는 지리적으로 유럽의 중부 내륙에 있다. 체코는 유럽의 동쪽에 위치하여 독일과 폴란드, 오스트리아, 슬로바키아에 둘러싸여 바다를 볼 수는 없다.

국기

빨강색은 보헤미아 지방을 하얀색은 모라비아 지방을, 파랑은 아름다운 산을 상징한다. 체코슬로바키아라는 국가명때 사용한 국기를 지금도 사용하고 있다.
체코인들은 대부분 피부가 하얗고 머리색은 다양하다. 아코디언을 연주하고 사람들은 흥에 겨워 체코의 전통 춤인 폴카를 추기도 한다. 폴카는 보헤미아에서 유래한 전통 춤으로 빠른 스텝으로 빙글빙글 돌면서 춤을 춘다.

민족

동유럽사람들은 대부분 슬라브족이지만, 헝가리에는 마자르족, 루마니아에는 라틴족 등 여러 민족들이 살고 있기 때문에 다양한 민족성이 함께 나타나는 곳이기도 하다. 따라서 유럽 · 러시아 · 아시아 · 이슬람의 문화가 뒤섞여 있는 독특한 문화를 여행하면서 느낄 수 있다. 로마 가톨릭교의 성당들이 우뚝 솟아 있기도 하고, 그리스 정교의 영향을 받아서 수도원도 많이 있다. 여러 종류의 문화와 예술이 하나를 이루어 아름다움을 만들어 낸다고 하여 '문화와 예술의 모자이크 지역'이라고 부르기도 한다.

공휴일

1월 1일	설날	7월 6일	얀 후스 추모일
4월 20일~21일	부활절	9월 28일	성 바츨라프의 날
5월 1일	노동절	10월 28일	독립기념일
5월 8일	해방 기념일	11월 17일	자유민주주의 기념일
7월 5일	기독교 선교 기념일	12월 25일	크리스마스

About 체코

동유럽의 보석

프라하는 유럽에서 가장 아름다운 도시로 꼽힌다. 프라하는 마치 시간이 정지된 느낌을 받게 한다. 도시 곳곳에 고딕, 르네상스, 바로크 양식의 건물 등 중세의 흔적을 엿볼 수 있는 역사 유적이 남아 있어 시간의 흐름을 잊게 한다.

아픈 역사의 흔적

프라하는 90년대 초반까지만 해도 어둡고 침울한 느낌의 도시였다. 하지만 현재 프라하는 유럽에서 가장 세련되고 아름다운 도시로 바뀌어 세계 각국에서 몰려드는 여행자를 맞이하고 있다.

문화와 예술의 나라

천 년의 역사와 드라마틱한 사건의 무대였던 프라하는 유네스코에 의해 세계문화유산으로 지정되었다. 도시의 문화를 즐길 수도 있으며 다양한 인물을 만날 수 있는 도시이다. 드보르작과 카프카를 배출했고 모차르트 최고의 오페라로 꼽히는 '돈 지오바니'가 상설로 공연된다.

무뚝뚝하지만 따뜻한 사람들

체코인들은 겉으로는 무뚝뚝하고 무관심해 보이지만 알고 보면 사소한 것에 감사하는 따뜻한 사람들이다. 1인당 맥주소비량이 1위를 차지할 만큼 맥주를 즐기지만 과음은 잘하지 않는다. 교육수준이 높고 어린 나이부터 악기를 배운다. 체코에 유명 음악가가 많은 것은 이런 이유가 있을 것이다.

체코를 꼭 가야하는 이유

로맨틱한 도시

중세 문화를 품은 이국적인 정취와 로맨틱한 풍경을 선사하는 체코는 누구나 사랑하는 동유럽 여행지이다. 전 세계 여행자들의 감성을 사로잡은 프라하는 가을이 다가올수록 하늘은 조금씩 높아질수록 프라하에 대한 사랑은 더욱 깊어지고 만다.
중세 유럽 특유의 낭만과 분위기를 제대로 만끽하고 싶다면 블타바 강 옆 레트나공원에서 멋진 야경을 감상할 수 있다. 매일 저녁 구시가지 광장과 카를교에서 버스킹이 열려 아름다운 선율을 감상할 수도 있다.

과거로의 시간여행

체코 프라하는 중부 유럽에 위치한 도시로 건축물과 문화유산 다수를 보유하고 있다. 특히 중세 건축 뿐 아니라 유럽에서 가장 아름다운 다리 카를교, 아르누보의 건축물, 프라하 성, 레트나공원 등 관광명소가 즐비하다.
고색창연한 건축물과 중세역사를 느낄 수 있는 도시는 프라하가 대표적이다. 프라하뿐만 아니라 체코의 다른 도시에는 발길 닿는 곳곳에 세계문화유산이 많다. 중세를 담은 체코의 각 도시들이 항상 많은 관광객들로 붐빈다.

저렴한 물가

동유럽하면 프라하를 가고 싶어하는 여행자는 많다. 프라하의 건축물과 풍경이 여행자의 마음을 훔치면서 프라하뿐만 아니라 체스키크룸로프, 플젠까지 찾아가더니 지금은 체코의 모라비아 지방도 여행코스로 포함해 여행하는 관광객이 늘어나고 있다. 특히 체코는 저렴한 물가로 여행자의 부담을 줄여준다.

세계 최고의 맥주와 와인

체코 여행에서 가장 기대하는 것은 맥주이다. 체코는 맥주 애호가뿐만 아니라 맥주를 싫어하는 여행자도 한번은 맥주를 즐기는 곳이기도 하다. 체코에서 필스너 우르켈Pilsner urquell, 부드바르Budvar, 스타로프라멘Staropramen을 체코 3대 필스너Filsner 맥주로 꼽는다.

모라비아 남부 지방은 질 좋은 와인을 생산하고 있는데, 와인 레스토랑에서 맛볼 수 있다. 체코 최고의 와인산지로 알려진 발티체 성 와인살롱 투어 등 다양하다. 체코의 특산주로 쓰면서도 달콤한 맛이 절묘한 '베체로브카Becherovka', 허브 추출액이 포함된 보드카인 '주브로브카zubrovka', 자두 브랜디인 '슬리보비체Slivovice' 등이 있다.

잘 보존된 중세 도시

체코의 수도인 프라하는 체코가 얼마나 관광지가 많고 보존이 잘되어 있는지를 판단할 수 있는 대표적인 도시이다. 프라하, 체스키크룸로프, 카를로비 바리, 플젠, 쿠트나호라뿐만 아니라 모라비아의 올로모우츠, 레드니체, 텔치 등의 도시가 중세 도시 형태를 그대로 지금까지 이어오고 있다.

슬픈 역사의 자취

제2차 세계대전 후에 소련의 지배로 체코는 오랜 기간을 공산주의 국가로 힘들게 살았다. 그 동안 자유를 위해 저항하는 독립운동을 지속했다. 이것을 '프라하의 봄'이라고 한다. 인류 역사에서 다시는 일어나지 말아야 할 비극의 현장이 프라하의 바츨라프 광장에 보존되어 있다.

프라하의 봄

1968년 소련이 체코슬로바키아를 침공하는 동안, 프라하에서 체코슬로바키아 청년이 불타는 탱크 옆으로 국기를 흔들고 있다. 자유를 향한 프라하의 행진은 계속됐다. 사람들이 아직도 기억하는 '프라하의 봄(Prague Spring)'은 1968년 8월이었다. 소련군을 선두로 바르샤바조약기구의 탱크들이 프라하를 침략했다. 소련군은 결국 체코에서 벌어진 공산주의 체제에 대한 혁신을 무력화했다.

체코 & 프라하 여행 잘하는 방법

1. 공항에서 숙소까지 가는 이동경비의 흥정이 중요하다.

어느 도시가 되도 도착하면 해당 도시의 지도를 얻기 위해 관광안내소를 찾는 것이 좋다. 체코의 프라하로 입국을 한다면 중요한 것이 비행시간이다. 대한항공은 직항이지만 경유를 하여 체코에 도착한다면 14~16시간의 비행시간이 소요된다.

공항에서 프라하 시내까지 버스나 지하철로 이동을 하지만 일행이 3명 이상이라면 나누어서 택시비를 계산하면 되므로 택시를 타고 이동하는 것도 좋다. 차량공유 서비스인 우버Uber을 사용하여 이동하는 것도 좋은 방법이다.

2. 심카드나 무제한 데이터를 활용하자.

공항에서 시내로 이동을 할 때 데이터를 이용해 정확한 이동경로를 알 수 있다면 택시의 바가지를 미연에 방지할 수 있다. 또한 숙소를 찾아가는 경우에도 구글 맵이 있으면 쉽게 숙소도 찾을 수 있다.

스마트폰의 필요한 정보를 활용하려면 데이터가 필요하다. 심카드를 사용하는 것은 매우 쉽다.

매장에 가서 스마트폰을 보여주고 데이터의 크기만 선택하면 매장의 직원이 알아서 다 갈아 끼우고 문자도 확인하여 이상이 없으면 돈을 받는다.

3. 유로를 코루나K 로 환전해야 한다.

공항에서 시내로 이동하려고 할 때 지하철과 버스를 가장 많이 이용한다. 이때 '코루나(Kč)'가 필요하다. 사전에 유로를 코루나(Kč)로 준비하지 못했다면 여행 중에 사용할 전체 금액을 환전하기 싫다고 해도 일부는 환전해야 한다. 시내 환전소에서 환전하는 것이 더 저렴하다는 이야기도 있지만 금액이 크지 않을 때에는 큰 금액의 차이가 없다.

4. 공항에서 숙소까지 간단한 정보를 갖고 출발하자.

공항에서 시내까지 이동을 하려면 지하철이나 버스를 많이 이용한다. 시내에서는 버스와 트램이 중요한 시내교통수단이다. 시내 교통수단을 이용하는 교통비는 저렴하기 때문에 노선을 잘 알고 이동하는 것에 익숙해져야 한다. 같이 여행하는 인원이 3명만 되도 공항에서 택시를 활용하면 여행하기가 불편하지 않다.

5. '관광지 한 곳만 더 보자는 생각'은 금물

체코의 프라하는 볼거리가 많은 도시이다. 그런데 체코는 프라하는 대도시이지만 다른 도시들은 크지 않으므로 시간에 쫓기면서 여행을 하지 않아도 된다. 또한 프라하는 하루에 다 볼 수 있는 도시가 아니므로 적당한 여행코스와 시간적인 여유를 두고 여행을 해야 기억에 오래남는 도시이다. 사람마다 생각이 다르겠지만 여유롭게 관광지를 보는 것이 좋다. 한 곳을 더 본다고 여행이 만족스럽지 않다.

자신에게 주어진 휴가기간 만큼 행복한 여행이 되도록 여유롭게 여행하는 것이 좋다. 서둘러 보다가 지갑도 잃어버리고 여권도 잃어버리기 쉽다. 한 곳을 덜 보겠다는 심정으로 여행한다면 오히려 더 여유롭게 여행을 하고 만족도도 더 높을 것이다.

6. 아는 만큼 보이고 준비한 만큼 만족도가 높다.

체코는 중세의 건축물부터 현대 건축물까지 다양하게 도시를 채우고 있어 다양한 건축양식을 한 번에 다 볼 수 있는 도시이다. 그런데 아무런 정보 없이 본다면 재미도 없고 본 관광지는 아무 의미 없는 장소가 되기 쉽다. 2박3일이어도 프라하Praha에 대한 정보를 습득하고 여행을 떠나는 것이 준비도 하게 되고 아는 만큼 만족도가 높은 여행지가 된다.

7. 감정에 대해 관대해져야 한다.

체코는 팁을 받는 레스토랑이 거의 없다. 그런데 난데없이 팁을 달라고 하면 당혹감을 받을 수 있다. 그럴 때마다 감정통제가 안 되어 화를 계속 내고 있으면 짧은 체코 여행이 고생이 되는 여행이 된다. 그러므로 따질 것은 따지되 정확하게 설명을 하면 될 것이다.

마이센
Meißen
드레스덴
Dresden
Bautzen
괴를리츠
Görlitz
알텐부르크
Altenburg
프라이베르크
Freiberg
Heidenau
켐니츠
Chemnitz
츠비카우
Zwickau
우스티나드라벰
Ústí nad Labem
E442
아우에
Aue
모스트
Most
믈라다볼레슬라프
Mladá Boleslav
E55
호무토프
Chomutov
카를로비바리
Karlovy Vary
E65
헤프
Cheb
E49
E49
Slavkov forest
프라하
Praha
Křivoklátsko Protected Landscape Area
마리안스케라즈네
Mariánské Lázně
필센
Plzeň
E50
프르지브람
Příbram
E50
로키차니
Rokycany
E55
E55
Český les
클라토비
Klatovy
E49
타보르
Tábor
피세크
Písek
Cham
Furth im Wald
스트라코니체
Strakonice
E49
체스케부데요비체
České Budějovice
Jindřichův Hradec
Bodenmais
Regen
슈마바국립공원
Národní park Šumava
E551
Straubing
Deggendorf
Třeboňsko Protected Landscape Area
E55
Gmünd
Vilshofen an der Donau
Passau
Lipno nad Vltavou
Freistadt
Bad Griesbach

체코
여행에
꼭 필요한
INFO
Legnica
브로츠와프
Wrocław
올레시니차
Oleśnica
Bielany
Wrocławskie
Kluczbork
브제크
Brzeg
바우브지흐
Wałbrzych
Karpacz
오폴레
Opole
스트셀체
오폴스키에
Strzelce
Opolskie
Broumovsko
Protected
니사
Kłodzko
Duszniki-Zdrój
Prudnik
예세니크
Jeseník
흐라데츠
크랄로베
Hradec
Králové
파르두비체
Pardubice
우스티 나
오를리치
Ústí nad Orlicí
슈므페르크
Šumperk
오스트라바
Ostrava
흐루딤
Chrudim
Olomouc
노비 유이친
Nový Jičín
Blansko
Přerov
트르제비치
Třebíč
브르노
Brno
즐린
Zlín
우헤르스케
흐라디슈테
Uherské
Hradiště
트렌친
Trenčín
즈노이모
Znojmo
호도닌
Hodonín
미쿨로프
Mikulov
스칼리차
Skalica
레드니체
Lednice
피에스차니
Piešťany
Hollabrunn
트르나바
Trnava

한눈에 보는 체코 역사

1세기~5세기 | 체코의 시작

체코의 시작은 켈트인이 거주했던 시절로 거슬러 올라간다. 그 뒤 로마에 정복되어 로마문화가 빠르게 전파되었다. 5세기에는 슬라브족이 득세했고, 7세기에는 사모국이, 8세기말에는 모라비아 왕국이 들어섰다.

9세기

체코와 슬로바키아 민족이 통일국가를 수립했지만 그 후 슬로바키아는 헝가리에 천년 동안 점령당한다.

10세기~14세기 | 번영한 카를 4세

보헤미아 왕국으로 번영하여 보헤미아 왕이 폴란드와 헝가리 왕을 겸임하는 등 국력이 강해졌고 14세기에는 카렐 4세가 신성로마제국 황제에 오를 정도로 부강해졌다. 카렐 4세는 체코에서는 한국의 세종대왕만큼 존경을 받고 있다. 그는 프라하를 유럽의 중심으로 만들고자 하였으며 동유럽 최초의 대학으로 자신의 이름을 딴 카렐 대학교를 설립하고 체코어 사용을 장려하는 등 여러 정책을 베풀었다. 카렐 4세가 재임한 시기는 체코 문화의 전성기였다. 그 시기에 체코는 프라하를 신성로마제국의 수도에 걸맞는 도시로 만들어 정치, 문화적으로 크게 번영하였다.

15세기~19세기 | 갈등의 시기

15세기, 종교개혁과 함께 일어난 후스파와 교황파의 전쟁으로 16세기에 체코는 합스부르크 가의 지배를 받게 된다. 합스부르크 가문은 오스트리아의 왕실을 600년 동안 지배한 것으로 유명한 유럽 제일의 명문가였다.

19세기 후반 | 오스트리아 헝가리 제국의 지배

체코는 오스트리아, 헝가리 제국의 지배를 받았다. 제 1차 세계대전 후 체코슬로바키아 공화국이라는 단일국가가 세워졌으나 곧 나치 독일에 점령당하고 만다.

1945년~1969년 | 사회주의 공화국

1945년 소련에 의해 해방되면서 체코슬로바키아의 사회주의화가 진행되었고 1960년에 체코슬로바키아 사회주의 공화국이라는 이름으로 개칭이 되었다. 1956년, 스탈린 사망 이후 소련에서는 독재자로서 많은 사람을 희생시킨 스탈린 세력에 대한 반발로 그의 흔적을 지우려는 정책, 즉 스탈린 격하운동이 발생하였다. 하지만 당시 체코슬로바키아의 노보트니 정권은 스탈린주의를 고수하면서 보수적인 정책을 유지했다.
그러자 체코 국민들 사이에 자유와 민주주의에 대한 목소리가 높아지고 정치, 경제의 개혁을 요구하는 거센 바람이 불었다. 이것이 그 유명한 1968년의 '프라하의 봄'이다. 지식인층을 중심으로 민주화, 자유화 운동이 조직적으로 일어났고 개혁파가 정권을 잡게 되었다. 1968년 4월 "인간의 얼굴을 가진 사회주의"를 제창하는 강령이 체코슬로바키아 공산당 중앙위원회에서 채택되었다. 그러나 이러한 봄은 같은 해 8월 소련을 비롯한 당시 바르샤바 조약기구에 가입한 5개국 군대 약 20만 명이 체코슬로바키아를 무력으로 침공하면서 짧게 끝나고 말았다.

1970년~1990년 | 자유주의로의 복귀

처음에 체코와 슬로바키아는 별개의 나라였다. 이 둘 사이에 존재하던 오랜 불평등으로 인해 1969년 체코 사회주의 공화국과 슬로바키아 사회주의 공화국이 분리된 연방국가가 새롭게 시작되었다. 1988년 고르바초프가 주도하는 서련과 동구권 개혁의 바람이 불어오면서 같은 해 12월 공산정권이 퇴진했다. 1989년에는 최초로 비공산주의자인 바츨라프 하벨이 대통령에 선출되고 1990년에 체코슬로바키아 연방공화국으로 나라이름이 바뀌었다.

1990년~현재 | 체코와 슬로바키아의 분리

1990년, 자유 총선거의 결과 새로운 민주 정부가 들어서고, 1992년에는 자유민주주의 체제를 지향하는 새로운 헌법이 채택되었다. 1993년 1월 마침내 체코와 슬로바키아는 2개의 공화국으로 분리되어 현재에 이르고 있다.

체코와 슬로바키아

관계

한때는 한나라였던 체코와 슬로바키아는 어떤 관계일까? 체코인들은 체코슬로바키아라고 불리는 것을 좋아하지 않는다. 아직도 체코보다 체코슬로바키아라는 이름을 더 익숙하게 받아들이는 사람들은 나이가 40대 이상일 것이다.

체코는 슬로바키아보다 서쪽에 있다. 경제적으로도 더 잘사는 나라로 슬로바키아에 별 관심이 없는 경우가 많고 슬로바키아와 체코를 혼동하면 불쾌해한다.

차이

체코와 슬로바키아 인들은 서로를 인정하지 않고 있어 불화인 경우도 있다. 1989년 비폭력 자유민주화 운동인 벨벳혁명을 통해 공산당 정권이 무너진 후, 각자 추구하는 정치적 방향의 차이로 서로 합의하에 1993년에 체코 공화국과 슬로바키아 공화국으로 분리되었다. 이런 분리 과정에서 체코에는 전체 인구의 2%에 이르는 슬로바키아인이 남게 되었다.

체코가 더 지리적으로 서유럽에 가까이 인접해 있어 역사적으로도 서유럽의 영향을 슬로바키아보다 많이 받는다. 경제적으로 자동차, 중화학, 기계 산업이 활성화되었고, 슬로바키아는 농업과 군수업이 주요 산업으로 다르다.

또한 민족적 기원이 다르다. 1918년~1992년 체코슬로바키아라는 연방국가로 존재했지만 두 나라의 조상은 다르다. 5~7세기에 슬라브족이 정착하면서 보헤미아와 모라비아에는 체크족이, 슬로바키아 지방에는 슬로바크슬라브족이 정착하였다. 이들의 연합인 모라비아 왕국이 체코의 기원이 되면서 체코와 슬로바키아가 연합국이 되었다. 모라비아 제국이 쇠락하기 시작한 9세기 말에 체코인들은 프라하를 중심으로 독자적인 국가인 보헤미아 왕국을 세웠기 때문에 차이가 있다.

슬로바키아

체코의 동쪽에 있는 나라로, 수도는 브라티슬라바이다. 국토의 절반 이상이 산악 지대이기 때문에 밭농사가 발달했으며, 한때 한 나라였던 체코에 비해 경제적으로 뒤떨어진 편이다.

평화를 사랑하는 사람들

제2차 세계 대전이 끝나고 사회주의 국가가 된 후 국민들은 정권에 맞서 자유와 개방을 요구했고, 그 움직임은 1968년에 작가, 예술가, 배우 등이 중심이 되어 일으킨 '프라하의 봄'이라는 개혁 운동으로 나타났다. 프라하의 봄은 인간의 마음을 담은 사회주의를 희망하면서 정치적인 자유와 경제적인 번영 등을 주장한 혁명이었지만, 아쉽게도 실패로 끝났다.
하지만 개혁을 요구하는 목소리가 계속 남아 있었고, 1989년 11월에 시작된 본격적인 민주화 운동으로 결국 기나긴 사회주의를 끝마치게 되었다. 그런데 이 과정에서 무력을 사용하거나 전혀 피를 흘리지 않았기 때문에 이를 '벨벳 혁명'이라 불렀다. 그리고 1993년에 체코와 슬로바키아가 나뉠 때에도 서로 싸우지 않고 대화와 타협을 통해 평화롭게 진행되었기 때문에 사람들은 '부드러운 결별'이라고 말하기도 한다.
이처럼 체코 사람들은 전쟁보다는 평화를, 폭력보다는 화해를 사랑하는 사람들이다. 지난 수백 년 동안 외세의 침입을 받을 때에도 전쟁을 하기보다는 대화를 통해 이를 해결하려고 했고, 그 덕분에 체코의 문화유산과 역사적 유물이 오늘날까지 잘 보존될 수 있었다.

체코 여행 밑그림 그리기

우리는 여행으로 새로운 준비를 하거나 일탈을 꿈꾸기도 한다. 여행이 일반화되기도 했지만 아직도 여행을 두려워하는 분들이 많다. 체코 여행자가 증가하고 있다. 그러나 어떻게 여행을 해야 할지부터 걱정을 하게 된다. 아직 정확한 자료가 부족하기 때문이다. 지금부터 체코 여행을 쉽게 한눈에 정리하는 방법을 알아보자. 체코 여행준비는 절대 어렵지 않다. 단지 귀찮아 하지만 않으면 된다. 평소에 원하는 체코 여행을 가기로 결정했다면, 준비를 꼼꼼하게 하는 것이 중요하다.

일단 관심이 있는 사항을 적고 일정을 짜야 한다. 처음 해외여행을 떠난다면 체코 여행도 어떻게 준비할지 몰라 당황하게 된다. 먼저 어떻게 여행을 할지부터 결정해야 한다. 아무것도 모르겠고 준비도 하기 싫다면 패키지여행으로 가는 것이 좋다. 체코 여행은 7~12일 여행이 가장 일반적이다. 해외여행이라고 이것저것 많은 것을 보려고 하는 데 힘만 들고 남는 게 없는 여행이 될 수도 있으니 욕심을 버리고 준비하는 게 좋다. 여행은 보는 것도 중요하지만 같이 가는 여행의 일원과 잊지 못할 추억을 만드는 것이 더 중요하다.

다음을 보고 전체적인 여행의 밑그림을 그려보자.

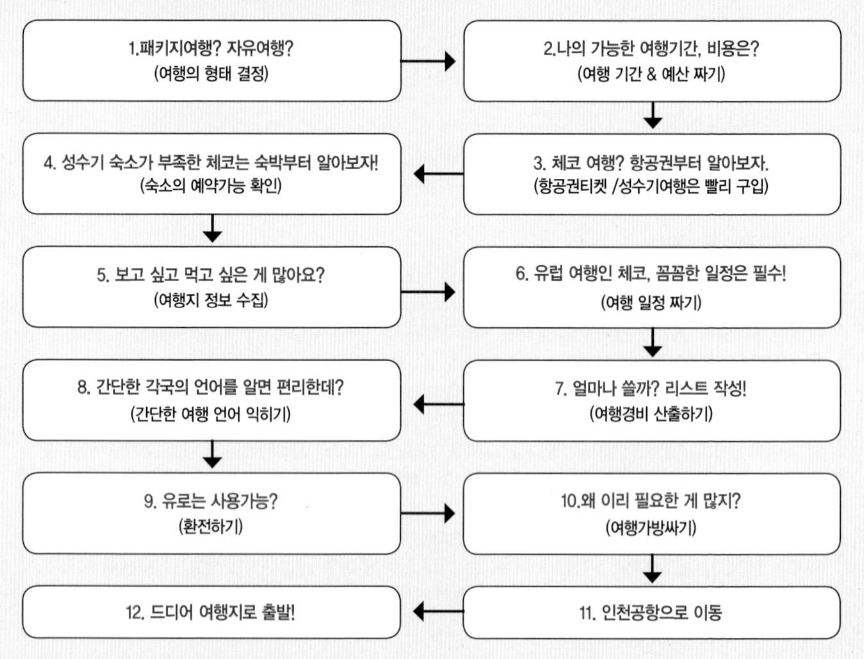

결정을 했으면 일단 항공권을 구하는 것이 가장 중요하다. 전체 여행경비에서 항공료와 숙박이 차지하는 비중이 가장 크지만 너무 몰라서 낭패를 보는 경우가 많다. 평일이 저렴하고 주말은 비쌀 수밖에 없다.

패키지여행 VS 자유여행

전 세계적으로 체코 여행을 가려는 여행자가 늘어나고 있다. 하지만 아직까지 대한민국의 여행자는 많지 않다. 그래서 더욱 누구나 고민하는 것은 "여행정보는 어떻게 구하지?"라는 질문이다. 그만큼 체코에 대한 정보가 매우 부족한 상황이다. 그래서 처음으로 체코를 여행하는 여행자들은 패키지여행을 선호하거나 여행을 포기하는 경우가 많았다. 20~30대 여행자들이 늘어남에 따라 패키지보다 자유여행을 선호하고 있다. 이들은 호스텔을 이용하여 친구들과 여행하면서 단기여행을 즐기고 있다.

편안하게 다녀오고 싶다면 패키지여행

체코가 뜬다고 하니 여행을 가고 싶은데 정보가 없고 나이도 있어서 무작정 떠나는 것이 어려운 여행자들은 편안하게 다녀올 수 있는 패키지여행을 선호한다. 다만 아직까지 많이 가는 여행지는 아니다 보니 패키지 상품의 가격이 저렴하지는 않다.
여행일정과 숙소까지 다 안내하니 몸만 떠나면 된다.

연인끼리, 친구끼리, 가족여행은 자유여행 선호

유럽을 다녀온 여행자는 체코에서 자신이 원하는 관광지와 맛집을 찾아서 다녀오고 싶어 한다. 여행지에서 원하는 것이 바뀌고 여유롭게 이동하며 보고 싶고 먹고 싶은 것을 마음대로 찾아가는 연인, 친구, 가족의 여행은 단연 자유여행이 제격이다.

체코 여행 계획 짜기

체코 여행에 대한 정보가 부족한 상황에서 어떻게 여행계획을 세울까? 라는 걱정은 누구나 가지고 있다. 하지만 체코 여행도 역시 유럽의 나라를 여행하는 것과 동일하게 도시를 중심으로 여행을 한다고 생각하면 여행계획을 세우는 데에 큰 문제는 없을 것이다.

1. 먼저 지도를 보면서 입국하는 도시와 출국하는 도시를 항공권과 같이 연계하여 결정해야 한다. 동유럽여행을 하고 있다면 독일의 프랑크푸르트에서 체코의 프라하로 여행을 시작하고, 오스트리아의 비엔나에서 입국한다면 체코의 남부인 체스키크룸로프부터 여행을 시작한다. 체코 항공을 이용한 패키지 상품은 많지 않다. 대한항공이 체코의 프라하를 직항으로 왕복하고 있다.

2. 체코는 좌, 우로 늘어난 계란 모양의 국가이기 때문에 수도인 프라하부터 여행을 시작한다면 오른쪽의 모라비아 지방을 어떻게 연결하여 여행코스를 만드는 지가 관건이다.
   동유럽 여행을 위해 독일이나 오스트리아를 경유하여 입국한다면 버스나 기차로 어디서부터 여행을 시작할지 결정해야 한다. 동유럽의 각 나라에서 프라하로 이동하는 기차와 버스가 매일 운행하고 있다. 시작하는 도시에 따라 여행하는 도시의 루트가 다르게 된다.

3. 입국 도시가 결정되었다면 여행기간을 결정해야 한다. 프라하는 2~4일 정도 여행하는 것이 일반적이라서 체코의 다른 도시를 얼마나 여행할지에 따라 여행기간이 길어질 수 있다.
4. 대한민국의 인천에서 출발하는 일정은 체코의 프라하에서 2~4일 정도를 배정하고 IN / OUT을 하면 여행하는 코스는 쉽게 만들어진다. 프라하 → 카를로비 바리 → 쿠트나호라 → 플젠 → 보헤미안 스위스 → 체스키크룸로프 → 텔치 → 올로모우츠 → 브르노 → 레드니체 → 프라하 추천여행코스를 활용하자.

5. 7~14일 정도의 기간이 체코를 여행하는데 가장 기본적인 여행기간이다. 그래야 중요 도시들을 보며 여행할 수 있다. 물론 2주 이상의 기간이라면 체코의 대부분의 도시까지 볼 수 있지만 개인적인 여행기간이 있기 때문에 각자의 여행시간을 고려해 결정하면 된다.

보헤미아

| 6일 | 프라하 → 쿠트나호라 → 플젠 → 보헤미안 스위스 → 체스키크룸로프 → 프라하

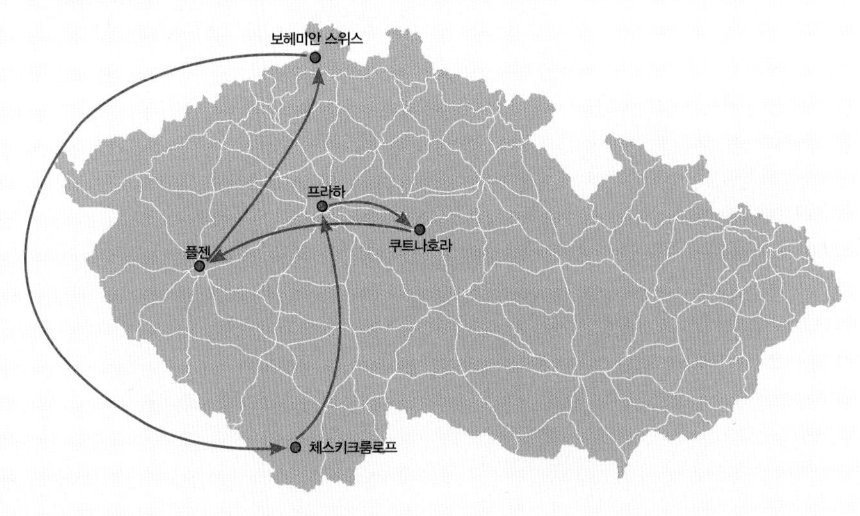

| 7일 | 프라하 → 카를로비 바리 → 쿠트나호라 → 플젠 → 보헤미안 스위스 → 체스키크룸로프 → 프라하

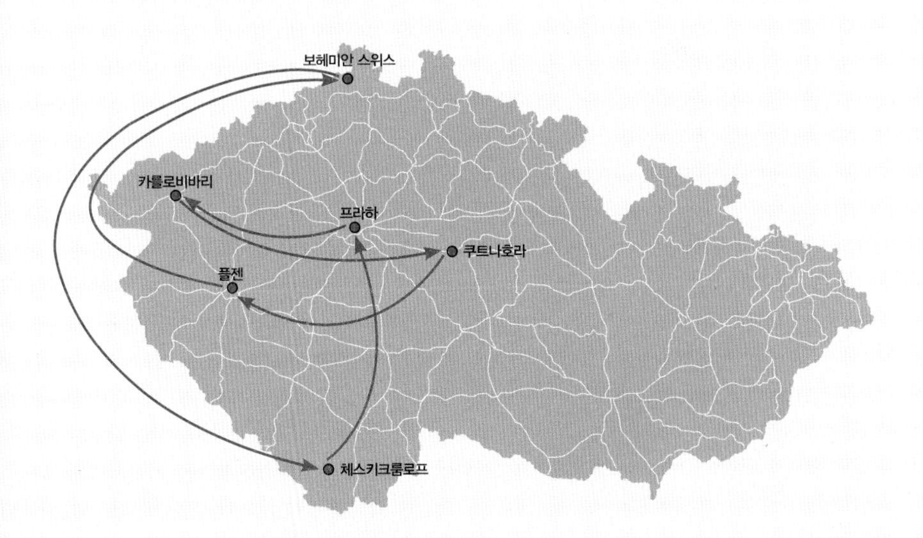

10일 | 프라하 → 카를로비 바리 → 쿠트나호라 → 플젠 → 보헤미안 스위스
→ 체스카부데요비체 → 체스키크룸로프 → 프라하

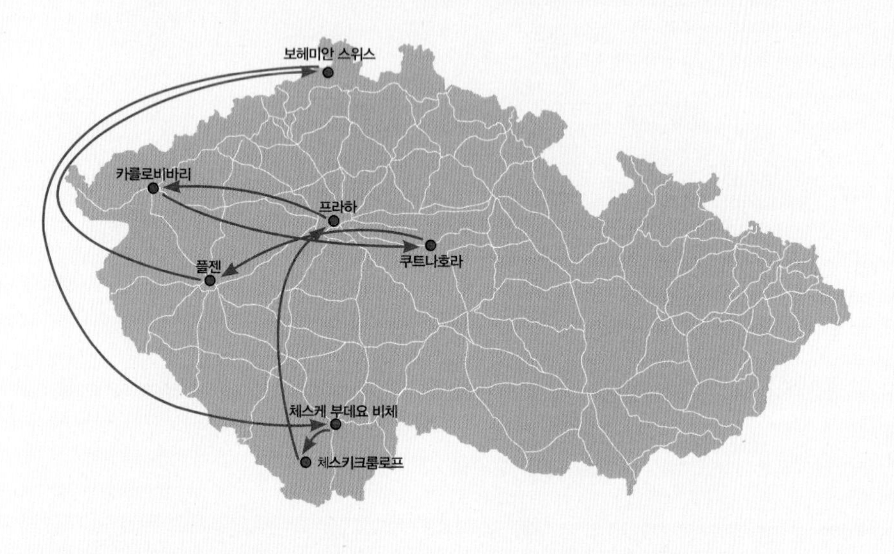

보헤미아→모라비아

8일 | 프라하 → 쿠트나호라 → 플젠 → 체스키크룸로프 → 올로모우츠 → 브르노 → 프라하

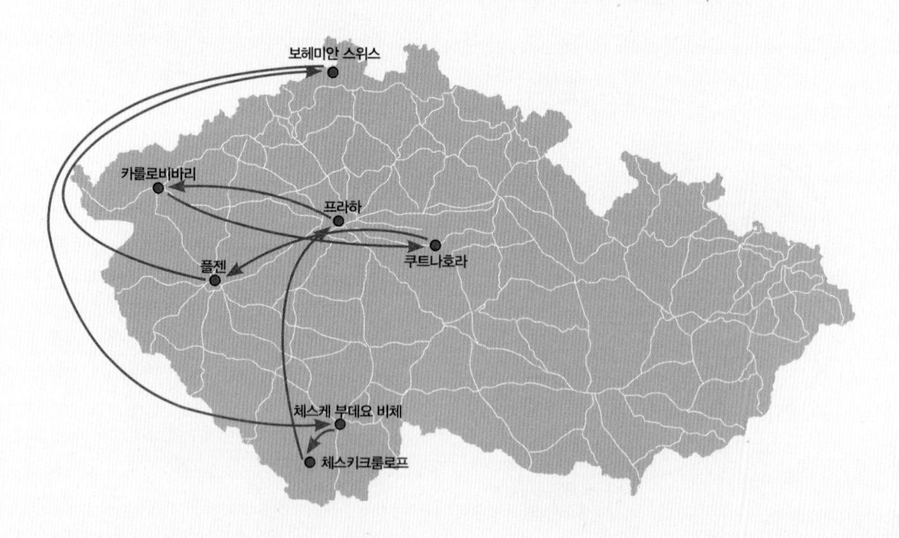

10일 | 프라하 → 쿠트나호라 → 플젠 → 체스카부데요비체 → 체스키크룸로프 → 올로모우츠 → 브르노 → 레드니체 → 프라하

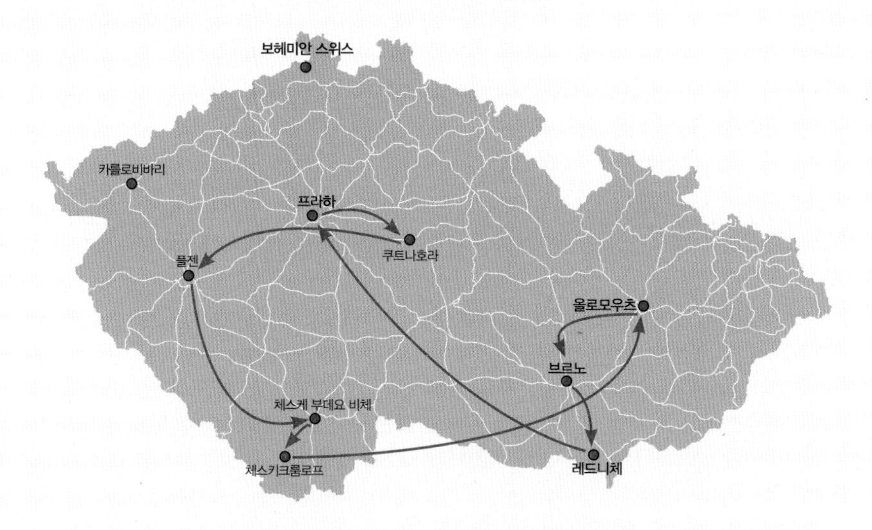

2주 | 프라하 → 카를로비 바리 → 쿠트나호라 → 플젠 → 보헤미안 스위스 → 체스카부데요비체 → 체스키크룸로프 → 텔치 → 올로모우츠 → 브르노 → 레드니체 → 프라하

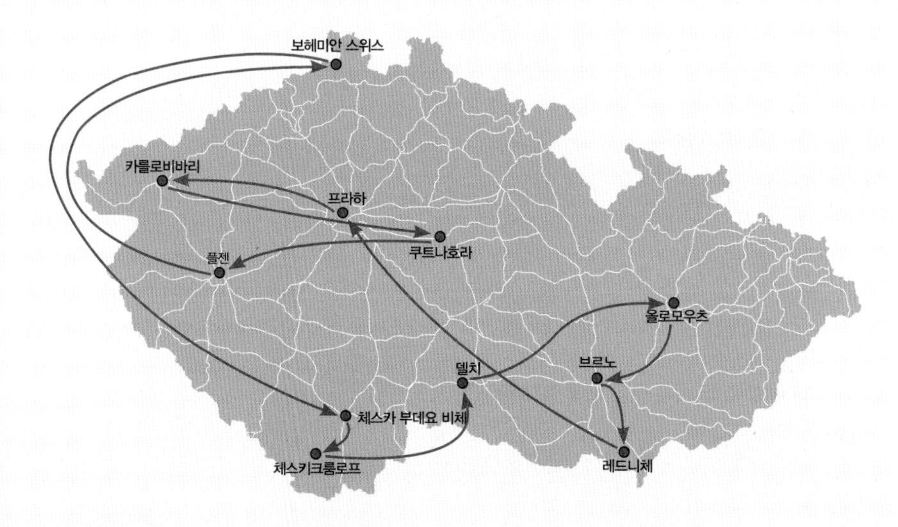

체코 숙소에 대한 이해

체코 여행이 처음이고 자유여행이면 숙소예약이 의외로 쉽지 않다. 자유여행이라면 숙소에 대한 선택권이 크지만 선택권이 오히려 난감해질 때가 있다. 체코 숙소의 전체적인 이해를 해보자.

1. 체코 시내에서 관광객은 구시가Old Town에 주요 관광지가 몰려있어서 숙박의 위치가 중요하다. 구시가에서 떨어져 있다면 짧은 여행에서 이동하는 데 시간이 많이 소요되어 좋은 선택이 아니다. 반드시 먼저 구시가에서 얼마나 떨어져 있는지 먼저 확인하자.

2. 체코 숙소는 몇 년 전만해도 호텔과 호스텔이 전부였다. 하지만 에어비앤비를 이용한 아파트도 있고 다양한 숙박 예약 앱도 생겨났다. 가장 먼저 고려해야 하는 것은 자신의 여행비용이다. 항공권을 예약하고 남은 여행경비가 2박3일에 20만 원 정도라면 호스텔을 이용하라고 추천한다. 체코의 수도와 각 도시에는 많은 호스텔이 있어서 호스텔도 시설에 따라 가격이 조금 달라진다. 한국인이 많이 가는 호스텔로 선택하면 문제가 되지는 않을 것이다.

3. 호텔의 비용은 5~20만 원 정도로 저렴한 편이다. 호텔의 비용은 우리나라 호텔보다 저렴하지만 시설이 좋지는 않다. 오래된 건물에 들어선 호텔이 대부분이기 때문에 룸 내부의 사진을 확인하고 선택하는 것이 좋다.

알아두면 좋은 체코 이용 팁

1. 미리 예약해야 싸다.

일정이 확정되고 호텔에서 머물겠다고 생각했다면 먼저 예약해야 한다. 임박해서 예약하면 같은 기간, 같은 객실이어도 비싼 가격으로 예약을 할 수 밖에 없다.

2. 후기를 참고하자.

호텔의 선택이 고민스러우면 숙박예약 사이트에 나온 후기를 잘 읽어본다. 특히 한국인은 까다로운 편이기에 후기도 우리에게 적용되는 면이 많으니 장, 단점을 파악해 예약할 수 있다.

3. 미리 예약해도 무료 취소기간을 확인해야 한다.

미리 호텔을 예약하고 있다가 나의 여행이 취소되든지, 다른 숙소로 바꾸고 싶을 때에 무료 취소가 아니면 환불 수수료를 내야 한다. 그러면 아무리 할인을 받고 저렴하게 호텔을 구해도 절대 저렴하지 않으니 미리 확인하는 습관을 가져야 한다.

4. 에어비앤비를 이용해 아파트를 이용하려면 시내에서 얼마나 떨어져 있는지를 확인하고 숙소에 도착해 어떻게 주인과 만날 수 있는지 전화번호와 아파트에 도착할 수 있는 방법을 정확히 알고 출발해야 한다. 주인과 만나지 못해 아파트에 들어가지 못하고 1~2시간만 기다리다 보면 화도 나고 기운이 빠져 처음부터 여행이 쉽지 않아진다.

5. 체코 여행에서 민박을 이용한 여행자는 한국인이 운영하는 민박을 찾고 싶어 하는데 민박은 없다. 민박보다는 호스텔이나 게스트하우스에 숙박하는 것이 더 좋은 선택이다.

숙소 예약 사이트

부킹닷컴(Booking.com)

에어비앤비와 같이 전 세계에서 가장 많이 이용하는 숙박 예약 사이트이다. 체코에도 많은 숙박이 올라와 있다.

에어비앤비(Airbnb)

전 세계 사람들이 집주인이 되어 숙소를 올리고 여행자는 손님이 되어 자신에게 맞는 집을 골라 숙박을 해결한다. 어디를 가나 비슷한 호텔이 아닌 현지인의 집에서 숙박을 하도록 하여 여행자들이 선호하는 숙박 공유 서비스가 되었다.

Booking.com
부킹닷컴
www.booking.com

airbnb
에어비앤비
www.airbnb.co.kr

체코 맥주

체코 여행에서 가장 기대하는 것 중에 하나가 맥주를 즐기고 싶은 것이다. 누가 뭐라고 해도 체코는 맥주 애호가의 천국이다. 체코의 맥주는 세계적으로 유명한데 특히, '부드바르Budvar(오리지널 버드와이저)'와 '플젠스키 프라즈드로이Plzensky' Plazdroj(오리지널 필스너)'가 가장 유명하다.
체코에서 필스너 우르켈Pilsner urquell, 부드바르Budvar, 스타로프라멘Staropramen을 체코 3대 필스너Filsner 맥주로 꼽는다. 체코어로 맥주는 '피보Pivo', 무알코올 맥주는 '피토Pito'라고 부른다.

필스너 우르켈(Pilsner urquell)

체코 여행에서 거리를 걸어가면 한번은 보게 되는 '라거 맥주'의 시초로 알려진 유명한 체코맥주이다. 필스너 우르켈Pilsner urquell의 단어가 '최초의 맥주'라고 뜻이다. 우리가 마시는 라거 맥주를 통틀어서 필스너 방식을 이용해서 만든 '필스너 맥주'라고 부른다. 우르켈 양조장은 체코의 도시인 플젠Pilzen에 있다. 플젠을 여행하는 이유는 필스너 우르켈Pilsner urquell 공장 견학을 가기 위해서이다.
투어가 끝나면 지하 저장고에서 오크통에 숙성중인 정제를 거치지 않은 필스너 우르켈Pilsner urquell 언필터링 맥주를 맛볼 수 있다. 강한 홉Hop 맛에 너무 쓰기 때문에 싫다고 하는 맥주 애호가도 있어서 달달한 코젤 다크 맥주가 더 좋다고 하기도 한다. 하지만 오래 마시면 결국 맛있는 맥주는 필스너 우르켈Pilsner urquell이라고 이야기한다.
필스너 우르켈을 최초로 판매하기 시작한 레스토랑은 프라하의 '우 핀카수U Pinkasů'인데, 최초이기 때문이기도 하지만 맛이 다른 필스너 우르켈Pilsner urquell 맥주를 맛볼 수 있다고 하여 많은 관광객이 찾고 있다.

버드와이저/부드바르 (Budweiser/Budvar)

버드와이저는 원래 체코의 작은 도시인 '체스케부데요비체'에서 만들어지는 맥주들을 일컫는 말이었다. 병 입구 주변을 병뚜껑까지 금박이 둘러싸고 있는 것이 특징이다. 세계 2차 대전이 끝나기 전까지만 해도 부데요비체가 독일의 도시였던 '부드바이스' 였기 때문에, 여기에서 만들어지는 맥주가 맛있다는 소문에 독일인들도 버드와이저를 맛보기위해서 '체스케부데요비체'로 이동해 왔다.
처음에는 "부드바르, 부드바이저, 버드와이저"로 알려졌었다. 미국의 유명한 맥주인 버드와이저와 같은 이름을 쓰고 있어 이름의 사용권에 대

한 분쟁이 있지만, 인지도는 버드와이저가 더 높다. 2011년에 체코 버드와이저와 미국 버드와이저가 상표권을 놓고 재판을 벌여서 체코가 이기고 미국의 유명 맥주회사인 버드와이저가 패소하였다.
100% 맥아를 사용한 필스너Filsner로 미국의 버드와이저와는 맛이 많이 다른데, 끝 맛이 고소한 점은 비슷하나 보헤미아의 맥주답게 '라거'치고는 홉향이 강하고 쌉싸름하고 따르면 거품도 풍성하다. 프라하에는 버드와이저를 판매하는 펍Pub이 많지 않다. 프라하의 3대 맥주 레스토랑으로 알려진 우 에드비드쿠U Medvídků에서 자체적으로 만든 300년 전통의 '늙은 염소Old Goat'란 이름으로 판매하고 있다.

스타로프라멘(Staropramen)

스타로프라멘 맥주는 언 필터드Unfiltered/네필터Nefiltter 맥주가 유명하다. 체코어로 '네ne'는 부정을 뜻하는 말로 '필터링이 안 된 맥주'라는 뜻이다. 라거 맥주도 있지만 이 스타로프라멘 맥주를 마시게 된다면 네필터Nefiltter를 추천한다. 체코 맥주를 맛볼 수 있는 대표적인 식당은 'HUSA'라고 부르는 체코 레스토랑이다.
체코에서 필스너 우르켈, 부드바르와 함께 체코 3대 필스너Filsner로 꼽히는 맥주이다. 체코의 라거Lager답게 묵직하고 쌉싸름하지만 깔끔한 뒷맛이 일품이다. 한 마디로 필스너 우르켈보다 쓴맛이 덜하고 부드러운 맛이 강하다. 필스너 우르켈이나 부드바르보다 인지도가 떨어지는 편이지만 맛은 뒤지지 않는다는 평가를 받고 있다.

감브리너스(Gambrinus)

맥주를 게르만족들에게 전파했다고 전해지는 전설의 인물의 이름을 딴 체코의 맥주이다. 감브리너스 맥주는 필스너 우르켈과는 다른 맛을 가지고 있다. 청량감이 강한 맥주라고 볼 수 있는데 홉향기를 가진 깊고 시원한 맛이라고 할 수 있다. 기본적으로 씁쓸하지만 쓰면서 맛있다.

코젤(Kozel)

산양이 맥주잔을 들고 있는 그림이 표지에 그려져 있는 맥주이다. 현재 대한민국에서는 라거, 프리미엄, 다크 정도만을 마실 수 있는데, 도수가 3.8도로 낮고 코코아와 같은 달콤한 향이 특징이다.
여성들이 좋아하고 다크Dark의 인기가 가장 높다. 프라하 남쪽 근교에 위치한 벨코포포비츠Velké Popovice 에서 생산된다고 알려져 있다.

크루소비체(Krušovice)

프라하 서부에 위치한 크루소비체의 양조장에서 생산되는 맥주로 인지도는 낮지만 크루소비체의 양조장은 1581년에 설립된 긴 역사를 자랑한다. 크루소비체 특유의 왕관 마크는 1583년 오스트리아 제국의 왕이었던 루돌프 2세에게 맥주를 공급하는 조건으로 얻어낸 고유의 마크가 특징이다.

체코 음식

체코 음식은 독일, 헝가리, 폴란드의 영향을 받아, 기본적으로 중부 유럽풍이다. 만두, 감자, 걸쭉한 소스를 얹은 밥, 덜 익힌 야채 또는 소금에 절인 양배추 등과 함께 육류가 주류를 이룬다.
체코의 음식문화는 유럽에서도 다양하고 맛있다고 소문이 나있다. 다만 육류 소비와 함께 건강을 생각하는 사람들이 많아지면서 건강을 위해 채식에 관심을 많이 가지고 있는 방향으로 변화하고 있다. 체코 사람들의 식생활은 '도시나 농촌', '나이가 많거나 젊거나'에 따라 차이가 있다. 현재, 교통의 발달 등으로 도시와 농촌의 차이는 점점 적어지고 있다.

음식문화의 특징

1. 체코는 맥주가 대중적인 음료이기 때문에 맥주와 어울리는 고기나 튀김요리 등이 발달해 있다. 체코의 각 도시의 중심거리를 걸으면 대부분의 음식점들이 체코 전통음식을 맥주와 함께 팔고 있는 것을 알 수 있다. 그러므로 관광객도 체코 음식을 맥주와 함께 즐기면서 먹는 모습을 어디서나 발견할 수 있다.

2. 체코 사람들은 각종 고기와 생선, 버섯과 완두콩 등 많은 음식재료가 들어간 음식을 즐긴다. 그래서 체코의 전통음식은 서유럽보다 음식을 만드는 시간이 길다. 왜냐하면 음식의 '속'을 채우는 음식이 많기 때문이다.

3. 감자와 버섯요리가 많다. 체코에서 감자는 빵 다음으로 대중적인 곡물 음식이다. 때문에 다양한 감자요리가 체코요리에는 많다. 버섯은 채식을 먹는 좋은 방법으로 알려져 있는데 버섯 따기 대회가 있을 정도로 버섯에 관심이 많다. 버섯을 이용한 요리가 건강 식단으로 더욱 각광을 받고 있다.

4. 체코 사람들은 달달한 후식을 즐긴다. 전통적인 '콜라치'라는 다양한 과일을 얹어서 만든 작고 둥근 케이크로 과자, 파이 등이 더해진다. 후식 때는 터키스타일의 커피와 차를 주로 마신다.

하루 식사

체코인들은 대개 일찍 출근하는 탓에 빵, 우유, 치즈, 살라미, 요구르트, 커피 또는 차 등으로 아침식사를 대신한다. 그 중 체코 빵은 우리나라처럼 옛 재래종 밀, 보리, 귀리 등의 곡식을 대량으로 재배해서 만들기 때문에 아주 맛있고 건강에 좋기로 유명하다.
점심으로는 샌드위치나 간단한 도시락을 싸 가지고 다닌다. 체코인들의 음식문화는 고기가 주 음식이지만 요구르트와 차를 또한 즐겨 마시는 편이고, 양배추나 감자. 콩과 같은 채소는 주를 이루는 음식 재료는 아니지만 주가 되는 고기의 양만큼 넣어 육류와 함께 충분히 섭취하게끔 조리한다.

식생활

간단한 아침식사
겨울이 긴 체코는 낮이 짧아서 아침부터 계란이나 빵 등을 먹고 나가면 소화가 잘 안 되다고 하여 일하기 쉽지 않다고 생각한다. 그래서 커피, 과일 한 조각에 요거트 정도의 간단한 식사를 한다.

푸짐한 점심식사
아침을 간단하게 먹어서 점심이 되기 전에 배가 고파오기 때문에 푸짐하게 먹는다. 요즘같이 바쁜 시기에는 점심시간을 줄이거나 샌드위치로 간단히 때우기도 한다.

이른 저녁식사
준비하는 사람에 따라 저녁식사가 달라진다. 식사시간이 빠르고 집에서 가족들과 지내기 때문에 레스토랑도 9시 이후에는 문을 닫는다

꼭 먹어봐야할 체코 음식

굴라쉬(Gul)

체코의 전통요리는 다양하지만 가장 대중적인 음식은 굴라쉬Guláš이다. 쇠고기스프에 빵을 곁들인 요리, 굴라쉬Guláš는 헝가리 어로 '구와시 후스gulyas hus'또는 '목동의 고기'를 뜻하는 단어로, 파프리카를 가지고 양념한 채소와 쇠고기, 송아지고기 스프나 스튜이다. 굴라쉬에 걸쭉한 밀가루반죽을 사용하면 크림을 넣은 굴라쉬Guláš를 만들게 되고 닭고기나 송아지고기를 주로 사용한다. 굴라쉬Guláš는 작은 노케디nokedi라고 부르는 팥죽의 새알 같은 밀가루 경단을 섞어서 먹는다.

굴라쉬 비교

굴라쉬(Guláš)는 오스트리아, 헝가리에도 있지만 조리 방법과 맛이 다르다. 체코의 굴라쉬(Guláš)는 쇠고기가 담긴 수프와 크네들리키라는 쫀득한 식감의 빵이 같이 나온다. 수프라고해서 에피타이저라고 생각할 수 있는데 고기가 큼직하게 들어가 있는 메인요리이다.

콜레뇨(Koleno)

우리나라의 족발과 비슷한 맛인 콜레뇨Koleno는 돼지 족발을 하루 동안 맥주에 숙성한 후 오븐에 바삭하게 구워낸 요리로 체코의 대표적인 전통음식이다. 하나를 주문하면 양이 굉장히 많아서 혼자서 먹기는 부담스럽다. 체코 맥주와 함께 먹으면 더 맛있게 즐길 수 있다.

스비츠코바(Svičková)

체코에서 가장 전통적인 쇠고기 요리는 '스비츠코바Svičková'라는 요리로, 부드러운 쇠고기 절편에 독특한 그레이비 소스, 레몬 한쪽, 밀가루 경단 등으로 만들어 요리법은 간단하나 맛은 일품이다. 특히 우리가 자주 먹는 족발 요리는 겨자나 '크젠'이라고 하는 뿌리를 갈아서 만든 매운 소스를 넣어 독특한 맛과 향이 잘 어울린다.

닭고기나 꿩고기 볶음요리, 쌀밥, 밀가루로 만든 경단에 상추, 완두콩, 붉은 양배추, 양배추 등을 넣어 절인 요리와 맥주를 먹게 된다. 매운 소스에 버무린 삶은 돼지고기에 감자튀김과 강낭이, 완두콩, 당근 채, 상추를 곁들인 요리 등이 레스토랑에서 같이 나온다.

스마제니 시르(Smažený Sýr)

스마제니 시르Smažený Sýr는 체코 치즈 음식으로 치즈 덩어리를 기름에 튀겨서 먹는 음식이다. 스마제니 시르Smažený Sýr는 치즈를 통째로 튀긴 요리로 보통 타르타르 소스와 감자튀김과 함께 나온다. 에담치즈와 헤르멜린 치즈 두 종류가 있는데 맛은 비슷하다

축제

5월 마지막 주　프라하 카모로 집시 축제(Khamoro World Rome Festival)
집시 인들의 음악, 무용, 문화 축제로 5월 중 5일 동안 다양한 문화행사가 열린다.

5월 12일~6월 초　프라하 봄 국제 음악 축제(Prague Spring International Music Festivals)
3주간 열리는 음악축제로 스메타나의 서거 일인 5월 12일 '나의 조국'으로 축제의 막을 열고, 베토벤의 '교향곡 9번 합창'으로 축제의 막을 내린다.

5월 중순~6월 초 프라하 체코 맥주 축제(Czech Beer Festival Prague)
70개 브랜드의 체코 맥주를 즐길 수 있는 축제가 17일 동안 열린다.

5월 말~6월 초　프라하 프린지 페스티벌(Fringe Festival Praha)
전 세계에서 온 여러 공연 단체가 다채로운 공연을 펼치는 독립 예술제가 열린다.

5월 말~ 6월 초　프라하 인형극 축제(World Festival of Puppet Art)
인형극의 본고장인 체코에서 세계 인형극 축제를 개최한다.

8월 말~9월 초　플젠 필스너 페스트(Pilsner Fest)
매년 8월 말부터 2일 동안 필스너 으루켈의 고향 플젠에서 열리는 체코 최대의 맥주 축제로 다양한 공연 및 불꽃놀이가 펼쳐진다.

체코 쇼핑

전통 술 베헤로브카(BECHEROVKA)

체코 마트에서 쉽게 발견할 수 있는 체코 전통주, 베헤로브카. 육류 섭취를 많이하는 체코인들 사이에서는 소화제의 역할을 하는 술이다. 허브, 약초로 만들어진 전통주로 식사 시 한 잔씩 곁들여 먹는다고 한다. 도수는 매우 높은 편. 마트에서는 큰 사이즈를 위주로 팔지만 가끔 미니 사이즈도 발견할 수 있다. 도수가 세서 부담스럽다면 조금 더 부드럽고 먹기 편안한 레몬 맛도 있다.

체코 전통 과자 코로나다(KOLONADA)

체코 전통 과자인 '코로나다'는 대체로 카를로비 바리에서 구입해 먹어보지만 어느 마트에서나 쉽게 찾아볼 수 있다. 큰 원모양의 맛은 '웨하스' 같은 바삭한 과자 사이에 부드러운 크림이 들어가 있는 얇은 와플 같은 과자이기도 하다. 보름달 모양의 크고 얇은 형태도 있고, 여러 겹을 겹쳐 두껍게 만든 뒤 케이크처럼 조각을 낸 것도 있고, 미니 사이즈도 판매하고 있다. 크림 맛이 다양하여 개인이 원하는 맛대로 선택하면 된다.

엽서 & 노트

대표적인 기념품 중 하나인 엽서와 노트. 하벨 시장이나 다양한 기념품 가게에서 여러 디자인의 엽서와 노트를 구매할 수 있다. 프라하 여행 명소인 시계탑, 프라하성이 그려진 엽서를 방 안에 붙여놓으면 여행의 여운을 더 길게 간직할 수 있다.

일반적인 디자인보다 조금 더 모던하고 스타일리시한 기념품을 찾는다면 PRAGTIQUE를 방문해보자. 프라하에 2개의 지점이 있으며 엽서, 노트, 티셔츠, 모자, 에코백, 머그 컵 등 다양한 기념품을 판매하고 있다.

마리오네트 인형

마리오네트 인형은 프라하를 대표하는 상품 중에 하나이다. 마리오네트 인형극의 원조인 체코는 곳곳에서 마리오네트 기념품을 볼 수 있다. 전통적인 마리오네트 인형부터, 현대적으로 재해석해 영화나 애니메이션 속 캐릭터 옷을 입은 마리오네트, 그리고 무서운 마녀 울음소리를 내는 마리오네트까지 다양한 디자인이 있다. 프라하의 하벨 시장에도 각종 마리오네트 인형이 있다. 하지만 가격은 천차만별이다. 특히 수제품이 가격이 비싼 편이다.

유리공예품

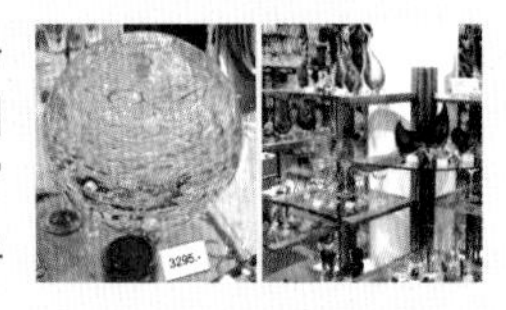

체코 여행 중 빼놓을 수 없는 기념품인 유리공예품은 알록달록하고 영롱한 색상이 보고만 있어도 기분이 좋아진다. 프라하 시내에 유리공예품을 파는 곳이 많지만 '블루 프라하BLUE PRAHA'에 가면 다양한 제품을 한눈에 볼 수 있다. 장식용 제품부터 유리잔, 와인 잔까지 다양하게 판매하고 있다.

아포테카(APOTEKA)

3분만 발라도 피부에 윤기가 난다는 "3분 팩"으로 유명한 아포테카는 여성 전용 케어 크림부터 남성용, 신생아, 유아용까지 모든 연령대의 남녀노소 모두가 사용할 수 있다. 아포테카는 직접 재배한 허브를 사용해 유기농 화장품을 생산하는 브랜드로 유명하다. 탄력 크림, 나이트 크림, 수분 크림, 보습 크림, 클렌징 워터, 쉐이빙 크림, 자외선 차단제, 립밤 등 자신의 피부 타입과 목적을 생각해 구입하면 된다.

마뉴팍투라(MANUFAKTURA)

천연 미용 제품이 유명한 1991년에 시작한 자연주의 브랜드로 프라하에 많은 지점이 있다. 홈 스파를 위한 제품으로 시작된 마뉴팍투라MANUFAKTURA는 집에서도 편안하게 휴식을 취하면서 힐링할 수 있는 목욕 소금이 인기가 있다.

향과 사이즈가 다양해 취향과 필요에 맞게 구매할 수 있다. 목욕 소금뿐 아니라 샴푸, 로션, 크림 등 다양한 제품을 생산하는데 맥주 효소 홉이 함유된 맥주 샴푸, 와인 성분이 가미된 와인 라인, 장미 라인 등 제품이 다양하다. 한국 관광객이 많아서 상점에 한국어로 라벨이 붙어있기도 하다.

지아자(ZIAJA)

지아자는 뛰어난 보습기능으로 유명한 산양유 크림이 있다. 수분과 영양을 동시에 공급해 윤기 있는 피부 결을 만들어준다고 알려져 있다. 가격도 저렴해서 선물용으로 구매하기에도 좋다. 나이트 크림, 샴푸, 헤어팩, 바디로션 등 다양한 제품군이 있다.

저렴하게 어디서 쇼핑을 하면 좋을까?

디엠DM | 유럽의 대표적인 드럭스토어인 디엠(DM)은 독일 브랜드지만 체코에도 지점이 많다. 음식부터 시작해 각종 생활용품, 뷰티 제품 등을 판매한다. 가격이 저렴하면서 가성비 좋고 질까지 높아 많이 찾는다. 발포 비타민, 치약, 승무원 핸드크림으로 알려진 카밀 핸드크림, 기초화장품이 인기가 좋으며 발레아(Balea)라는 브랜드의 스킨케어 제품도 저렴하여 인기가 많다.

암스테르담
Amsterdam
하노버
Hanover
열차 4시간 44분
독일
벨기에
열차 4시간 45분
프랑크푸르트
Frankfurt
룩셈부르크
열차 3시간 50분
파리
Paris
열차 4시간 17분
프랑스
취리히
Zurich
스위스
베로나
Verona

베를린
Berlin
열차 4시간 40분
폴란드
바르샤바
Warszawa
열차(주간) 8시간 25분 / (야간) 11시간 50분
프라하
Praha
체코공화국
열차(주간) 6시간 56분 / (야간) 8시간 4분
열차 4시간 30분 / 버스 4시간
오스트리아
비엔나
Wien
부다페스트
Budapest
헝가리
열차 6시간 32분
루마니아
자그레브
Zagreb
크로아티아
세르비아 공화국

체코 도로

체코의 어디를 가든 수도, 프라하에서 대부분의 거리는 380km이내로 자동차로 4시간정도면 이동이 가능하다. 프라하에서 모라비아의 중요도시인 브르노는 205km로 2시간 이내, 올로모우츠까지는 281km로 3시간 이내에 도착할 수 있다. 그래서 체코여행을 렌터카로 여행하면 소도시까지 이동하기가 상당히 편리하다는 것을 알게 된다.

렌터카로 여행을 하다보면 각국의 도로 사정을 파악하는 것이 중요하다는 사실을 알게 된다. 먼저 체코여행은 대부분이 고속도로를 이용하기 때문에 이동이 쉽고 간편하다.

1. 'E'로 시작하는 고속도로를 이용한다.

체코의 프라하를 지나는 48, 50, 55, 67번 도로를 주로 사용한다. 체코의 도로는 'E'로 상징이 되는 도로 몇 번이 연결되어 있는지 파악하고 이동하면서 도로 표지판을 보고 이동하면 힘들이지 않고 목적지에 도착할 수 있다.

2. 도로가 상당히 잘 정비되어 있다.

체코는 넓지 않은 국토를 가지고 있어서 전 국토는 자동차로 5시간 이내에 어디든지 갈 수 있다. 특히 수도인 프라하에서 대부분 4시간 이내로 도착할 수 있는 거리이다. 또한 도로의 정비가 잘 되어 있어서 여행하는 동안 대한민국에서 운전하는 것과 차이를 느끼기 힘들다.

3. 독일과 오스트리아를 넘어간다고 입국수속이나 검문은 없다.

국경을 넘을 때 입국 수속이나 검문이 있을 것으로 예상했는데 싱겁게도 그냥 지나친다는 이야기를 많이 한다. 왜냐하면 국경을 통과하는 것이 대한민국에서는 경험하기 힘든 것이기 때문이다. 체코에서 자동차로 여행하면서 인근 국가인 오스트리아와 독일이 도로로 이어져 있다. 하지만 국경을 통과한다는 표시는 간판만 나와 있고 국경에서의 검문은 없어서 쉽게 여행할 수 있다.

체코 도로 지도

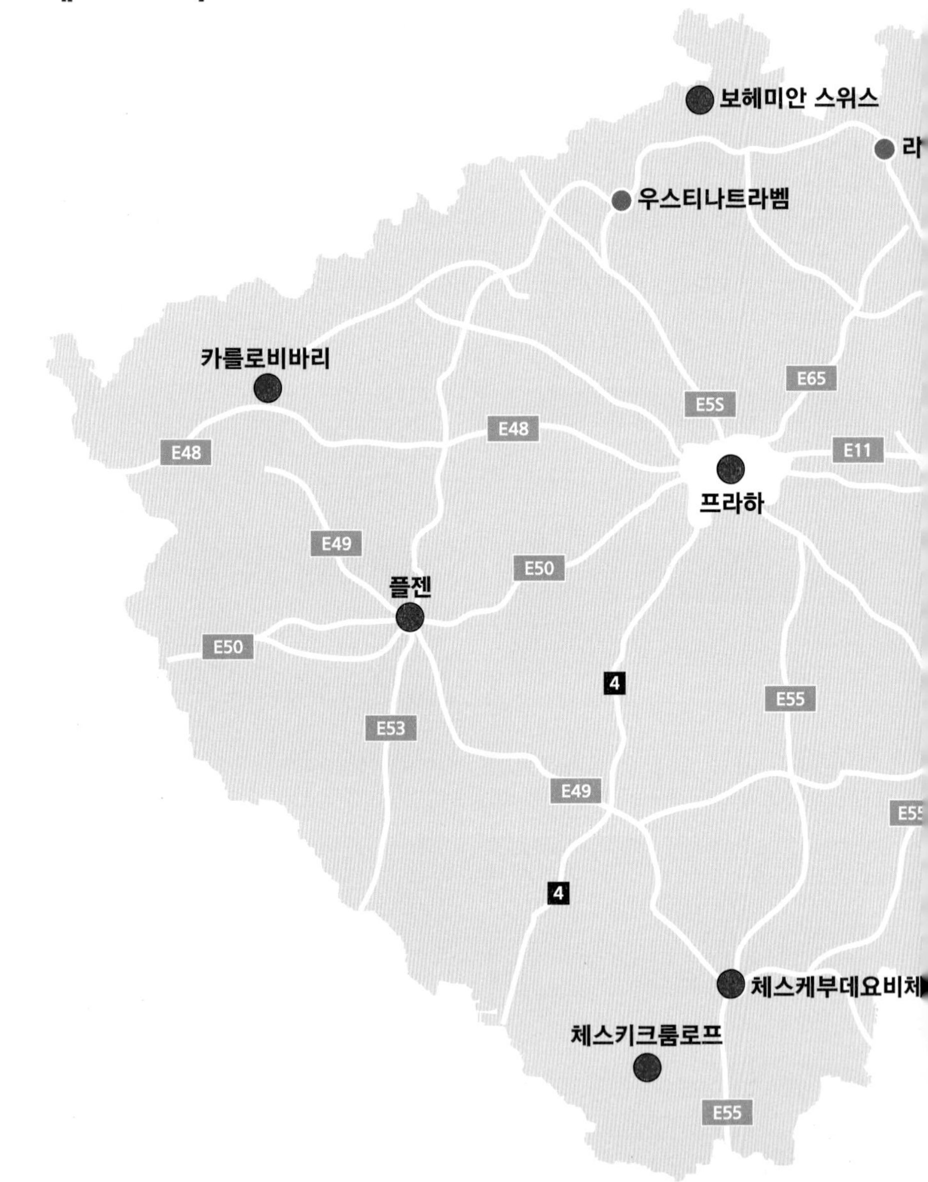
보헤미안 스위스
우스티나트라벰
카를로비바리
E48
E48
E55
E65
E11
프라하
E49
E50
플젠
E50
4
E53
E55
E49
4
체스케부데요비체
체스키크룸로프
E55

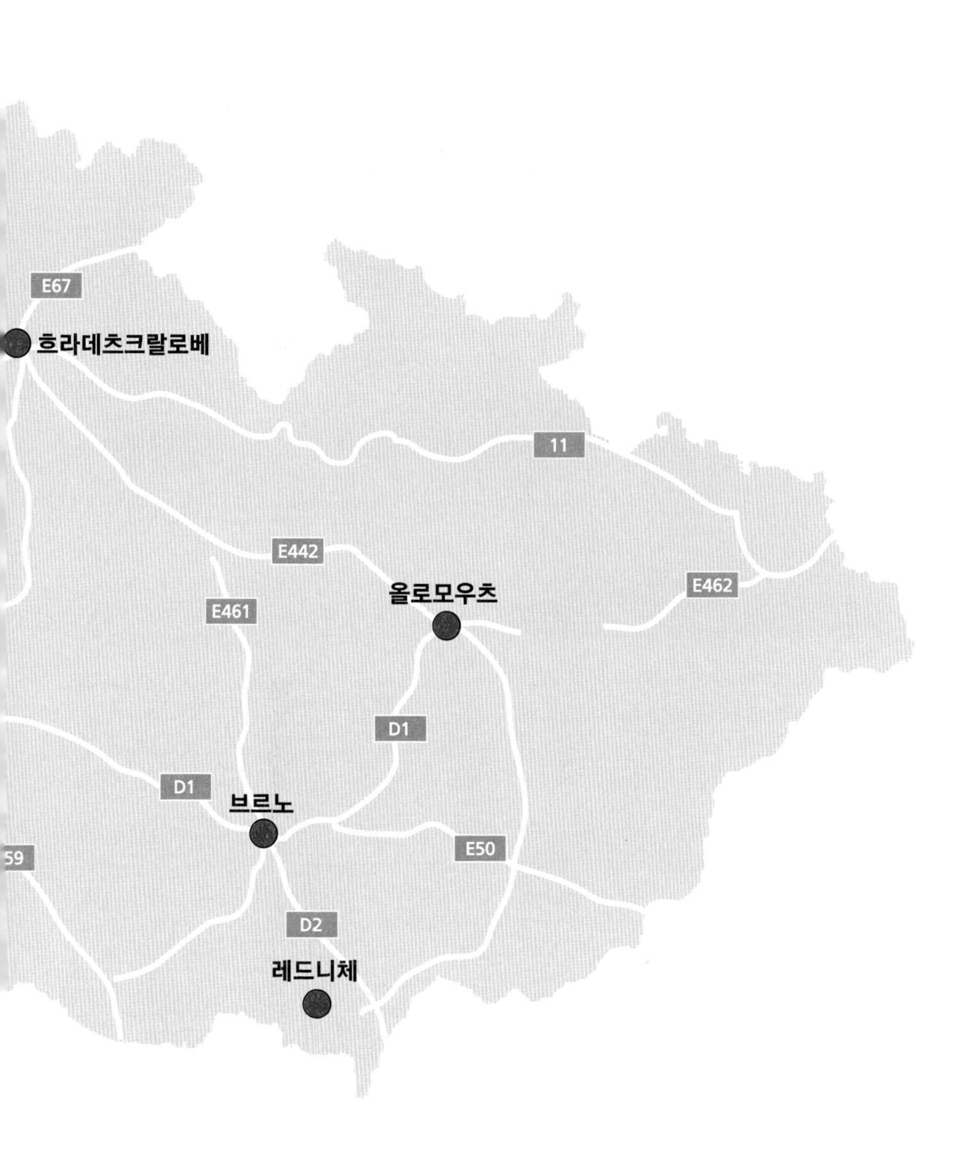
E67
흐라데츠크랄로베
11
E442
E461
올로모우츠
E462
D1
D1
브르노
59
E50
D2
레드니체

체코 렌트카 예약하기

글로벌 업체 식스트(SixT)

1. 식스트 홈페이지(www.sixt.co.kr)로 들어간다.

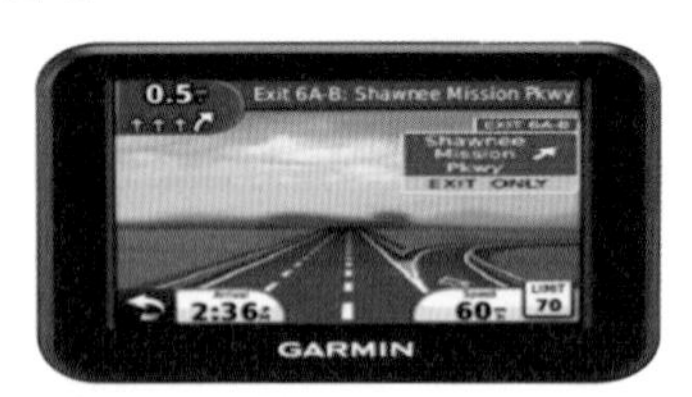

2. 좌측에 보면 해외예약이 있다. 해외예약을 클릭한다.

3. Car Reservation에서 여행 날짜별, 장소별로 정해서 선택하고 밑의 Calculate price를 클릭한다.

4. 차량을 선택하라고 나온다. 이때 세 번째 알파벳이 "M"이면 수동이고 "A"이면 오토(자동)이다. 우리나라 사람들은 대부분 오토를 선택한다. 차량에 마우스를 대면 Select Vehicle가 나오는데 클릭을 한다.

	VW Golf Saloons (CLMR)	Price per day: KRW 103,367.35 Total: KRW 723,571.43
	Chevrolet Cruze STW Estates (IWMR)	Price per day: KRW 111,913.22 Total: KRW 783,392.56
	Chevrolet Trax SUV (CFMR)	Price per day: KRW 127,393.26 Total: KRW 891,752.83
	Dacia Duster SUV (IFMN)	Price per day: KRW 133,724.28 Total: KRW 936,069.96
	Premium class Chevrolet Captiva SUV (FFAR)	Price per day: KRW 150,402.62 Total: KRW 1,052,818.32

5. 차량에 대한 보험을 선택하라고 나오면 보험금액을 보고 선택한다.

Chevrolet Captiva SUV (FFAR)

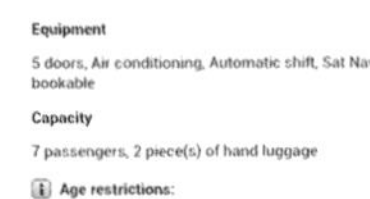

1. Your rate

○ Pay upon arrival	per day	KRW 158,013.82
☑ Rebooking and cancellation (free)		
◉ Pay now online	per day	KRW 150,402.62
☑ Rebooking and cancellation (fees apply)		
☑ Unlimited miles		
☑ Third Party Insurance		
☑ Loss damage waiver (Insurance Excess: € 2,000; approx. KRW 2,796,020)		
☑ Premium location fee		
☑ Premium class		

6. Pay upon arrival은 현지에서 차량을 받을 때 결재한다는 말이고, Pay now online은 바로 결재한다는 말이니 본인

이 원하는 대로 선택하면 된다. 이때 온라인으로 결재하면 5%정도 싸지지만 취소할때는 3일치의 렌트비를 떼고 환불을 받을 수 있다는 것도 알고 선택하자. 다 선택하면 Accept rate and extras를 클릭하고 넘어간다.

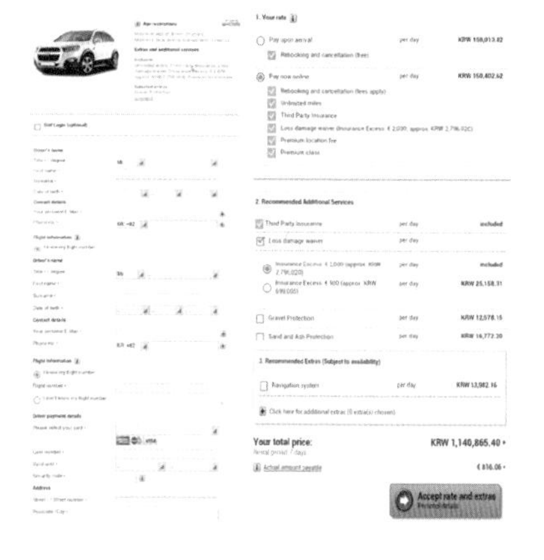

7. 세부적인 결재정보를 입력하는데 *가 나와있는 부분만 입력하고 밑의 Book now를 클릭하면 예약번호가 나온다.
8. 예약번호와 가격을 확인하고 인쇄해 가거나 예약번호를 적어가면 된다.
9. 이제 다 끝났다. 현지에서 잘 확인하고 차량을 인수하면 된다.

Dear Mr. CHO,

Many thanks for your Reservation. We wish you a good trip.

Your Sixt Team

Reservation number: 9810507752

Location of Sixt pick-up branch: Please check in advance the details of your vehicle's pickup.

Your reservation:

FFAR - Samp

- Pickup: Ke
- Return: Ke
- Rental len
- miles: unli

Please fin

가민내비게이션 사용방법

1. 전원을 켜면 Where To? 와 View Map의 시작화면이 보인다.

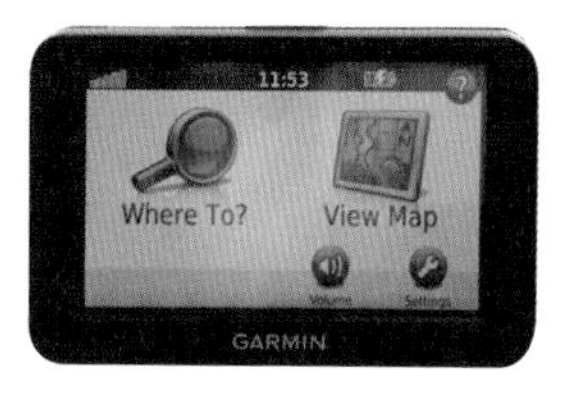

2. Where To? 를 선택하면, 위치를 찾는 여러 방법이 뜬다.

- Address : street 이름과 번지수로 찾기 때문에, 주소를 정확히 알 때 사용
- Points of interest: 관광지, 숙소, 레스토랑 등 현 위치에서 가까운 곳 위주로 검색할 때 좋다.
- Cities : 도시를 찾을 때
- Coordinates : 위도와 경도를 알 때 사용하며, 가장 정확할 수 있다.

3. 위치를 찾으면 바로 갈지(go) Favoites에 저장(save)해놓을지를 정하면 된다. 바로 간다면, 그냥 go를 누를 수도 있지만, 위치를 한번 클릭해준 후(이때 위치 다시 확인) GO! 를 누르면 안내가 시작된다.

Save를 선택하면 그 위치가 다시 한 번 뜨고 이름을 입력할 수 있다. 이 내용이 두 번째 화면의 Favorites에 저장되고, 즐겨찾기처럼, 시작화면의 Favorites를 클릭하면 언제든지 확인할 수 있다.
우리나라의 내비게이션과
조금 다른 점은,

- 전체 노선을 보기가 어렵다. 일단 길찾기를 시작하면, 화면을 옆으로 미끄러지듯 터치하면 대략의 노선을 보여주지만, 바로 근처의 노선만 확인할 수 있다.
- 우리나라 내비게이션처럼 1㎞, 500m, 200m앞 좌회전. 이런 식으로 반복해서 안내하지 않으므로, 대략적 노선과 길번호 정도는 알아두면 좋다.
- Favorites를 활용하여, 이미 정해진 숙소나 갈 곳은 입력해놓고(address나 coordinates를 이용), 그때마다 cities, points of interest를 사용하여 검색하면 거의 못 찾는 것이 없다. 또 체코의 지도은 테마별로 잘 만들어져 있어서, 인포메이션이나 호스텔, 렌터카회사 등에서 지도를 구하면 지도만 보고도 운전할 수 있을 정도로 도로정비와 표지판이 정확하다. 걱정하지 말자.

교통표지판

각 나라의 글자는 달라도 부호는 같다. 도로 표지판에 쓰인 교통표지판은 전 세계를 통일시켜놓아서 큰 문제가 생기지 않는다. 그래서 표지판을 잘 보고 운전해야 한다.

주정차 금지 / 주차금지 / 속도제한 / 속도제한 해제 / 제한구역 해제
반대편 차량우선 / 차량통행금지 / 진입금지 / 추월금지 / 양보
전방 신호등 / 양방향도로 / 위험 / 전방 로터리 (회전교차로) / 교차로 현주행차선 우선
고속도로 종료 / 권장속도 / 라운드어바웃

해외 렌트보험

■ 자차보험 | CDW(Collision Damage Waiver)
운전자로부터 발생한 렌트 차량의 손상에 대한 책임을 공제해 주는 보험이다.(단, 액세서리 및 플렛 타이어, 네이게이션, 차량 키 등에 대한 분실 손상은 차량 대여자 부담)
CDW에 가입되어 있더라도 사고시 차량에 손상이 발생할 경우 임차인에게 '일정 한도 내의 고객책임 금액CDW NON-WAIVABLE EXCESS이 적용된다.

■ 대인/대물보험 | LI(LIABILITY)
유럽렌트카에서는 임차요금에 대인대물 책임보험이 포함되어 있다. 최대 손상한도는 무제한이다. 해당 보험은 렌터카 이용 규정에 따라 적용되어 계약사항 위반 시 보상 받을 수 없다.

■ 도난보험 | TP(THEFT PROTECTION)
차량/부품/악세서리 절도, 절도미수, 고의적 파손으로 인한 차량의 손실 및 손상에 대한 재정적 책임을 경감해주는 보험이다. 사전 예약 없이 현지에서 임차하는 경우, TP가입 비용이 추가 되는 경우가 많다. TP에 가입되어 있더라도 사고시 차량에 손상이 발생할 경우 임차인에게 '일정 한도 내의 고객책임 금액TP NON-WAIVABLE EXCESS'이 적용된다.

■ 슈퍼 임차차량 손실면책 보험 | SCDW(SUPER COVER)
일정 한도 내의 고객책임 금액(CDW NON-WAIVABLE EXCESS)'와 'TP NON-WAIVABLE EXCESS'를 면책해주는 보험이다.
슈퍼커버SUPER COVER보험은 절도 및 고의적 파손으로 인한 임차차량 손실 등 모든 손실에 대해 적용된다. 슈퍼커버보험이 적용되지 않는 경우는 차량 열쇠 분실 및 파손, 혼유사고, 네이베이션 및 인테리어이다. 현지에서 임차계약서 작성 시 슈퍼커버보험을 선택, 가입할 수 있다.

■ 자손보험 | PAI(Personal Accident Insurance)
사고 발생시, 운전자(임차인) 및 대여 차량에 탑승하고 있던 동승자의 상해로 발생한 사고 의료비, 사망금, 구급차 이용비용 등의 항목으로 보상받을 수 있는 보험이다.
유럽의 경우 최대 40,000유로까지 보상이 가능하며, 도난품은 약 3,000유로까지 보상이 가능하다.
보험 청구의 경우 사고 경위서와 함께 메디칼 영수증을 지참하여 지점에 준비된 보험 청구서를 작성하여 주면 된다. 해당 보험은 렌터카 이용 규정에 따라 적용되며, 계약사항 위반 시 보상받을 수 없다.

유료 주차장 이용하기

체코에서는 대부분은 무료 주차장이지만 체코의 수도 프라하에는 유료주차장이 대부분이다. 그리고 주차비를 정산하지 않으면 차량 바퀴에 이동을 못하도록 체인이 묶일 수 있으므로 조심해야 한다.
유료주차장도 2시간은 무료이므로 2시간이 지나면 주차비를 내면 된다. 또한 차량에 사진의 시계그림처럼 차량에 부착을 하여 자신이 주차한 시간을 볼 수 있도록 해 놓아야 한다.

1. 라인에 주차를 한다.
2. 주차증이 차량의 앞 유리에 보이도록 차량 내부에 놓는다.
3. 나올 때 주차요금 미터기에 돈을 넣고 원하는 시간을 누른다.

운전 사고

체코에서는 운전할 때 도로에서 빠르게 가는 차들로 위험하지는 않지만 비가 오거나 바람이 많이 불어 도로가 위험해질 경우도 있다. 그럴 때는 갓길에 주차하고 잠시 쉬었다 가는 편이 좋다.
"비가 오거든 30분만 기다리라"라는 속담처럼 하루에도 몇 번씩 기상상황이 바뀔 수 있기 때문에, 잠시 쉬었다가 날씨의 상태를 보고 운전을 계속 하는 편이 낫다. 렌트카를 운전할 때 도로가 나빠서 차량이 도로에 빠지는 경우는 많지만 차량끼리의 충돌사고는 거의 일어나지 않는다.
우리나라 사람들이 렌트카 여행할 때, 자동차 사고는 대부분이 여행의 기쁜 기분에 '방심'하여 사고가 난다. 안전벨트를 꼭 매고, 렌트카 차량보험도 필요한 만큼 가입하고 렌트해야 한다. 다른 나라에 가서 남의 차 빌려서 운전하면서 우리나라처럼 편안한 마음으로 운전할 수는 없다. 그러다 오히려 사고가 나니 적당한 긴장은 필수적이다.

그러나 혹시라도 사고가 난다면

사고가 나도 처리는 렌트카에 들어있는 보험이 있으니 크게 걱정할 필요는 없다. 차를 빌릴 때 의무적으로, 나라마다 선택해야 하는 보험을 들으면 거의 모든 것을 해결해 준다.
렌트카는 차량인수 시에 받는 보험서류에 유사시 연락처가 크고 굵직한 글씨로 나와있다. 회사마다 내용은 조금씩 다르지만 체코의 어느 지역에서든지 연락하면 30분 정도면 누군가 나타난다. 그래서 혹시 걱정이 된다면 식스트나 허츠같은 한국에 지사를 둔 글로벌 렌트카업체를 선택하면 한국으로 전화를 하여 도움을 받을 수도 있다.

렌트카는 보험만 제대로 들어있다면 차를 본인의 잘못으로 망가뜨렸다고 해도, 본인이 물어내는 돈은 없고 오히려 새 차를 주어 여행을 계속하게 해 준다. 시간이 지체되어 하루 이상의 시간이 걸리면 호텔비도 내주는 경우가 있다. 그래서 렌트카는 차량을 반납할 때 미리 낸 차량보험료가 아깝지만 사고가 난다면 보험만큼 고마운 것도 없다.

도로사정

체코 도로는 일부 비포장도로를 제외하면 운전하기가 편하다. 운전에서도 우리나라와 차이가 거의 없다. 체코는 고속도로가 잘 정비되어 소도시까지 이어져 있어서 "E55, 48, 67" 같은 고속도로 번호를 확인하면서 이동해야 한다.

다만 속도를 즐기는 체코 운전자들이 속도를 높여서 140~150km/h로 운전한다고 따라하지 말고 고속도로 규정 속도를 규정하는 것이 좋다. 일부 오프로드가 있고 그 오프로드는 운전을 피하라고 권하고 있다. 또한 렌트카를 오프로드에서 운전하다가 고장이 나면 많은 추가비용이 나오기 때문에 오프로드를 운전할 거라면 보험을 풀full보험으로 해 놓고 렌트하는 것이 좋다.

도로 운전 주의사항

체코를 렌트카로 여행할 때 걱정이 되는 것은 도로에서 "사고가 나면 어떡하지?" 하는 것이 가장 많다. 지금, 그 생각을 하고 있다면 걱정일 뿐이다.

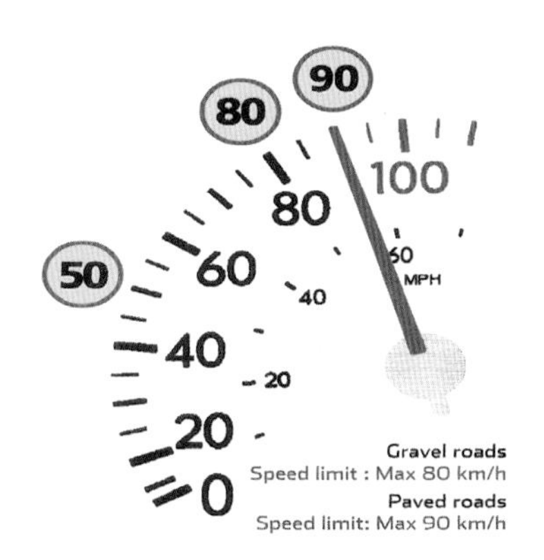

도로는 수도를 제외하면 차량의 이동이 많지 않고 제한속도가 90㎞로 우리나라의 100㎞보다도 느리기 때문에 운전 걱정은 하지 않아도 된다.

수도를 제외하면 도로에 차가 많지 않아 운전을 할 때 오히려 차량을 보면 반가울 때도 있다. 렌트카로 운전할 생각을 하다 보면 단속 카메라도 신경써야 할 것 같고, 막히면 다른 길로 가거나 내 차를 추월하여 가는 차들이 많아서 차선을 변경할 때도 신경을 써야 할거 같지만 체코는 중간 중간 아름다운 장소가 너무 많아 제한속도인 90㎞로 그 이상의 속도도 잘 내

지 않게 되고, 수도를 제외하면 단속 카메라도 거의 없다.

시내도로

1. 안전벨트 착용

우리나라도 안전벨트를 매는 것이 당연해지기는 했지만 아직도 안전벨트를 하지 않고 운전하는 운전자들이 있다. 안전벨트는 차사고에서 생명을 지켜주는 생명벨트이기 때문에 반드시 착용하고 뒷좌석도 착용해야 한다.
운전자는 안전벨트를 해도 뒷좌석은 안전벨트를 하지 않는 경우가 많은데 뒷좌석에 탓다고 사고가 나지않는 것은 아니다. 혹시 어린아이를 태우고 렌트카를 운전한다면 아이들은 모두 카시트에 앉혀야 한다. 카시트는 운전자가 뒷좌석의 카시트를 볼 수 있는 위치에 놓는것이 좋다.

2. 도로의 신호등은 대부분 오른쪽 길가에 서 있고 도로 위에는 신호등이 없다.

신호등이 도로 위에 있지 않고 사람이 다니는 인도 위에 세워져 있다. 신호등이 도로 위에 있어도 횡단보도 앞쪽에 있다. 그렇기 때문에 횡단보도위의 정지선을 넘어가서 차가 정지하면 신호등의 빨간불인지 출발하라는 파란불인지를 알 수 없다.
자연스럽게 정지선을 조금 남기고 멈출 수밖에 없다. 횡단보도에는 신호등이 없는 경우도 있으니 횡단보도에서는 반드시 지정 속도를 지키도록 하자.

3. 비보호 좌회전이 대부분이다.

우리나라는 좌회전 표시가 있는 곳에서만 좌회전이 된다. 이것도 아직 모르는 운전자가 많다는 것을 상담을 통해 알게 되었다. 체코는 좌회전 표시가 없어도 다 좌회전이 된다. 그래서 더 조심해야 한다. 반드시 차가 오지 않음을 확인하고 좌회전해야 한다.

4. 신호등 없는 횡단보도에서도 잠시 멈추었다가 지나가자.

횡단보도에서는 항상 사람이 먼저다. 하지만 우리는 횡단보도를 건널 때 신호등이 없다면 양쪽의 차가 진입하는지 다 보고 건너야 하지만, 체코는 건널목에서 항상 사람이 우선이기 때문에 차가 양보해야 한다. 그래서 차가 와도 횡단보도를 지나가는 사람들이 많다. 근처에 경찰이 있다면 걸려서 벌금을 물어야 할 것이다.

5. 시골 국도라고 과속하지 말자.

마을진입 표지판

마을 나왔다는 표지판

차량의 통행량이 많지 않아 과속하는 경우가 있다. 혹시 과속을 하더라도 마을로 들어서면 30㎞까지 속도를 줄이라는 표시를 보게 된다. 절대 과속으로 사고를 내지 말아야 한다. 렌트카의 사고 통계를 보면 주택가나 시골로 이동하면서 긴장이 풀려서 사고가 나는 경우가 대부분이라고 한다.

사람이 없다고 방심하지 말고 신호를 지키고 과속하지 말고 운전해야 사고가 나지 않는다. 우리나라의 운전자들이 체코에서 운전할 때 과속카메라가 거의 없다는 것을 확인하고 경찰차도 거의 없는 것을 알고 과속을 하는 경우가 많다. 재미있는 여행을 하려면 과속하지 않고 운전하는 것이 중요하다. 마을로 들어가서 제한

속도는 대부분 30~40㎞인데 마을입구에 제한속도 표지를 볼 수 있다.

6. 교차로의 라운드 어바웃이 있으니 운행방법을 알아두자.

우리나라에도 교차로의 교통체증을 줄이기 위해 라운드 어바웃을 도입하겠다고 밝히고 시범운영을 거쳐 점차 늘려가고 있다. 하지만 아직까지 우리에게는 어색한 교차로방식이다. 체코에는 교차로에서 라운드 어바웃Round About을 이용하는 교차로가 대부분이다.

라운드 어바웃방식은 원으로 되어있어서 서로 서로가 기다리지 않고 교차해가도록 되어있다. 교차로의 라운드 어바웃은 꼭 알아두어야 할 것이 우선순위이다.

통과할 때 우선순위는 원안으로 먼저 진입한 차가 우선이다. 예를 들어 정면에서 내 차와 같은 시간에 라운드 어바웃 원으로 진입하는 차가 있다면 같이 진입해도

그림[1]

원으로 막혀 있어서 부딪칠 일이 없다.(그림1) 하지만 왼쪽에서 벌써 라운드 어바웃으로 진입해 돌아오는 차가 있으면 '반드시' 먼저 라운드 어바웃 원으로 들어가서는 안 된다. 안에서 돌면서 오는 차를 보았다면 정지했다가 차가 지나가면 진입하고 계속 온다면 어쩔 수 없이 다 지나간 후 라운드 어바웃 원으로 진입해야 한다.(그림2)

체코는 우리나라와 같은 좌측통행시스템이기 때문에 왼쪽에서 오는 차가 거리가 있다면 내 차로 왼쪽 차가 부딪칠 일이 없다고 판단되면 원으로 진입하면 된다. 라운드 어바웃이 크면 방금 진입한 차가 있다고 해도 충분한 거리가 되므로 들어가기가 어렵지 않다.

라운드 어바웃 방식에서 차가 많아 진입하기가 힘들다면 원안에 진입한 차의 뒤를 따라 가다가 내가 원하는 출구방향 도로에서 나가면 되고 나가지 못했다면 다시 한 바퀴를 돌고 나가면 되기 때문에 못 나갔다고 당황할 필요가 없다.

7. 교통규칙을 잘 지켜야 한다.

예를 들어 큰 도로로 진입할때는 위험하게 끼어들지 말고 큰 도로의 차가 지나간 다음에 진입하자.

매우 당연한 말이지만 우리나라는 큰 도로에 차가 있음에도 끼어드는 차들이 많아 위험할 때가 있지만 차가 많지가 않아서 큰 도로의 차가 지나간 후 진입하면 사고도 나지 않고 위험한 순간이 발생하지 않는다.

8. 교통규칙중에서도 정지선을 잘 지켜야 한다.

교차로에서 꼬리물기를 하면 우리나라도 이제는 딱지를 끊는다. 아직도 우리에게

는 정지선을 지키지 않는 운전자들이 많지만 체코에서는 정지선을 정말 잘 지킨다. 정지선을 지키지 않고 가다가 사고가 나면 불법으로 위험한 상황이 발생할 수 있다. 정지선을 지키지 않아 사고가 나면 사고의 책임은 본인에게 있다.

국도

1. 도로는 대부분 왕복 2차선인데 앞차를 추월하려고 하면 반대편에서 오는 차와 충돌사고 위험이 있어 반대편에서 차량이 오는지 확인해야 한다.

수도를 제외하면 대부분의 도로가 한산하다. 가끔 앞의 차량이 서행을 하고 있어 앞차를 추월하려고 할 때 반대편에서 오는 차량이 있는지 확인을 하고 앞차를 추월해야 한다. 반대편에서 오는 차량과 정면 충돌의 위험이 있으니 조심하자. 관광지에서나 차량이 많지 대부분은 한산한 도로이기 때문에 마음의 여유를 가지고 운전하기 바란다.

2. 한산한 도로라서 졸음운전의 위험이 있다.

7~8월 때의 관광객이 많은 때를 제외하면 차량이 많지 않다. 어떤 때는 1시간 동안 한 대도 보지 못하는 경우가 있어 오히려 심심하다. 심심한 도로와 아름다운 자연을 보고 이동하고 있노라면 졸음이 몰려와 반대편 도로로 진입하는 경우가 생길 수 있다.

졸음이 몰려오면 차량을 중간중간에 위치한 갓길에 세워두고 쉬었다가 이동하자. 쉬었다가 이동해도 결코 늦지 않다.

주유소에서 셀프 주유

셀프 주유소가 대부분이다. 기름값은 우리나라보다 조금 저렴하다. 비싼 기름가격을 생각했다면 우리나라보다 저렴한 기름값에 놀라워할 것이다.

큰 도시를 제외하고는 주유소의 거리가 멀어 운전을 하다가 기름이 중간 이하로 된다면 주유를 하는 것이 좋다. 기름을 넣는 방법은 쉽다.

1. 렌트한 차량에 맞는 기름의 종류를 선택하자. 렌트할 때 정확히 물어보고 적어 놓아야 착각하지 않는다.

2. 주유기 앞에 차를 위치시키고 시동을 끈다.
3. 자동차의 주유구를 열고 내린다.
4. 신용카드를 넣고 화면에 나오는 대로 비밀번호와 원하는 양의 기름값을 선택한다. (잘 모르더라도 주유한 만큼만 계산되니 직접하지 않아도 된다.)

5. 차량에 맞는 유종을 선택한다. (렌트할 때 휘발유인지 경유인지 확인한다.)

6. 주유기의 손잡이를 들어올린다. (혹시 주유기의 기름이 나오지 않을때는 당황하지 말고 눈금이 '0'으로 돌아간 것을 확인한다. 0으로 안 되어있으면 기름이 나오지 않기 때문이다. 잘 모르면 카운터에 있는 직원에게 문의한다.)
7. 주유구에 넣고 주유기 손잡이를 쥐면 주유를 할 수 있다.
8. 주유를 끝내면 주유구 마개를 닫고 잠근다.
9. 현금으로 기름값을 계산하려면 카운터로 들어가서 주유기의 번호를 이야기하면 요금이 나와 있다.

이 모든 것을 처음에 잘 모르겠다면 카운터로 가서 설명해 달라고 하면 친절하게 설명하고 시범을 보여주기도 한다.
옆에 기름을 주유하는 사람에게 설명을 요청하면 역시 친절하게 설명해 주기 때문에 걱정하지 않아도 된다. 경유와 휘발유를 구분하지 못해서 걱정을 하는 여행자들도 있지만 주로 디젤의 주유기는 디젤이라고 적혀 있고 다른 하나의 손잡이는 휘발유다. 하지만 처음에 기름을 넣을 때는 디젤인지 휘발유인지 확인하고 주유해야 잘못 넣는 경우를 방지할 수 있다.

솅겐 조약

체코는 솅겐 조약 가입국이다. 체코를 장기로 여행하려는 관광객들이 갑자기 듣는 단어가 '솅겐 조약'이라는 것이다.
솅겐 조약은 무엇일까? 유럽 26개 국가가 출입국 관리 정책을 공동으로 관리하여 국경 검문을 최소화하고 통행을 편리하게 만든 조약이다. 솅겐 조약에 동의한 국가 사이에는 검문소가 없어서 표지판으로 국경을 통과했는지 알 수 있다. EU와는 다른 공동체로 국경을 개방하여 물자와 사람간의 이동을 높여 무역을 활성화시키고자 처음에 시작되었다.
솅겐 조약 가입국에 비자 없이 방문할 때는 180일 내(유럽국가중에서 솅겐 조약 가입하지 않은 나라들에 머무를 수 있는 기간) 90일(유럽국가중에서 솅겐 조약 가입한 나라들에 머무를 수 있는 기간) 까지만 체류할 수 있다.
유럽을 여행하는 장기 여행자들은 이 조항 때문에 혼동이 된다. 체코는 1년에 90일 이상은 체류할 수 없다.

솅겐 조약 가입국

그리스, 네덜란드, 노르웨이, 덴마크, 독일, 라트비아, 룩셈부르크, 리투아니아, 리히텐슈타인, 몰타, 벨기에, 스위스, 스웨덴, 스페인, 슬로바키아, 슬로베니아, , 에스토니아, 오스트리아, 이탈리아, 체코, 포르투갈, 폴란드, 프랑스, 핀란드, 헝가리

체코의 통행료

유럽 자동차여행을 하면, 국가별로 고속도로 통행료를 내는 방식이 다르다. 그러나 유럽에서 자동차를 운전하면서 통행료를 안 낼 수는 없다. 그래서 다양한 방법으로 통행료를 징수하게 된다. 우리에게 낯선 통행료 징수방법은 비 네트Vignette라는 것이다. 체코 도로를 여행하면서 적절한 장소에서 유리창에 부착하는 "비 네트Vignette" 또는 스티커를 요구하기 때문에 자동차 운전자가 지불한 경비를 볼 수 있다. 이 스티커는 고속도로에서 탈 수 있는 도로 세금을 납부하였다는 것을 의미한다. 대부분 10일 이내의 비 네트를 구입하게 된다. 10일간의 스티커 비용은 국가마다 대부분 다르다.

어디에서 비 네트를 살 수 있을까?

비 네트는 국경 근처의 휴게소, 주유소에서 구입이 가능하다. 해당국가에 도착하기 전에 주유소, 담배 가게, 고속도로 휴게소에서 경계 국가의 비 네트를 구입할 수 있다. 국경 지대가 있다면 국경 횡단에서 다시 구입할 수 있지만 외부에 있는 운전자가 안전하게 할 수 있는 일은 국경에서 적어도 10㎞에 도달하기 전에 구입하는 것이다.

벌금

국경을 통과하는 진입로에 임박해서 구입하지 못했다는 것을 인지하여 돌아가려고 한다면 비 네트를 구입할 수 없으며 벌금을 부과 받게 된다. 만약 통행권을 사지 않고 다닌다면 적발이 안 되면 상관없지만 적발이 되면 벌금이 있으니 유의하고 반드시 해당 국가의 비 네트를 구매 후 여행하는 것이 마음이 편하다. '특별

세금'이라고 하는 벌금으로 그 자리에서 지불해야 한다. 그렇지 않으면 특별 절차가 진행되고 벌금이 인상된다.

▶각 나라별 통행권 요금 조회
http://www.dalnicni-znamky.com/en/

부착방법

비 네트 스티커는 제거하거나 다시 부착할 수 없도록 고안되었다. 필요한 기간에 따라 통행권 구입이 가능하고 뒷면의 붙이는 방법과 위치 설명을 잘 읽고, 차 앞쪽 유리에 붙이면 된다.

스티커를 구입하여 앞 유리의 '왼쪽 위'나 앞 '유리 안쪽의 백미러' 장착 지점 아래 중앙에 있는 비 네트 뒷면에 지정된 곳에 부착해야 한다. 착색 될 경우, 짤막하게 보이는 부분을 착색 부분 아래에 부착해야 명확하게 볼 수 있다.

유럽 고속도로 통행권 가격 / 정보

1. 무료인 국가(독일/영국/벨기에/네덜란드/덴마크)
2. 우리나라와 동일한 방식의 톨게이트 징수 국가(이탈리아/프랑스/스페인/포르투갈)
3. 기간에 따른 통행료 비네트(Vignette)을 사용하는 국가
(스위스/오스트리아/체코/헝가리/슬로베니아/불가리아 등 동유럽 대부분 국가)

체코 한 달 살기

솔직한 한 달 살기

요즈음, 마음에 꼭 드는 여행지를 발견하면 자꾸 '한 달만 살아보고 싶다'는 이야기를 많이 듣는다. 그만큼 한 달 살기로 오랜 시간 동안 해외에서 여유롭게 머물고 싶어 하기 때문이다. 직장생활이든 학교생활이든 일상에서 한 발짝 떨어져 새로운 곳에서 여유로운 일상을 꿈꾸기 때문일 것이다.

최근에는 한 달, 혹은 그 이상의 기간 동안 여행지에 머물며 현지인처럼 일상을 즐기는 '한 달 살기'가 여행의 새로운 트렌드로 자리잡아가고 있다. 천천히 흘러가는 시간 속에서 진정한 여유를 만끽하려고 한다. 그러면서 한 달 동안 생활해야 하므로 저렴한 물가와

주위에 다양한 즐길 거리가 있는 동유럽의 많은 도시들이 한 달 살기의 주요 지역으로 주목 받고 있다. 한 달 살기의 가장 큰 장점은 짧은 여행에서는 느낄 수 없었던 색다른 매력을 발견할 수 있다는 것이다.

사실 한 달 살기로 책을 쓰겠다는 생각을 몇 년 전부터 했지만 마음이 따라가지 못했다. 우리의 일반적인 여행이 짧은 기간 동안 자신이 가진 금전 안에서 최대한 관광지를 보면서 많은 경험을 하는 것을 하는 것이 자유여행의 패턴이었다. 하지만 한 달 살기는 확실한 '소확행'을 실천하는 행복을 추구하는 것처럼 보였다. 많은 것을 보지 않아도 느리게 현지의 생활을 알아가며 스스로 만족을 원하는 여행이므로 좋아 보였다. 내가 원하는 장소에서 하루하루를 즐기면서 살아가는 문화와 경험을 즐기는 것은 좋은 여행방식이다.

하지만 많은 도시에서 한 달 살기를 해본 결과 한 달 살기라는 장기 여행의 주제만 있어서 일반적으로 하는 여행은 그대로 두고 시간만 장기로 늘린 여행이 아닌 것인지 의문이 들었다. 현지인들이 가는 식당을 가는 것이 아니고 블로그에 나온 맛집을 찾아가서 사진을 찍고 SNS에 올리는 것은 의문을 가지게 만들었다. 현지인처럼 살아가는 것이 아니라 풍족하게 살고 싶은 것이 한 달 살기인가라는 생각이 강하게 들었다.

현지인과의 교감은 없고 맛집 탐방과 SNS에 자랑하듯이 올리는 여행의 새로운 패턴인가, 그냥 새로운 장기 여행을 하는 여행자일 뿐이 아닌가?

현지인들의 생활을 직접 그들과 살아가겠다고 마음을 먹고 살아도 현지인이 되기는 힘들다. 여행과 현지에서의 삶은 다르기 때문이다. 단순히 한 달 살기를 하겠다고 해서 그들을 알 수도 없는 것은 동일할 수도 있다. 그래서 한 달 살기가 끝이 나면 언제든 돌아갈 수 있다는 것은 생활이 아닌 여행자만의 대단한 기회이다. 그래서 한동안 한 달 살기가 마치 현지인의 문화를 배운다는 것은 거짓말로 느껴졌다.

시간이 지나면서 다시 생각을 해보았다. 어떻게 여행을 하든지 각자의 여행이 스스로에게 행복한 생각을 가지게 한다면 그 여행은 성공한 것이다. 그것을 배낭을 들고 현지인들과 교감을 나누면서 배워가고 느낀다고 한 달 살기가 패키지여행이나 관광지를 돌아다니는

여행보다 우월하지도 않다. 한 달 살기를 즐기는 주체인 자신이 행복감을 느끼는 것이 핵심이라고 결론에 도달했다.

요즈음은 휴식, 모험, 현지인 사귀기, 현지 문화체험 등으로 하나의 여행 주제를 정하고 여행지를 선정하여 해외에서 한 달 살기를 해보면 좋다. 맛집에서 사진 찍는 것을 즐기는 것으로도 한 달 살기는 좋은 선택이 된다. 일상적인 삶에서 벗어나 낯선 여행지에서 오랫동안 소소하게 행복을 느낄 수 있는 한 달 동안 여행을 즐기면서 자신을 돌아보는 것이 한 달 살기의 핵심인 것 같다.

떠나기 전에 자신에게 물어보자!

한 달 살기 여행을 떠나야겠다는 마음이 의외로 간절한 사람들이 많다. 그 마음만 있다면 앞으로의 여행 준비는 그리 어렵지 않다. 천천히 따라가면서 생각해 보고 실행에 옮겨보자.

내가 장기간 떠나려는 목적은 무엇인가?

여행을 떠나면서 배낭여행을 갈 것인지, 패키지여행을 떠날 것인지 결정하는 것은 중요하다. 하물며 장기간 한 달을 해외에서 생활하기 위해서는 목적이 무엇인지 생각해 보는 것이 중요하다. 일을 함에 있어서도 목적을 정하는 것이 계획을 세우는데 가장 기초가 될 것이다.

한 달 살기도 어떤 목적으로 여행을 가는지 분명히 결정해야 질문에 대한 답을 찾을 수 있다. 아무리 아무것도 하지 않고 지내고 싶다고 할지라도 1주일 이상 아무것도 하지 않고 집에서만 머물 수도 없는 일이다. 체코는 관광, 다양한 엑티비티, 요리 등 나의 로망인 여행지에서 살아보기, 내 아이와 함께 해외에서 보내보기 등등 다양하다.

목표를 과다하게 설정하지 않기

자신이 해외에서 산다고 한 달 동안 어학을 목표로 하기에는 다소 무리가 있다. 무언가 성과를 얻기에는 짧은 시간이기 때문이다. 1주일은 해외에서 사는 것에 익숙해지고 2~3주에 현지에 적응을 하고 4주차에는 돌아올 준비를 하기 때문에 4주 동안이 아니고 2주 정도이다. 하지만 해외에서 좋은 경험을 해볼 수 있고, 친구를 만들 수 있다. 이렇듯 한 달 살기도 다양한 목적이 있으므로 목적을 생각하면 한 달 살기 준비의 반은 결정되었다고 생각할 수도 있다.

여행지와 여행 시기 정하기

한 달 살기의 목적이 결정되면 가고 싶은 한 달 살기 여행지와 여행 시기를 정해야 한다. 목적에 부합하는 여행지를 선정하고 나서 여행지의 날씨와 자신의 시간을 고려해 여행 시기를 결정한다. 여행지도 성수기와 비수기가 있기에 한 달 살기에서는 여행지와 여행시기의 틀이 결정되어야 세부적인 예산을 정할 수 있다.

한 달 살기를 선정할 때 유럽 국가 중에서 대부분은 안전하고 볼거리가 많은 도시를 선택한다. 예산을 고려하면 항공권 비용과 숙소, 생활비가 크게 부담이 되지 않는 동유럽의 폴란드, 체코, 헝가리 부다페스트 등이다. 그 중에서 체코의 프라하는 최근에 한 달 살기 도시로 급부상하고 있다.

한 달 살기의 예산정하기

누구나 여행을 하면 예산이 가장 중요하지만 한 달 살기는 오랜 기간을 여행하는 거라 특히 예산의 사용이 중요하다. 돈이 있어야 장기간 문제가 없이 먹고 자고 한 달 살기를 할 수 있기 때문이다.

한 달 살기는 한 달 동안 한 장소에서 체류하므로 자신이 가진 적정한 예산을 확인하고, 그 예산 안에서 숙소와 한 달 동안의 의식주를 해결해야 한다. 여행의 목적이 정해지면 여행을 할 예산을 결정하는 것은 의외로 어렵지 않다. 또한 여행에서는 항상 변수가 존재하므로 반드시 비상금도 따로 준비를 해 두어야 만약의 상황에 대비를 할 수 있다. 대부분의 사람들이 한 달 살기 이후의 삶도 있기에 자신이 가지고 있는 예산을 초과해서 무리한 계획을 세우지 않는 것이 중요하다.

세부적으로 확인할 사항

1. 나의 여행스타일에 맞는 숙소형태를 결정하자.

지금 여행을 하면서 느끼는 숙소의 종류는 참으로 다양하다. 호텔, 민박, 호스텔, 게스트하우스가 대세를 이루던 2000년대 중반까지의 여행에서 최근에는 에어비앤비Airbnb나 부킹닷컴, 호텔스닷컴 등까지 더해지면서 한 달 살기를 하는 장기여행자를 위한 숙소의 폭이 넓어졌다.

숙박을 할 수 있는 도시로의 장기 여행자라면 에어비앤비Airbnb보다 더 저렴한 가격에 방이나 원룸(스튜디오)을 빌려서 거실과 주방을 나누어서 사용하기도 한다. 방학 시즌에 맞추게 되면 방학동안 해당 도시로 역으로 여행하는 현지 거주자들의 집을 1~2달 동안 빌려서 사용할 수도 있다. 그러므로 자신의 한 달 살기를 위한 스타일과 목적을 고려해 먼저 숙소형태를 결정하는 것이 좋다.
무조건 수영장이 딸린 콘도 같은 건물에 원룸으로 한 달 이상을 렌트하는 것만이 좋은 방법은 아니다. 혼자서 지내는 '나 홀로 여행'에 저렴한 배낭여행으로 한 달을 살겠다면 호스텔이나 게스트하우스에서 한 달 동안 지내는 것이 나을 수도 있다. 최근에는 아파트인데 혼자서 지내는 작은 원룸 형태의 아파트에 주방을 공유할 수 있는 곳을 예약하면 장기 투숙 할인도 받고 식비를 아낄 수 있도록 제공하는 곳도 생겨났다. 아이가 있는 가족이 여행하는 것이라면 안전을 최우선으로 장기할인 혜택을 주는 콘도를 선택하면 낫다.

체코에서는 "sreality.cz"라는 홈페이지에서 주택의 매매나 렌트에 대한 정보를 구할 수 있으므로 현지인들이 많이 사용하는 곳이니 잘 활용해 보자.

2. 한 달 살기 도시를 선정하자.

어떤 숙소에서 지낼 지 결정했다면 한 달 살기 하고자 하는 근처와 도시의 관광지를 살펴보는 것이 좋다. 자신의 취향을 고려하여 도시의 중심에서 머물지, 한가로운 외곽에서 머물면서 대중교통을 이용해 이동할지 결정한다.

3. 숙소를 예약하자.

숙소 형태와 도시를 결정하면 숙소를 예약해야 한다. 발품을 팔아 자신이 살 아파트나 원룸 같은 곳을 결정하는 것처럼 한 달 살기를 할 장소를 직접 가볼 수는 없다. 대신에 손품을 팔아 인터넷 카페나 SNS를 통해 숙소를 확인하고 숙박 어플을 통해 숙소를 예약하거나 인터넷 카페 등을 통해 예약한다. 최근에는 호텔 숙박 어플에서 장기 숙소를 확인하기도 쉬워졌고 다양하다. 어플마다 쿠폰이나 장기간 이용을 하면 할인혜택이 있으므로 검색해 비교해보면 유용하다.

장기 숙박에 유용한 앱

각 호텔 앱
호텔 공식 사이트나 호텔의 앱에서 패키지 상품을 선택 할 경우 예약 사이트를 이용하면 저렴하게 이용할 수 있다.

인터넷 카페
각 도시마다 인터넷 카페를 검색하여 카페에서 숙소를 확인할 수 있는 숙소의 정보를 확인할 수 있다.

에어비앤비(Airbnb)
개인들이 숙소를 제공하기 때문에 안전한지에 대해 항상 문제는 있지만 장기여행 숙소를 알리는 데 일조했다. 가장 손쉽게 접근할 수 있는 사이트로 빨리 예약할수록 저렴한 가격에 슈퍼호스트의 방을 예약할 수 있다.

호텔스컴바인, 호텔스닷컴, 부킹닷컴 등
다양하지만 비슷한 숙소를 검색할 수 있는 기능과 할인율을 제공하고 있다.

호텔스닷컴
숙소의 할인율이 높다고 알려져 있지만 장기간 숙박은 다를 수 있으므로 비교해 보는 것이 좋다.

4. 숙소 근처를 알아본다.

지도를 보면서 자신이 한 달 동안 있어야 할 지역의 위치를 파악해 본다. 관광지의 위치, 자신이 생활을 할 곳의 맛집이나 커피숍 등을 최소 몇 곳만이라도 알고 있는 것이 필요하다.

한 달 살기는 삶의 미니멀리즘이다.

요즈음 한 달 살기가 늘어나면서 뜨는 여행의 방식이 아니라 하나의 여행 트렌드로 자리를 잡고 있다. 한 달 살기는 다시 말해 장기여행을 한 도시에서 머물면서 새로운 곳에서 삶을 살아보는 것이다. 삶에 지치거나 지루해지고 권태로울 때 새로운 곳에서 쉽게 다시 삶을 살아보는 것이다. 즉 지금까지의 인생을 돌아보면서 작게 자신을 돌아보고 한 달 후 일상으로 돌아와 인생을 잘 살아보려는 행동의 방식일 수 있다.

삶을 작게 만들어 새로 살아보고 일상에서 필요한 것도 한 달만 살기 위해 짐을 줄여야 하며, 새로운 곳에서 새로운 사람들과의 만남을 통해서 작게나마 자신을 돌아보는 미니멀리즘인 곳이다. 집 안의 불필요한 짐을 줄이고 단조롭게 만드는 미니멀리즘이 여행으로 들어와 새로운 여행이 아닌 작은 삶을 떼어내 새로운 장소로 옮겨와 살아보면서 현재 익숙해진 삶을 돌아보게 된다.

다른 사람들과 만나고 새로운 일상이 펼쳐지면서 새로운 일들이 생겨나고 새로운 일들은 예전과 다르게 어떻다는 생각을 하게 되면 왜 그때는 그렇게 행동을 했을 지 생각을 해보게 된다. 한 달 살기에서는 일을 하지 않으니 자신을 새로운 삶에서 생각해보는 시간이 늘어나게 된다. 그래서 부담없이 지내야 하기 때문에 물가가 저렴해 생활에 지장이 없어야 하고 위험을 느끼지 않으면서 지내야 편안해지기 때문에 안전한 도시를 선호하게 된다.

새로운 음식도 매일 먹어야 하므로 내가 매일 먹는 음식과 크게 동떨어지기보다 비슷한 곳이 편안하다. 또한 대한민국의 음식들을 마음만 먹는다면 쉽고 간편하게 먹을 수 있는 곳이 더 선호될 수 있다.

삶을 단조롭게 살아가기 위해서 바쁘게 돌아가는 대도시보다 소도시를 선호하게 되고 현대적인 도시보다는 옛 정취가 남아있는 그윽한 분위기의 도시를 선호하게 된다. 그러면서도 쉽게 맛있는 음식을 다양하게 먹을 수 있는 식도락이 있는 도시를 선호하게 된다.
그렇게 한 달 살기에서 가장 핫하게 선택된 도시는 유럽에서 체코의 프라하나 브루노가 많다. 위에서 언급한 저렴한 물가, 안전한 치안, 한국인에 대한 호감도, 한국인에게 맞는 음식 등이 가진 중요한 선택사항이다.

체코 한 달 살기 비용

동유럽의 체코는 서유럽에 비하면 물가가 저렴한 곳이다. 하지만 저렴하다고 하여 동남아시아처럼 여행경비가 저렴하다고 생각하면 오산이다. 물론 저렴하기는 하지만 '너무 싸다'는 생각은 금물이다. 저렴하다는 생각만으로 한 달 살기를 왔다면 실망할 가능성이 높다. 여행을 계획하고 실행에 옮기면 가장 많이 돈이 들어가는 부분은 항공권과 숙소비용이다. 또한 여행기간 동안 사용할 식비와 버스 같은 교통수단의 비용이 가장 일반적이다. 체코에서 한 달 살기를 많이 하는 도시는 수도인 프라하이다. 그래서 프라하를 기반으로 한 달 살기의 비용을 파악했다.

항목	내용	경비
항공권	체코 프라하로 이동하는 항공권이 필요하다. 항공사, 조건, 시기에 따라 다양한 가격이 나온다.	약 59~100만 원
숙소	한 달 살기는 대부분 아파트 같은 혼자서 지낼 수 있는 숙소가 필요하다. 홈스테이부터 숙소들을 부킹닷컴이나 에어비앤비 등의 사이트에서 찾을 수 있다. 각 나라만의 장기여행자를 위한 전문 예약 사이트(어플)에서 예약하는 것도 추천한다.	한 달 약 350,000~ 1,000,000원
식비	아파트 같은 숙소를 이용하려는 이유는 식사를 숙소에서 만들어 먹으려고 하기 때문이다. 체코 프라하에서 마트에서 장을 보면 물가는 저렴하다는 것을 알 수 있다. 외식물가는 나라마다 다르지만 대한민국과 비교해 조금 저렴한 편이다.	한 달 약 400,000~1,000,000원
교통비	각 도시마다 도시 전체를 사용할 수 있는 3~7일 권을 사용하면 다양한 혜택이 있다. 또한 주말에 근교를 여행하려면 추가 교통비가 필요하다.	교통비 200,000~500,000원
TOTAL		130~250만 원

체코 현지 여행 물가

2019년 기준 서울과 프라하 주요항목 물가비교

구분		서울	프라하	VS.서울
식품비	맥도날드 세트메뉴(빅맥)	6,000	5,746	-4%
	내수 맥주 한 잔(500cc)	3,000	1,580	-47%
	수입 맥주 한 잔(500cc)	5,000	1,915	-62%
	카푸치노 커피 한 잔	4,515	2,131	-53%
	우유 1팩(일반 : 1리터)	2,480	898	-64%
	달걀(12알)	3,130	1,700	-43%
	닭 가슴살(1㎏)	8,266	6,890	-17%
	소고기 뒷부분(우둔, 1㎏)	20,606	10,245	-50%
	사과(1㎏)	7,675	1,440	-81%
	바나나(1㎏)	4,833	1,511	-69%
	오렌지(1㎏)	6,370	1,579	-75%
	토마토(1㎏)	5,414	1,879	-65%
	감자(1㎏)	3,017	791	-74%
	양파(1㎏)	2,573	762	-70%
	담배 한 갑(말보로)	4,500	4,309	-4%
주거비	시내 원룸	1,259,912	664,348	-47%
	방 3개 아파트(시내)	3,611,663	1,165,459	-68%
	시내 ㎡ 구매가격	15,062,764	3,891,613	-74%
급여	평균 급여(세후)	2,986,546	1,161,848	-61%

경험의 시대

소유보다 경험이 중요해졌다. '라이프 스트리머Life Streamer'라고 하여 인생도 그렇게 산다. 스트리밍 할 수 있는 나의 경험이 중요하다. 삶의 가치를 소유에 두는 것이 아니라 경험에 두기 때문이다.

예전의 여행은 한번 나가서 누구에게 자랑하는 도구 중의 하나였다. 그런데 세상은 바뀌어 원하기만 하면 누구나 해외여행을 떠날 수 있는 세상이 되었다. 여행도 풍요 속에서 어디를 갈지 고를 것인가가 굉장히 중요한 세상이 되었다. 나의 선택이 중요해지고 내가 어떤 가치관을 가지고 여행을 떠나느냐가 중요해졌다.

개개인의 욕구를 충족시켜주기 위해서는 개개인을 위한 맞춤형 기술이 주가 되고, 사람들은 개개인에게 최적화된 형태로 첨단기술과 개인이 하고 싶은 경험이 연결될 것이다. 경험에서 가장 하고 싶어 하는 것은 여행이다. 그러므로 여행을 도와주는 각종 여행의 기술과 정보가 늘어나고 생활화 될 것이다.

세상을 둘러싼 이야기, 공간, 느낌, 경험, 당신이 여행하는 곳에 관한 경험을 제공한다. 당신이 여행지를 돌아다닐 때 자신이 아는 것들에 대한 것만 보이는 경향이 있다. 그런데 가

끔씩 새로운 것들이 보이기 시작한다. 이때부터 내 안의 호기심이 발동되면서 나 안의 호기심을 발산시키면서 여행이 재미있고 다시 일상으로 돌아올 나를 달라지게 만든다. 나를 찾아가는 공간이 바뀌면 내가 달라진다. 내가 새로운 공간에 적응해야 하기 때문이다.
여행은 새로운 공간으로 나를 이동하여 새로운 경험을 느끼게 해준다. 그러면서 우연한 만남을 기대하게 하는 만들어주는 것이 여행이다.

당신이 만약 여행지를 가면 현지인들을 볼 수 있고 단지 보는 것만으로도 그들의 취향이 당신의 취향과 같을지 다를지를 생각할 수 있다. 세계는 서로 조화되고 당신이 그걸 봤을 때 "나는 이곳을 여행하고 싶어 아니면 다른 여행지를 가고 싶어"라고 생각할 수 있다. 여행지에 가면 세상을 알고 싶고 이야기를 알고 싶은 유혹에 빠지는 마음이 더 강해진다. 우리는 적절한 때에 적절한 여행지를 가서 볼 필요가 있다. 만약 적절한 시기에 적절한 여행지를 만난다면 사람의 인생이 달라질 수도 있다.

여행지에서는 누구든 세상에 깊이 빠져들게 될 것이다. 전 세계 모든 여행지는 사람과 문화를 공유하는 기능이 있다. 누구나 여행지를 갈 수 있다. 막을 수가 없다. 누구나 와서 어떤 여행지든 느끼고 갈 수 있다는 것, 여행하고 나서 자신의 생각을 바꿀 수 있다는 것이 중요하다. 그래서 여행은 건강하게 살아가도록 유지하는 데 필수적이다. 여행지는 여행자에게 나눠주는 로컬만의 문화가 핵심이다.

Praha
프라하
POUZE
VYCHOD
EXIT
ONLY

프라하 IN

대한민국의 여행자는 까다롭게 여행지를 선택한다. 여행지를 선택하는 것에 있어서 여행 경비가 중요한 선택 요소로 작용하기 때문에 최근 체코 여행을 선택하는 여행자들은 더욱 늘어나고 있다. 현지물가만 저렴하다고 선택하지 않는다. 관광지와 휴양지가 적절하게 조화가 되어야 여행지로 선택되고 여행을 떠나게 된다. 그 중에서도 체코의 다른 도시들이 프라하에 이어 신흥 강자로 떠오르고 있다. 6월부터 8월까지가 여행하기에 좋고 9월부터 10월까지는 체코에서 다양한 축제와 와인이 함께 하기 때문에 체코로 떠나는 관광객은 계속 늘어나고 있다.

비행기

인천에서 출발해 체코의 프라하까지는 직항으로 약12시간이 소요된다. 하지만

많은 여행자들이 동유럽을 같이 여행하려고 오스트리아 비엔나나 독일의 뮌헨에서 야간 버스나 기차를 타고 아침 일찍 도착하기도 한다. 숙소에 들어갈 준비가 안 될 때에 도착하는 단점이 있다. 택시나 차량 픽업서비스를 이용할 수밖에 없다.

바츨라프 하벨 국제 공항(Václav Havel Airport Prague)

프라하의 바츨라프 하벨 국제공항(Václav Havel Airport Prague)은 시내에서 약 17㎞ 떨어져 있다. 2012년 10월 프라하의 루지니에 공항은 공식적으로 바츨라프 하벨 국제공항으로 이름이 변경되었다. 2011년 12월에 사망한 프라하의 벨벳 혁명 이후 대통령인 바플라프 하벨의 이름을 따왔다.

공항은 3개의 터미널로 이루어져 있는 데 대부분의 국제선 항공기는 터미널 1을 사용한다. 터미널 2는 유럽을 오가는 저가항공이 사용한다. 환전소, ATM, 인포메이션 센터 등 기본적인 편의시설을 갖추고 있으나 공항이 큰 편은 아니다. 터미널 1, 2는 공항버스를 이용해 이동하면 된다.

공항에서 시내 IN

시내에서 택시를 타고 약 30분이면 충분히 도착할 수 있지만 버스로는 약 50~60분 정도가 소요된다. 공항에서 버스를 타고 지하철이나 트램으로 갈아타는 것이 가장 많이 이용하는 방법이다. 공항에서 시내를 가는 교통편은 버스, 택시, 자가용을 주로 이용한다.

공항버스(90분권 버스티켓 구입)

공항을 나가면 왼쪽에 버스 정류장이 있다. 관광객은 119번 시내버스를 타고 지하철 A선 벨레슬라빈역Nádraži Veleslavin을 주로 이용한다. 100번 시내버스는 전철 B선인 즐리친Zličin에서 탑승하여 숙소로 이동하면 된다.

버스를 타면 버스 기사에게 목적지를 물어보고 탑승하는 것이 안전하다. 출, 퇴근 시간대가 아니면 약 50분 정도면 시내에 도착하므로 도착시간이 상당히 달라지지는 않는다.

AE버스 이용(6시30분~22시30분)

공항에서 프라하 시내의 중앙역까지 가는 가장 쉬운 방법은 AE버스를 이용하는 것이다. 30분에 1대씩 운행하고 있고 자신의 여행 짐가방을 보관하기가 쉽다. 버스 기사에게 구입하려면 현금만 사용이 가능하므로 사전에 카드도 사용할 수 있는 티켓발급기에서 구입하는 것이 편리하다. 버스비용은 60Kč이다. 중앙역에서 공항까지 오는 버스티켓은 2층에서 구입할 수 있다.

버스 이용시간

공항에서 대중교통을 이용하지 못하면 난감할 때가 많다. 버스는 새벽 4시15분부터 밤 23시30분까지 운행을 하고 있다. 그러므로 새벽이나 밤늦게 이동하려면 택시를 이용해야 한다.

택시

프라하의 시내에서 공항까지 먼 거리는 아니지만 택시요금은 비싼 편이다. 그래서 택시요금도 비싼데 바가지까지 쓴다면 정말 화가 날 수 있다. 그러므로 사전에 택시비를 준비하고 그 금액을 정확하게 물어보고 탑승하는 것이 좋다. 또한 잔돈을 미리 준비해 택시기사에게 정확한 금액을 주는 것이 좋다. 잔돈은 돌려주지 않으려고 하는 경우도 발생한다.

차량 픽업 서비스

공항 픽업 서비스는 4명 이상이 사용하면 택시보다 저렴하고 안전하다는 장점이 있다.

늦은 밤이나 새벽에 도착하는 여행자는 피곤하여 숙소로 바로 이동하고 싶을 때에 쉽고 편안하게 이용이 가능하다는 장점이 있다.

시내 교통

프라하의 대중교통은 4가지로 분류된다. 트램Tram, 지하철Metro, 버스Bus, 푸니쿨라The Funicular이다. 표는 지하철 입구의 발매기에서 승차권을 구입할 수 있다. 대중교통을 이용할 경우 관광지에 맞춰 노선을 미리 확인해 두면 편리하다.
지하철의 주요 정거장은 출구가 복잡하기 때문에 길을 헤맬 수도 있다. 티켓은 분실하지 말고 내릴 때까지 실물을 보관하고 있어야 한다. 정거장에 다가가면 많이 사람들이 내리고 탑승하기에 누를 일이 별로 없지만 교외 지역의 경우는 꼭 눌러야 한다.

승차권 구매 방법

프라하의 대중교통 티켓은 공항의 데스크, 자판기, 정거장의 티켓 판매기, 도심의 편의점에서 구매할 수 있다. 자판기는 영어 메뉴얼이 별도로 제공되고 구형 기계는 체코어로 되어 있다. 신식 기계는 카

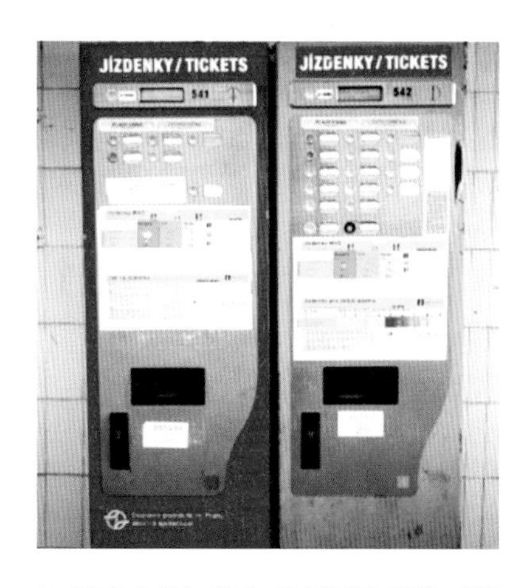

드 결제가 가능하다. 30일권과 같은 사용기간이 긴 승차권은 기계로 구매가 불가능해 지정된 매장에서 구매를 해야 한다.

승차권 사용

지하철Metro, 버스Bus, 트램Tram 구분 없이 모든 프라하 대중교통을 탑승하기 전에 티켓을 개시해야 한다. 지하철 역에는 역사에

진입하기 전에 노란색 펀칭 기계가 배치되어 있으며 티켓의 화살표 방향에 따라 넣은 후 빼면 된다. 버스의 경우 버스를 탑승 한 후 출입문과 하차문 옆에 각각 배치되어 있으며 사용방법은 동일하다. 트램 사용도 동일하다.

지하철(Metro)

프라하 지하철은 A, B, C 3개의 선으로 나누어져 있다. 초록색 선이 A선, 노란색 선이 B선 역, 빨간색 선이 C선 이다.

A선(Depo Hostivar 역 – Nemocnice Motol 역)은 최근 Nemocnice Motol 역까지 연장 개통을 해서 페트르진 언덕까지 지하철로 빠르게 이동할 수 있게 되었다. 지하철의 환승역은 무제움Muzeum(A, C선), 무스텍Mustek(A, B선), 플로렌츠Florenc(B, C선)이다. 지하철은 매일 5~24시까지 운행하며 출, 퇴근 시간에는 2~3분, 이외의 시간대에는 4~10분마다 운행된다.

프라하 지하철 노선도

트램(Tram)

트램Tram은 프라하에서 가장 대중적인 교통수단이다. 트램Tram만 잘 이용해도 이동시간을 절약할 수 있다. 4시 30분~12시까지 운행하며, 야간에는 나이트 트램Tram이 30분마다 운행된다.

트램Tram에서 타고 내릴 때, 문 앞의 초록색 버튼을 눌러야 내리거나 탈 수 있다. 트램Tram의 정류장을 보면 정류장의 이름, 노선번호, 노선도와 시간표가 게시되어 있으므로 항상 먼저 확인하는 것이 좋다. 노선도를 보면 정류장 역명이 나와 있으며 도착한 역명에는 밑줄이 그어져 표시를 해두었다. 관광 트램은 91번으로 전통 트램을 이용하여 도시 투어를 할 수 있다.

버스(Bus)

대한민국에서 버스는 대중적인 교통수단이지만 프라하에서는 도로가 좁고 배기가스 규제가 심해 버스가 운행되지 않는다. 버스는 지하철과 트램Tram이 닿지 않는 외곽지역을 이동할 때 사용되는 교통수단이다.

택시(Taxi)

밤늦은 시간이나 거리가 먼 경우에 택시를 이용하기도 한다. 택시이용에서 기본요금 같은 정보를 알고 가면 좋다. 공항에서 중앙역까지 편도에 약 600~700Kč, 중앙역에서 프라하 근교로 이동하면 기본요금은 40Kč, km당 28Kč, 대기할 경우 분당 6Kč를 지불한다. 우회나 돌아가는 등 편법을 사용해 관광객에게 부당한 택시요금을 청구하는 경우가 있어서 조심하는 것이 안전하다.

푸니쿨라(The Funicular)
(4~10월 : 9~23시30분 / 11~3월 9~23시 20분 / 10~15분 간격)
푸니쿨라는 페트르진 언덕에 있다. 우예즈드(Ujezd) – 네보지젝(Nebozizek) – 페트르진(Petrin) 노선이며 아름다운 프라하의 전경을 감상할 수 있다.

승차권 요금

프라하에서 승차권을 구매하면 대중교통을 모두 이용할 수 있다. 승차권은 지하철역, 자판기, 호텔, 쇼핑센터 등에서 구매할 수 있다. 승차권 구매에서는 지폐보다 동전을 주로 이용하는 것이 편리하다. 6세 이하의 아동과 70세 이상의 노인은 무료이용이 가능하다. 승차권을 가지고 대중교통을 이용하려면 처음으로 탑승 할때, 노란색의 스캐너에 티켓을 넣고 탑승기록을 표에 찍어야 한다.

주의! 티켓 검사(Ticket Inspection)

지하철이나 트램(Tram) 이용할 때, 검사관이 찾아와 티켓 검사를 할 수 있다. 검사관은 승차권을 이용하고 있는지 체크하고, 어기면 벌금이 청구된다. 펀칭이 제대로 찍히지 않거나 시간이 육안 확인 불가능한 경우 무임승차로 간주하여 벌금이 부가될 수 있다. 무임승차, 비정상 티켓을 사용한 벌금은 800Kč이다.

티켓의 종류
티켓이 개시된 시간으로 부터 출발역과 도착역간의 거리가 시간상으로 구분해 이용이 가능하도록 구분해 두었다.

▶30분권(편도)
–티켓 개시시간부터 출발역과 도착역간의 거리가 시간상으로 30분 이내의 구간만 이용 가능
–다른 교통수단(택시 제외)과 환승이 안 되며 1회 사용 가능
–성인 24Kč, 소아 12Kč

▶90분권
–티켓 개시시간부터 출발역과 도착역간의 거리가 시간상으로 90분 이내의 구간만 이용 가능
–다른 교통수단과 시간 내에 자유롭게 무제한 이용 가능
성인 32Kč, 소아 16Kč

▶24시간권(1일권)
–티켓 개시시간부터 24시간 동안 프라하 대중교통 무제한 이용 가능
–택시를 제외한 모든 대중교통 환승 가능
성인 110Kč, 소아 55Kč

▶72시간권(3일권)
–티켓 개시시간부터 72시간 동안 프라하 대중교통 무제한 이용 가능
–택시를 제외한 모든 대중교통 환승 가능
성인 310Kč

▶30일권
–티켓 개시일 부터 한 달 동안 프라하 대중교통 무제한 이용 가능
–택시를 제외한 모든 교통 환승 가능
–개인정보를 넣고 본인만 사용이 가능한 티켓을 구매할 경우 550Kč
–개인정보를 넣지 않고 누구나 사용할 수 있는 티켓은 670Kč

한눈에 프라하 파악하기

고풍스러운 성, 우아한 디자인의 다리, 수백 개의 교회 첨탑 등 동화책에서나 보던 모습을 현실 속 체코의 수도, 프라하에서 볼 수 있다. 1,100여 년의 역사를 자랑하는 프라하는 오늘날에도 건축물과 문화에서 유서 깊은 역사가 뚜렷이 나타나고 있다. 중세 시대 느낌이 물씬 풍기는 프라하는 낭만적인 건축물, 웅장한 성, 정교한 장식의 교회, 매력 넘치는 다리 등으로 유명하다.

프라하는 신성로마제국과 체코슬로바키아의 수도였다. 1989년 프라하 시민들은 공산주의 정권을 몰아내고 이후에 슬로바키아가 독립하고 체코로 분리되었다. 프라하는 현재 체코 공화국과 보헤미아 주의 수도로서 1,300만 명의 주민이 거주하고 있다.

프라하에서 몇 시간만 있다 보면 르네상스, 고딕, 바로크, 아르누보, 모더니즘 등 위대한 건축 스타일을 모두 만날 수 있다. 이 중 3개의 건축 스타일을 틴 성당에서 모두 볼 수 있다. 프라하에서 가장 유명한 현대적 건물은 댄싱 하우스이다.

블타바 강 양쪽의 관광지를 다닐 때는 상징적인 찰스 다리를 이용한다. 블타바 강을 사이에 두고 유서 깊은 구시가지인 '스테어 메스토'와 작은 마을인 '말라 스트라나'로 나뉜다. 말라 스트라나는 거대한 프라하 성이 자리한 곳이기도 하다.

예쁜 정원과 유서 깊은 요새를 만날 수 있는 비셰흐라드 성의 꼭대기에서는 세인트 비투스 성당을 비롯해 프라하의 웅장한 교회 첨

PRAGUE

탑들이 보인다. 유대인 묘지에 가면 정교하고 아름답게 조각된 묘비가 있고, 화약탑에는 중세시대 전시물이 있다.

프라하는 여름에 덥지만 쾌적한 편이며, 겨울에는 춥지만 눈 내리는 풍경이 한 폭의 그림처럼 아름다운 곳이다. 하지만 계절에 상관없이 언제든지 맛있는 현지 패스추리와 저렴한 체코 맥주를 즐길 수 있다.

전망대에 올라가면 왜 프라하가 "100개 첨탑의 도시"라 불리는지 알 수 있다. 중세시대 벽과 굴뚝이 있는 테라코타 지붕으로 구성된 교회첨탑은 유서 깊은 중세의 유럽도시를 동화책 속 한 폭의 그림처럼 보이게 해준다. 예술과 함께 신나는 나이트라이프까지 더해져 수많은 관광객이 프라하를 찾게 된다.

체코 & 프라하 여행을 계획하는 5가지 핵심 포인트

체코는 의외로 여행을 계획하기가 쉽지 않다. 시내는 둘러봐도 고층빌딩은 없지만 어디를 가야할지는 모르겠다. 체코의 수도 프라하는 약 120만 명의 사람들이 살고 있는 정치 · 경제 · 문화 · 교육의 중심지이다. 체코 사람들은 프라하를 '도시의 어머니' 혹은 '어머니의 도시'라고 부를 정도로 프라하를 사랑하는 마음이 깊다.

보헤미아 왕국의 수도가 된 이래로 프라하는 체코 역사의 중심이 되어왔다. 프라하성에서 프라하를 내려다보면 온통 빨강색 지붕으로 뒤덮여 있는 아름다운 프라하 시내를 볼 수 있다. 프라하 시내는 블타바 강이 시내를 가로지르고 웅장한 성과 교회, 아기자기한 골목실과 예쁜 집들이 어우러져 있다. 프라하 거리는 오밀조밀하고 예쁜 건물들로 가득 차 있다. 어떻게 체코와 프라하를 여행해야 하는 것일까?

1. 다양한 건축물

프라하는 많은 전쟁과 외세의 침략을 겪었지만 고딕, 르네상스, 바로크, 로코코 등의 모든 건축 양식이 과거 그대로의 모습으로 유지되고 있어 '건축의 박물관'이라고도 불린다. 이 때문에 프라하는 중세나 근대를 배경으로 한 영화 속에 많이 등장하기도 한다.

2. 동유럽 문화의 중심지

프라하는 음악이나 문학을 비롯한 문화의 중심지로도 유명하다. 스메타나, 드보르자크 등 위대한 작곡가들을 배출한 곳으로서 이들을 기념하는 음악 축제가 매년 열린다. 또한 카프카, 릴케와 같은 문학가들을 배출한 곳이기도 하다.

3. 황홀한 야경

구시가지 광장과 프라하성의 야경은 가히 환상적이다. 프라하를 오랜 기억 속에 남게 만드는 야경은 프라하에서 특별한 추억을 만들게 한다. 천 년의 역사와 드라마틱한 사건의 무대였던 프라하는 유네스코에 의해 세계문화유산으로 지정되었다.

4. 프라하 근교 여행하기

체코의 국토는 크지 않아서 도시 사이를 이동할 때 이동시간이 오래 소요되지 않는다. 체코는 보헤미아와 모라비아 지방으로 나누어져 있다. 프라하가 속해있는 보헤미아의 각 도시를 이동하는 시간은 2~3시간 정도이다. 대부분은 프라하의 근교로 생각하여 프라하에서 당일투어로 여행하는 것이 좋은 방법이다.

5. 모라비아는 거점 도시를 정해서 여행하자.

프라하에서 모라비아 지방으로 이동할 때 3~5시간 정도 소요되어 프라하에서 당일투어로 여행하기는 쉽지 않다. 그래서 제2의 도시인 브르노나 모라비아에서 가장 많은 유적을 가진 올로모우츠를 거점 도시로 정해 모라비아의 나머지 도시를 여행하는 것이 좋은 방법이다.

프라하 여행코스 짜기

유럽에서 가장 아름다운 도시로 꼽히는 프라하는 도시가 그리 크지 않기 때문에 2일 정도면 충분히 돌아볼 수 있다. 그러나 프라하에서 시간은 큰 의미가 없다. 도시 곳곳에서 찾아볼 수 있는 중세의 모습과 매일 공연되는 오페라와 각종 공연에 빠져들다 보면 떠나고 싶지 않기 때문이다. 프라하는 유럽의 어떤 도시보다 돌아보기 쉬운 곳으로 모두 걸어서 볼 수 있다.

먼저 숙소를 정하면 메트로를 타고 뮤지엄(Museum)역으로 가자. 역에서 나오면 바로 바츨라프 광장이 보인다. 이곳이 프라하 여행의 시작점이다. 바츨라프 광장을 따라 5분 정도 내려가면 중간 지점에 무스테크(Mustek)역이 보인다. 이곳에서 오른쪽으로 보이는 길을 따라가면 화약탑이 나온다. 화약탑을 보고 셀레트나 거리를 따라 5분 정도 걸어가면 구시가지 광장이 나온다. 이곳에 구시청사, 틴 교회, 킨스키 궁전, 얀후스 동상 등이 밀집되어 있다. 구시가지 광장을 모두 보았으면 복잡한 쇼핑 골목을 둘러보면서 카를교로 이동하면 된다.

프라하 추천 코스

1일

신시가지 주변 : 국립박물관 → 바츨라프 광장 → 무하 박물관 → 화약탑 → **구시가지 광장** : 틴 성모 교회 → 골즈 킨스키 궁전 → 얀 후스 동상 → 구시가지 청사와 천문 시계탑 → **캄파 섬 주변** : 카를교 → 대수도원과 존 레논 벽화 → 카프카 박물관

국립박물관 ▸ 바츨라프 광장 ▸ 무하 박물관 ▸ 화약탑 ▸ 틴 성모 교회 ▾ 골즈 킨스키 궁전 ◂ 얀 후스 동상 ◂ 구시가지 청사와 천문시계탑 ◂ 카를교 ◂ 존 레논 벽화 ▾ 카프카 박물관

2일

말라 스트라나 : 성 미콜라스 성당 ⇒ 네루도다 거리 ⇒ **프라하 성 주변** : 프라하 성 ⇒ 성 비투스 성당 ⇒ 구왕궁 & 로젠베르크 궁전⇒ 황금 소로 ⇒ 메트로 이용 비셰흐라드 성 · 트램 이용 댄싱하우스

성 미콜라스 성당 ▸ 네루도다 거리 ▸ 프라하 성 ▸ 성비투스 성당 ▸ 구왕궁& 로젠베르크 궁전 ▾ 황금 소로 ◂ 메트로 이용 비셰흐라드 성

나의 여행스타일은?

나의 여행스타일은 어떠한가? 알아보는 것도 나쁘지 않다. 특히 홀로 여행하거나 친구와 연인, 가족끼리의 여행에서도 스타일이 달라서 싸우기도 한다. 여행계획을 미리 세워서 계획대로 여행을 해야 하는 사람과 무계획이 계획이라고 무작정 여행하는 경우도 있다. 무작정 여행한다면 자신의 여행일정에 맞춰 추천여행코스를 보고 따라가면서 여행하는 것도 좋은 방법이다. 계획을 세워서 여행해야 한다면 추천여행코스를 보고 자신의 여행코스를 지도에 표시해 동선을 맞춰보는 것이 좋다. 레스토랑도 시간대에 따라 할인이 되는 경우도 있어서 시간대를 적당하게 맞춰야 한다. 하지만 빠듯하게 여행계획을 세우면 틀어지는 것은 어쩔 수 없으니 미리 적당한 여행계획을 세워야 한다.

1. 숙박(호텔 VS YHA)

잠자리가 편해야(호텔, 아파트) / 잠만 잘 건데(호스텔, 게스트하우스)

다른 것은 다 포기해도 숙소는 편하게 나 혼자 머물러야 한다면 호텔이 가장 좋다. 하지만 여행경비가 부족하거나 다른 사람과 잘 어울린다면 호스텔이 의외로 여행의 재미를 증가시켜 줄 수도 있다.

2. 레스토랑 VS 길거리음식

카페, 레스토랑 / 길거리 음식

길거리 음식에 대해 심하게 불신한다면 카페나 레스토랑에 가야 할 것이다. 그렇지만 체코의 레스토랑에서 저녁에 같이 맥주를 마시면서 현지인과 함께 먹는 재미가 있다. 체코는 물가가 저렴하여 어떤 음식을 사 먹어도 여행경비에 문제가 발생할 경우는 없다.

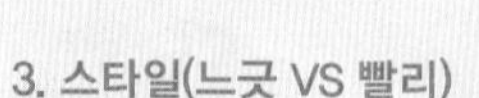

3. 스타일(느긋 VS 빨리)

휴양지(느긋) 〉 도시(적당히 빨리)

자신이 어떻게 생활하는지 생각하면 나의 여행스타일은 어떨지 판단할 수 있다. 물론 여행지마다 다를 수도 있다. 체코의 프라하는 휴양지가 아니다. 프라하Praha를 여행하면서 아무 것도 안하고 느긋하게만 지

낼 수는 없다. 약간 바쁘게 돌아다녔다면 체스키크룸루프나, 카를로비 바리에서 느긋하게 즐길 수 있다. 보헤미안 스위스에서는 트레킹으로 색다른 체코 북부를 여행할 수도 있다. 패키지여행으로 다녀온 많은 프라하 여행자도 새로운 여행을 느낄 수 있으므로 앞으로 여행자에게 더욱 인기를 끌 것이다.

4. 경비(짠돌이 VS 쓰고봄)

여행지, 여행기간마다 다름(환경적응론)

여행경비를 사전에 준비해서 적당히 써야 하는데 너무 짠돌이 여행을 하면 남는 게 없고 너무 펑펑 쓰면 돌아가서 여행경비를 채워야 하는 것이 힘들다. 짠돌이 여행유형은 유적지를 보지 않는 경우가 많지만 체코에서는 박물관이나 유적지 입장료가 비싸지 않으니 무작정 들어가지 않는 행동은 삼가는 것이 좋을 것이다.

5. 여행코스(여행 VS 쇼핑)

여행코스는 여행지와 여행기간마다 다르다. 체코의 프라하는 여행코스에 적당하게 쇼핑도 할 수 있고 여행도 할 수 있으며 맛집 탐방도 가능할 정도로 관광지가 멀지 않아서 고민할 필요가 없다.

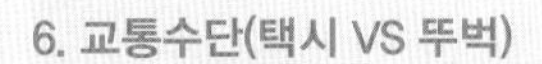

여행지, 여행기간마다 다르고 자신이 처한 환경에 따라 다르지만 체코 프라하는 어디를 가든 트램이나 버스로 쉽게 가고 싶은 장소를 갈 수 있다. 체코의 대부분의 도시에서 많은 관광지는 구시가지에 몰려 있어 걸어 다니는 경우가 많다.

프라하 핵심도보 여행

유럽에서 중세의 모습을 가장 잘 간직하고 있다. 동유럽의 개방 후에 지금은 수많은 관광객이 프라하를 찾고 있으며 관광객은 계속 늘어나고 있는 추세다. 프라하성을 올라가기 위해서 길거리를 거닐면 도시 전체가 박물관으로 생각될 정도이고 프라하성에서 보는 프라하는 정말 장관이다.

아직도 비교적 싼 물가로 배낭여행객들에게는 가격의 안정감을 가지게 해주는 도시이기도 하다. 길거리에 늘어선 악사들의 바이올린 소리는 프라하를 음악이 흐르는 도시로 만든다. 해가 저물면 카를교를 중심으로 하나, 둘 아름다운 가로등과 조명이 켜지고 프라하는 평생 기억에 남는 도시가 될 것이다.

프라하는 동유럽을 여행하려는 여행자들을 빼면 비행기로 들어오는 여행자는 없다. 그래서 프라하를 여행할 때 쯤이면 여행에 어느정도 익숙해져 있는 경우가 많다. 하지만 요즈음은 동유럽여행이 인기가 많아서 프라하로 들어오는 경우가 많다. 네덜란드항공, 터키항공, 르프트한자항공, 아랍에밀레이트항공 등이 프라하로 들어가는 항공이다. 프라하는 어떻게 여행해야 할까?

일정

국립박물관 → 바츨라프광장 → 화약탑 → 구시가지광장 → 천문시계탑 → 카를교 → 성 미콜라스성당 → 프라하성(야경)

프라하는 큰 도시가 아니다. 그래서 대부분은 도보로 여행이 가능하다. 호텔이나 숙소의 위치가 외곽만 아니라면 도보로 여행이 가능하다. 먼저 국립박물관부터 프라하여행을 시작한다. 만일 독일이나 암스테레담에서 야간열차로 이동했다면 역에서 짐을 맡기고 일정을 시작해야 한다. 호텔로 가도 체크인 시간이 안되어 어차피 오전은 없어지는 시간이 되기 때문에 짐을 맡기고 일정을 시작한다.
야간열차로 도착한 후 짐을 맡기면 배가 고프던지 아니면 커피가 당긴다. 그럴때는 역 근처의 맥도날드에서 아침 겸 커피를 마시면 된다. 그리고 화장실도 맥도날드에서 해결하자. 화장실만 이용하려면 입구에서 기다리기 때문에 반드시 맥도날드햄버거를 먹어야 이용가능하다.

바츨라프광장은 길게 밑으로 뻗어있다. 성 바츨라프 기마상이 있기 때문에 광장은 쉽게 찾을 수 있다. 많은 조각상들과 사진을 찍으며 내려가면 어렵지 않게 내려갈 수 있다. 1969년에 한 학생이 바츨라프광장에서 분신자살을 하면서 소련의 침공에 맞서 싸운 체코인들의 자유와 인권운동을 '프라하의 봄'이라고 하는데 이 역사적인 사건이 바츨라프광장에서 일어났기 때문에 바츨라프광장은 매우 중요하다.

바츨라프광장의 끝지점에는 무즈텍광장이 나온다. 무즈텍광장에는 우리의 재래시장같은 시장이 펼쳐진다. 여기서 시장분위기도 맛보면서 요기거리도 사먹으며 시간을 보내면 좋다. 무즈텍광장에서 오른쪽으로 돌아, 맥도날드가 있는 쪽으로 걸어가면 화약탑이 나오고 옆에 공화국광장이 나온다. 여기서부터는 카메라를 꺼내고 사진을 잘 찍어보자. 아무렇게나 찍어도 작품이 될 것이다.

화약탑과 틴성당을 보고 공화국광장에서 좀 쉬자. 재미있는 장면들이 많이 있을것이다. 화약탑에서 직진하면 TV에서 많이 보던 천문시계가 나오는데 정시마다 울리는 시계소리와 멋진 장면이 펼쳐지니 이때를 놓치지 말자.
천문시계를 볼때가 되면 점심시간이 되어 있을것이다. 구시가지 광장이 천문시계가 있는 곳이라서 이 근처에서 점심을 해결해야 한다. 이제 카를교를 가야 하기 때문이다.

클레멘티움을 지나면 카를교가 보인다. 카를교부터 프라하의 진가가 시작된다. 이 프라하성과 카를교를 보기위해 많은 관광객들이 프라하를 방문하는데 카를교에서는 많은 화가들과 연주가들이 다리위에서 연주를 하고 있다. 다리 중간 정도에는 유일하게 청동으로 제작된 '성요한 네포무크'의 성상이 서 있는데 관광객들이 손을 대고서 소원을 빌며 사진을 찍는 곳이기 때문에 꼭 사진을 찍고 소원도 빌어보자.

카를교를 지나면 프라하성이 보이면서 금방 올라갈 것 같지만 시간이 좀 걸린다. 성미콜라스 성당을 지나 좁고 기다란 골목을 향해 계속 걸으면 프라하성이 나온다. 네루도바거리를 지나가면 근위병이 있다. 이제부터 프라하성이 시작된다고 생각하면 된다. 운이 좋으면 근위병들이 간단히 교대식하는 모습도 볼 수 있다.

프라하성은 하나의 성이 아니다. 실제로는 교회, 궁전, 정원등이 있다. 현재도 대통령의 집무실로 쓰이고 있다고 한다.

프라하성에서는 벨베데레, 성 비타 성당, 구황궁, 성 조지 수도원, 황금의 길을 돌아보아야 하고 전망대를 올라가서 꼭 프라하 시내를 보자. 가끔 입장료 때문에 안들어가는 데 나중에 후회하게 된다.

프라하 개념 지도

신시가지 지도(Nov Mesto)

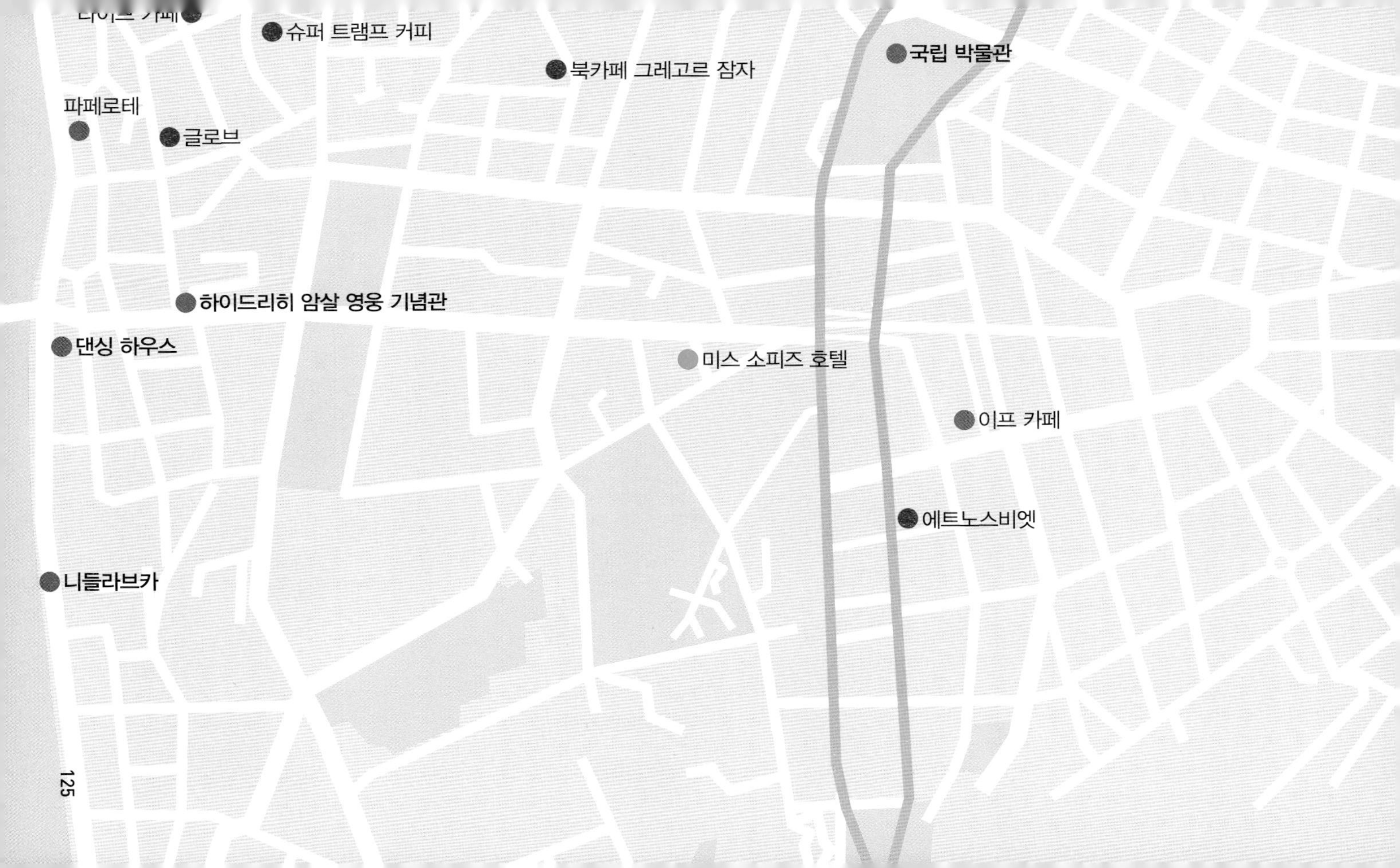

슈퍼 트램프 커피
국립 박물관
북카페 그레고르 잠자
파페로테
글로브
하이드리히 암살 영웅 기념관
댄싱 하우스
미스 소피즈 호텔
이프 카페
에트노스비엣
니들라브카

바츨라프 광장
Václavské náměstí

바츨라프 광장Václavské náměstí은 프라하의 신시가지에 있는 광장으로 체코 역사의 많은 사건들이 발생한 역사적인 장소이며 현재에도 시위, 축하행사 등이 많이 열린다. 프라하여행의 기점이 되는 곳으로 프라하 최대의 번화가로 국립 박물관에서 무스텍 광장에 이르는 거리를 말한다. 바츨라프 광장Václavské náměstí은 체코 현대사에서 아주 중요한 위치를 차지하는 곳으로 1968년 '프라하의 봄', 1989년 '비로드 혁명' 등 역사상 대 사건의 무대가 된 곳이다.

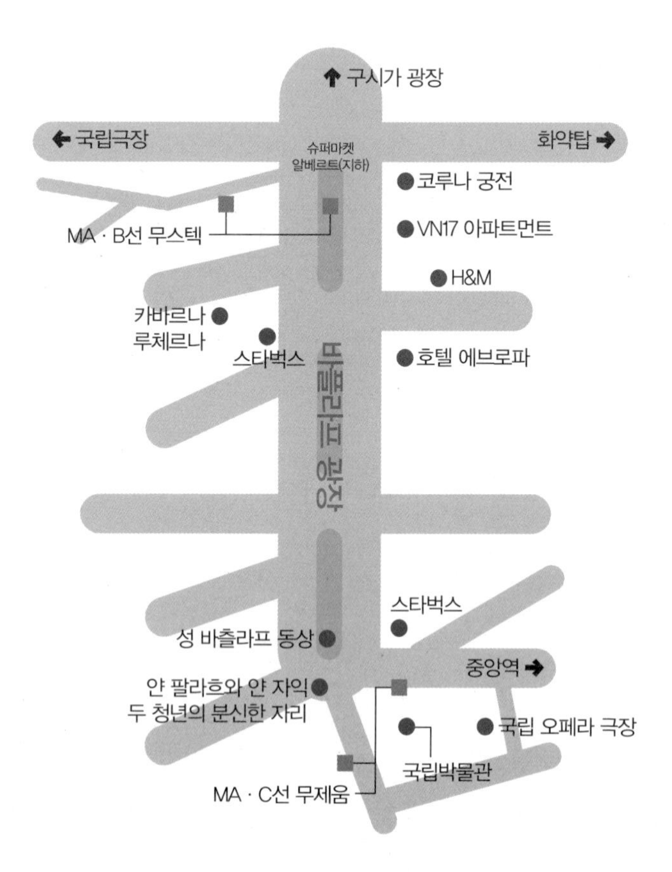

광장 남쪽 위헤 성 바츨라프Václavské의 기마상이 서있고 그 아래에는 '프라하의 봄' 당시 소련군에 항거해 분신자살한 대학생 '얀 팔라흐'를 추모하는 위령비가 있다. 바츨라프 광장Václavské náměstí은 언제나 많은 관광객으로 복잡한 곳으로 거리 양옆에는 레스토랑, 백화점 등이 즐비하게 들어서 있다.

광장은 집회나 국가적 축하 행사가 자주 열리는 곳으로 최대 40만 명이 모일 수 있는 규모라고 한다. 1989년 마침내 공산정권이 무너지기 전까지 반공 집회가 자주 열리던 곳도 바로 여기였다. 소련의 압제에 항거하여 분신자살한 '얀 팔라흐'를 기리는 십자가가 자갈길 밑에 묻혀 있는 목재 십자가도 찾아보자.

소련의 압제에 항거하여 분신자살한 얀 팔라흐와 얀 자익이 분신한 자리를 기리는 십자가

바츨라프 광장Václavské náměstí은 노브 메스토에 위치하며 프라하에서 이용객이 가장 많은 전철역 중 하나이다. 거리의 많은 바, 클럽, 레스토랑이 분주해지는 저녁이 되면 현지인들과 어우러져 맥주를 한 잔하는 여유를 즐겨도 좋다. 단, 광장의 레스토랑은 근처의 비슷한 레스토랑에 비해 가격이 더 높을 수 있다.

바츨라프 광장 이름의 역사

광장 이름은 보헤미아의 수호성인인 '바츨라프 1세 공작'에서 유래된 이름이다. 프라하 역사지구의 중심이라 할 수 있다. 바츨라프 광장은 중세 시대에는 말 시장(Koňský trh)이었으나, 1848년 보헤미아의 시인 카렐 하블리체크 보로프스키(Karel Havlíček Borovský)의 제안으로 성 바츨라프 광장(Václavské náměstí)으로 명칭이 바뀌었다.

About 바츨라프 1세(Václav I)/ 907~935년

바츨라프 1세(Václav I)는 보헤미아의 공작이자 체코의 로마 가톨릭교회 성인이다. 스바티 바츨라프(Svatý Václav)라는 별칭으로 부르기도 한다. 13세 때였던 921년에 자신의 아버지였던 브라티 슬라프 1세가 사망한 뒤부터 바츨라프(Václav I)는 보헤미아의 공작으로 즉위하였지만 그의 할머니인 보헤미아의 루드밀라(Ludmila)가 섭정을 수행했다.
바츨라프(Václav I)는 18세 때였던 924년에 자신의 어머니인 드라호미라를 추방시키면서 실권을 장악하고 코우르짐(Kouřim)의 공작으로 있던 라트슬라프(Radslav)가 일으킨 반란을 진압하고 프라하에 성 비투스 대성당을 건립했다. 바츨라프 광장(Václavské náměstí)은 그의 이름에서 유래된 이름이며 광장 안에는 그의 기마동상이 세워져 있다. 체코에서는 9월 28일이 성 바츨라프의 날이라는 이름의 공휴일로 지정되어 있다.

바츨라프 광장의 의미

프라하에서 분주한 대로는 쇼핑과 나이트라이프를 즐기기에 좋은 곳으로, 오래 전부터 집회나 축하 행사를 위해 군중이 모이던 곳이다. 프라하 신시가지, 노브 메스토의 심장부에는 750m에 이르는 대로인 바츨라프 광장(Václavské náměstí)이 있다. 현지 주민들이 자주 찾는 이 곳에는 현대적 편의 시설도 잘 갖추어져 있다. 광장에는 프라하의 대표적 쇼핑 지구가 시작되는 곳이면서 밤이면 프라하에서 가장 활기찬 지역 중 하나이다.

바츨라프 광장의 다양한 건축양식 건물

20세기 건물이 많아 근처의 구시가 광장에 비해 보다 현대적인 유럽이 느껴진다. 프라하 최고의 상점들이 들어서 있는 바츨라프 광장(Václavské náměstí)을 걸으면서 아르누보 스타일의 건축물도 실컷 볼 수 있다. 광장이 바라보이는 국립박물관에는 체코의 역사에 빠져들 수 있다. 박물관 앞에는 성 바츨라프(Václavské)의 동상이 세워져 있는데, 바츨라프(Václavské)는 유명한 크리스마스 캐롤에 나오는 '좋은 왕'이라고 한다.

프라하의 봄

독립의 향기를 다 누리기도 전에, 체코는 독립을 이룬 뒤 2차 세계대전 후에 또다시 자유를 빼앗기게 되었다. 소련의 영향으로 사회주의 국가가 되면서 정부의 뜻에 맞지 않는 신문과 책은 당연히 탄압을 받았고 국민들의 생활도 감시를 받게 되었다. 시민들은 바츨라프 광장에 모여 자유를 달라고 주장하며 지식인, 예술인, 대학생들이 시위를 이끌었다. '프라하의 봄'이라는 민주주의 운동이 벌어진 것이다. 1968년, 소련은 전차를 앞세우고 프라하로 진입하면서 시위대의 민주주의 열기를 힘으로 짓밟고 말았다.

카렐대학의 학생인 얀 팔라흐는 '프라하의 봄' 진압에 항의 하면서 1969년에 바츨라프 광장에서 몸을 불살라 항거했다. 하지만 소련은 당시 체코 공산당 서기장인 둡체크를 잡아갔다. 둡체크는 시민들의 자유를 억압하는 체코를 개혁해 자유로운 나라를 만들려고 했고 시민들이 그의 개혁에 동참하였다. 사회주의 국가였던 수련은 체코의 자유화 물결이 다른 사회주의 국가로 번질 것을 두려워해 체코를 탱크로 침공하여 둡체크를 비롯한 개혁적인 정치인들을 끌고 갔다.

벨벳 혁명

프라하의 봄은 실패로 돌아갔지만 체코인들은 그 후에도 자유를 포기하지 않고 억압과 통제 속에서도 예술 활동을 펼쳐 나갔고 자유를 되찾기 위한 노력도 계속되었다. 마침내 1989년 사회주의 정부가 물러나고 문학가 하벨이 이끄는 새로운 민주주의 정부가 들어섰다. 1989년의 정권 교체는 누가 죽거나 다치는 일 없이 이루어졌기 때문에 '벨벳 혁명'이라고 부른다. 부드럽게 이루어진 혁명이라는 의미를 담고 있는 벨벳 혁명은 전 세계에서 유래를 찾기 힘든 경우로 체코인들의 학문과 예술의 힘을 보여준 혁명이었다.

국립박물관
Národní muzeum

바츨라프 광장Václavské náměstí 남단에 있는 3층으로 이루어진 체코에서 가장 오래된 역사가 있는 박물관이다. 오래되어 보이지만 뭔가 프라하 도시와 잘 어울리는 것 같은고고학관, 광물학관, 문화인류학 관으로 구성되어 있다. 광물학관, 동물학관, 고고학관, 문화 인류학관으로 구성되며, 판테온에는 얀 후스, 드보르작, 스메타나 등의 동상과 흉상이 있다. 아치와 열주에 둘러싸인 벽을 4개의 거대한 계단들이 방사형으로 뻗어 있는 중앙 홀이 화려하다. 90년대 영화인 영화 '미션 임파서블 I' 초반부에 파티가 열렸던 대사관으로 촬영되기도 했다.
신 국립박물관은 주식거래소, 의회, 라디

오 방송국으로 사용하기도 했지만 특정 주제를 가지고 역사를 알 수 있는 기획전시를 하고 있다.

프라하 도시 전역에 분산되어 있는 국립박물관은 많은 건물이 그 자체로 하나의 명소이다. 체코 국립박물관Národní Muzeum은 체코와 세계 각지 문화의 다양한 측면을 보여 주는 박물관이다.
체코의 민족사, 음악사, 미술 전시회에서 아프리카와 아시아 문화를 경험할 수 있다. 미술 전시관을 둘러보고 체코의 존경

받는 작곡가에 대해 알아보고 체코의 지역 사회와 세계 각지에서 계승되어 온 전통에 대해서도 살펴볼 수 있다. 체코 국립 박물관 건물의 건축 양식은 다 다르므로 확인하는 것도 재미가 있다.
강 맞은편의 말라 스트라나에는 17세기 수도원 안에 자리한 체코 음악 박물관이 있다. 기타, 건반, 류트, 바이올린을 비롯해 환상적인 악기 컬렉션과 신고전주의 회화 전시관, 20세기 대중 음악관도 관람해 보자. 체코의 전원생활과 보헤미아, 모라비아, 실레지아의 민속 역사를 기념하는 민속 박물관Ethnographical Museum도 놓치지 말아야 한다.

홈페이지_ http://www.nm.cz / nm@nm.cz
위치_ 메트로 A C선 Muzeum역에서 하차
주소_ Vinohradská 1, 110 00 Praha 1
시간_ 10~18시(월, 화, 목, 일 / 수 9시~ 18시
(매월 첫 번째 수요일은 10~20시)
요금_ 일반 100Kc (6~15세, ISIC등 학생증 소지자, 60세 이상은 70Kc / 6세 미만 무료 / 가족(성인2명+15세 미만 3명) 170Kc / 사진 동영상 촬영 40Kc)
전화_ 224-497-111

각 체코 국립박물관

본관은 프라하 신시가지의 바츨라프 광장에 있다. 정비 작업이 완료되는 2018년까지 폐관된 상태였지만 새로이 단장해 개관하였다. 1800년대 후반 요제프 슐츠가 설계한 신르네상스 양식은 밖에서도 충분히 알아볼 수 있다. 건물 근처에는 국립박물관 신관(National Museum New Building)이 있는데, 노아의 방주와 관련된 동물 박제 등을 관람할 수 있다. 근처의 안토닌 드보르자크 박물관(Antonín Dvořák Museum)에서는 체코에서 가장 유명한 작곡가 중 한 명의 삶을 가구, 피아노, 비올라를 비롯한 개인 소장품에서 살펴볼 수 있다.
나프르스텍 박물관에서 고대 아시아, 아프리카, 인도네시아, 대서양 문화와 관련된 전설과 생활양식을 체험할 수 있다. 베드르지흐 스메타나 박물관(Bedřicha Smetany Museum)은 체코의 위대한 작곡가, 베드르지흐 스메타나의 삶과 작품에 대해서도 알아볼 수 있다. 구시가지 강변에 자리 잡은 박물관에서 카를교(Charles Bridge)와 블타바 강이 한눈에 들어오는 환상적인 전망도 감상할 수 있다.

화약탑
Prašná Brána

중세 시대에 구시가지 출입문으로 사용된 고딕 양식의 성문으로 1757년 러시아와 전쟁 당시 화약고로 사용된 화약탑Prasna Brana은 과거 왕이 출궁할 때 드나들던 프라하 성의 동문이기도 하다. 타워의 인상적인 고딕 스타일은 구시가지에서 전형적인 건축 스타일인데, 원래 문 중 유일하게 남아있는 곳이다.

문 안에 들어가면 프라하의 여러 탑에 대한 전시를 볼 수 있다. 프라하의 13개 타워 모두에 대한 사진과 역사가 자세히 나와 있다. 화약탑의 역사는 15세기로 거슬러 올라가며 한때 프라하 성으로 가는 사람들이 많이 이용하던 대로 중 하나였다. 체코의 여러 왕도 취임식 때 이 경로를 이용했다고 한다.

주소_ Nam. Republiky 5, Prague 1
시간_ 10~22시
(4~9월 / 3월 20시까지, 10~18시(11~2월)
요금_ 90Kc(학생 65Kc)

이름의 유래

구시가지의 끝자락에 서 있는 화약탑은 프라하로 들어가는 13개의 원래 문 중 하나이다. 체코어의 공식 이름은 프라스나 브라나(Prasna Brana)라고 하는데 화약문(Prasna Brana)이란 뜻이다. 왕이 프라하 성에 거주하기 전에는 원래 궁전에 붙어 있었는데, 프라하 시가 확장되어 도시의 안에 위치하게 되면서 도시로 들어가는 문이라는 역할이 퇴색하게 되었다. 지금 이 화약문은 구시가지가 끝나는 곳임을 알려주는 표시가 되었고 많은 관광객이 즐겨 찾는 곳이 되었다.

전망대

화약탑(Prasna Brana)은 프라하의 역사적 중심지에서 가장 흥미가 있는 볼거리 중 하나이다. 186개 계단을 올라가면 44m 높이의 전망대에서 구시가지의 탁 트인 전망을 볼 수 있다. 신시가지와 구 시가지를 한눈에 내려다볼 수 있는 전망대는 한 바퀴를 돌면서 프라하 전경을 360도로 감상할 수 있다.

석양 질 무렵 구시가지 전망이 특히 아름답다. '왕의 길'이라 불리는 체레트나(Celetna) 거리와 틴 성당, 프라하 성과 첨탑들까지 한눈에 볼 수 있다. 아르누보 양식의 대표적인 건물인 시민회관(Obecni dům)옆에 있어 찾기 쉽다.

또 다른 화약탑

블타바 강의 반대편에는 화약탑이란 이름의 또 다른 탑이 있는데, 프라하 성의 일부이다. 이 탑은 자체의 고유한 역사를 지니고 있으며 구시가지 성곽의 일부가 아니었다.

알폰스 무하 박물관
Muchovo Muzeum
Alfons Mucha Museum

아르누보를 대표하는 화가 알폰스 무하Alfons Mucha의 작품이 전시되어있는 미술관이다. 관능미 넘치는 독특한 화풍이 특징인 그의 작품들을 무하 미술관Muchovo Muzeum에서 감상할 수 있다. 그가 그려낸 그림을 몇 점만 봐도 빠져들게 된다. 사진으로 보는 것 보다 실제로 보면 뭔가에 빨려들듯이 그림에 빠지게 된다. 아르누보 예술을 꽃피운 예술가인 알폰스 무하는 체코의 국보급 화가이다.

1890~1910년에 유럽을 휩쓴 새로운 미술 사조인 아르누보Art Nouveau'를 대표하는 당대 최고의 작가인 알폰스 무하의 이름은 낯설지 모르나 작품은 눈에 익을 것이다.

우아한 카우닌츠키 궁에 위치한 세계에서 최초로 무하Mucha의 생애와 작품에 특화된 박물관. 기념품으로 무하Mucha를 모티브로 한 다양한 선물을 구입할 수 있다. 알폰세 무하Alfons Mucha의 작품이 들어간 엽서 등 기념품은 프라하 쇼핑리스트에 항상 있을 정도로 유명하다.

프란츠 카프카 박물관이나 알폰소 무하 박물관은 서로의 티켓을 50% 할인해서 판매한다. 두 군데 다 방문 예정이라면 다른 박물관의 티켓을 같이 구매하는 것이 좋다.

홈페이지_ www.mucha.cz
주소_ Panská 3-5, 110 00 Praha 1
시간_ 10~18시
요금_ 성인 240Kc(학생 140Kc)
전화_ +420-224-216-415

알폰세 무하Alfons Mucha(1860-1939)

사진작가로 알려지기 시작한 알폰세 무하Alfons Mucha는 폴 고갱이 바지를 벗은 채 소형 오르간을 연주하는 사진으로 인해 유명세를 타기 시작했다. 아르누보 양식의 거장 알폰스 무하는 체코가 사랑하는 체코 출신의 예술가이다. 프라하와 뮌헨에서 공부한 후 파리에서 데뷔한 그는 '알퐁스 뮈샤 Alfons Mucha'란 이름으로 세계에 알려지기 시작해 포스터뿐만 아니라 달력, 인쇄물, 삽화 등 다방면에서 엄청난 인기를 끌었다.

바츨라프 광장의 다양한 모습

바츨라프 광장의 크리스마스

프라하의 다양한 동상들

1939
1945
LIDÉ BDĚTE!
V tomto domě
žil v letech
1883-1884
litevský
národní buditel,
zakladatel časopisu "Aušra",
dr. Jonas Basanavičius
Šiame name
1883-1884 m.
gyveno
lietuvių tautos žadintojas,
„Aušros" įkūrėjas
dr. Jonas Basanavičius

프라하의 낭만을 느낀다.

밤이 되면 프라하는 낭만과 사랑의 도시로 변신한다. 카페, 펍, 레스토랑이 밀집한 거리를 한눈에 보고 즐길 수 있는 로맨틱 여행지가 바로 프라하다. 저녁이면 프라하의 골목 구석구석에 중세의 낭만을 그대로 옮겨놓은 듯한 풍경이 펼쳐진다.

프라하의 혀끝을 감싸는 먹거리는 체코 여행의 백미이다. 체코를 대표하는 맥주 필스너 우르켈 플젠 맥주, 전통 보헤미안 음식 콜레뇨와 스비치코바, 시나몬 향이 일품인 체코의 전통 빵 트르들로 등이 가득하다.

쇼핑도 또 다른 재미이다. 여성의 눈을 사로잡는 럭셔리 크리스털의 지존 모제르Moser, 온천수를 떠먹을 수 있는 온천용 도자기 컵인 '라젠스키 포하레크' 등 차별화된 물건들이 관광객을 유혹한다.

프라하는 거장들이 끌어들이는 흥미가 상당하다. 드보르자크 홀이 있는 루돌피눔, 국립오페라극장, 모차르트가 직접 '돈 조반니'를 초연했던 스타보스케 극장, 모차르트가 한때 살았고 현재 모차르트 기념박물관이기도 한 베르트람카 등이 프라하를 문화의 집합체로 만들어준다.

반트슈타인 궁전, 토맘스 교회, 미클라세 교회 등 프라하를 사랑한 모차르트와 드보르자크, 스메타나, 야나체크, 구스타프 말러 등 체코를 대표하는 음악가들을 기리는 수준 높은 음악회가 열린다.

U ORLOJE

EMPFEHLEN • WE RECOMM

DARLING CABARE

댄싱하우스(Tančici dům)

다양한 바와 레스토랑이 있는 현대적인 건물은 프라하의 전통적인 도시 경관에서 눈에 띄는 건물이다. 풍부한 건축 역사를 지니고 있는 프라하에서 1992~1996년에 지어진 춤추는 건물만큼 논란이 많은 건물은 없다. B자형의 곡선으로 지어진 건물은 대부분 유리로 되어 있으며 주변의 오래된 건물들 사이에서 단연 돋보인다. 독특한 건축 기술을 감상할 수 있고 그 안에 마련된 레스토랑에서 맛있는 식사를 즐길 수 있는 댄싱하우스 건물은 볼 만하다.
댄싱하우스 건물은 멀리서 봐도 좋은데 신시가지의 다른 건물과 대비되는 것을 느낄 수 있다. 춤추는 건물의 디자인은 해체주의의 좋은 예로, 절제된 혼돈과 왜곡이 특징이다. 해체주의 스타일의 춤추는 건물과 바로크, 아르누보 스타일의 건물들이 이루는 흥미로운 대비는 훌륭한 사진 소재가 된다.
체코에서 활동 중인 크로아티아 출신 건축가 블라도 밀루니츠Vlado Milunič와 캐나다계 미국인 프랭크 게리Frank Gehry의 합작품인데, 건물이 너무 두드러진다는 이유로 거센 반대에 부딪혔었다. 처음에는 심한 반대가 있었지만 2012년에 체코 동전에도 등장했을 정도로 지금은 프라하에서 가장 사랑받는 명소 중 하나가 되었다.

주소_ Rašinovo nábřeži 80 **위치_** T 14, 17번 이라스코보 나메스티 역에서 하차 **전화_** 222-326-660

셀레스테 레스토랑(Celeste Restaurant)

밖에서 댄싱하우스의 예측할 수 없는 건축미를 감상했다면 안으로 들어갈 차례이다. 1층의 셀레스테(Celeste) 바에서 한 잔 즐기고 엘리베이터를 타고 꼭대기 층의 테라스로 가서 프라하의 고급 식당 중 하나인 셀레스테 레스토랑(Celeste Restaurant)에 앉아 맛있는 식사를 즐기면 프라하 성을 넘어 해가 지는 모습을 바라보며 낭만적인 하루를 보낼 수 있다. 건물의 나머지 부분은 일반에 공개되지 않고 있다.

▶점심, 저녁 식사가능, 일요일 휴무 ▶와인 시음회(화, 수요일 오후)

체코의 인형극, 마리오네트의 의미

인형인 마리오네트의 각 부분을 시로 연결하여 손으로 잡아당겨 움직이게 하는 인형극은 오스트리아의 지배에서 시작되었다. 오스트리아의 지배를 받는 동안 어느 곳에서도 체코어를 쓸 수 없었다. 그 때 체코인들의 마음을 담아낸 것이 인형극이다.

오스트리아를 비판하는 내용으로 자신들의 억울한 마음을 표현했다. 마리오네트는 체코어를 지키고 울분을 풀어 주며 체코인의 정신을 담아내는 수단이 되었다. 현재도 프라하 어디에서든 마리오네트를 만날 수 있는 걸 보면 마리오네트에 대한 체코인들의 자부심은 대단하다.

프라하에서 즐기는 클레식 공연

루돌피눔(Rudolfinum)

체코 필하모니 오케스트라의 본부가 있는 신 르네상스 콘서트홀에서 미술 전시회와 고전 음악 연주회를 즐기는 경험을 할 수 있다. 프라하 최고의 콘서트 홀 중 하나인 루돌피눔은 예술, 건축, 고전 음악 애호가들의 많은 사랑을 받고 있다. 안토닌 드보르자크와 볼프강 아마데우스 모차르트 같은 위대한 작곡가들의 레퍼토리를 연주하는 멋진 공연을 관람하며 공연장의 화려한 장식을 감상하고 현대 미술 전시관도 둘러보면 좋다.

1885년에 문을 연 루돌피눔Rudolfinum은 흥미로운 역사를 간직한 곳이다. 콘서트 홀과 문화센터로 계획되었지만, 19세기 초반 체코 의회 청사로 이용되었다. 제2차 세계대전 기간에는 독일 점령군의 행정 청사로 쓰였다가 1946년, 마침내 오랜 기간 자리를 비웠던 체코 필하모니 오케스트라가 돌아와 예술의 중심지로 거듭났다.

루돌피눔Rudolfinum은 체코의 유명 건축가인 요제프 슐츠와 요제프 지테크Josef Zitek의 손을 거쳐 탄생한 경이로운 신 르네상스 건물이다. 상징적인 기둥과 난간이 외관 장식으로 활용된 모습을 보고 위를 올려보면 세계적으로 명성이 자자한 음악가의 동상이 서 있다. 안으로 들어가면 당시 가구로 장식된 여러 연회장과 미술관을 구경할 수 있다.

드보르작 홀과 수크 홀에서 콘서트 공연은 관람하면 좋은 추억이 된다. 체코 필하모니 오케스트라의 118명으로 구성된 오케스트라의 멋진 연주로 드보르작, 모차르트, 주세페 베르디, 리하르트 바그너의 음악에 귀를 기울여 보는 경험은 상상이상이다.

프라하 구시가지의 북서부 끝자락에 있는 루돌피눔Rudolfinum 갤러리(화~일요일 / 월요일 휴관)에 가면 많은 생각이 드는 현대 미술 전시회를 관람할 수 있다. 그림에서 사진, 조각상에 이르는 다양한 예술을 만나볼 수 있다. 이곳에 선보인 작가로는 독일의 사진작가 바바라 프롭스트와 러시아의 개념론자 빅토르 피보바로프가 있다.

루돌피눔Rudolfinum 옆에는 신르네상스 건물, 프라하 장식미술 박물관Museum of Decorative Arts이 서 있고 카를교Charles Bridge와 구시가 광장은 걸어서 5분이면 도착할 수 있다.

홈페이지_ www.ceskafilharmonie.cz **주소_** Alšovo nábreži 12 **전화_** 227-059-227

시민 회관(Obecní dům)

프라하에서 가장 아름다운 아르누보 건축물 중 하나인 시민 회관Obecní dům에서 아르누보 양식의 진수를 보여 주는 아름다운 장식을 살펴보고 호화로운 저녁 식사를 즐긴 후 오페라와 오케스트라 공연을 관람해도 좋다. 시민 회관은 박물관 형태의 레스토랑과 상점, 도시 최대 규모의 콘서트홀을 갖춘 호화로운 궁전이다. 1912년에 공식 집회와 친목 모임을 주관하기 위한 장소로 문을 열었다. 회관 건물은 바츨라프 4세가 1300년대 후반에 건설한 프라하의 옛 킹스 코트 자리에 서 있다.

건물 로비 안에 들어가면 아르누보 형식의 인형과 벽화가 다양하게 전시되어 있다. 궁전의 바와 레스토랑은 박물관을 화려하게 장식해 주는 기능을 겸하고 있다. 형형색색의 스테인드글라스 창문과 우아한 샹들리에, 천을 입혀 장식한 가구와 무하의 그림을 찾아보고 라이브 재즈 공연과 피아노의 선율을 감상하며 체코 요리도 즐길 수 있다.

홈페이지_ www.obecni-dum.cz **주소_** Náměsti Republiky 5 **시간_** 10~20시 **전화_** 222-002-101

가이드 투어

매일 영어로 가이드 투어가 진행되어 듣는 것이 힘들 수는 있지만 가치가 있는 투어이다. 궁전 내실과 미술 전시관을 둘러볼 수 있는 기회로 연회장, 화장실, 오락실, 공식 회의실 안을 볼 수 있다. 바닥부터 천장까지 역사적인 신화 속 인물을 표현한 벽화와 그림으로 장식된 시장 집무실을 꼽을 수 있다. 스바빈스키가 그린 리가 룸(Riegr Room)의 프레스코화와 얀 프라이슬레가 그린 플라츠키 홀의 유화가 유명하다.

1,200석 규모의 거대한 콘서트홀인 스메타나 홀도 둘러본다. 1918년 체코 공화국의 독립이 선포된 장소이다. 지금은 실내악, 클래식, 심포닉 오케스트라 공연이 열린다. 모차르트와 비발디 같은 위대한 작곡가의 작품도 포함되어 있다.

구시가 광장
Old Town Square / Stsromêstské Námêstí

수천 년 전처럼 오늘날에도 프라하 사람들에게 아주 중요한 곳이 구시가 광장이다. 구시가 광장은 한때 프라하의 번성하는 시내 중심이었는데, 지금도 활기가 넘치고 많은 사람이 프라하에서 꼭 가봐야 할 관광지로 손꼽고 있다.
광장은 프라하 구경을 시작하기에 안성맞춤인 곳인데, 프라하의 오랜 역사를 느끼고, 다양한 야외 레스토랑에서 커피 한 잔을 즐길 수도 있기 때문이다. 광장 주변의 파스텔톤 상점과 레스토랑 사이를 걸으면서 유럽 전통의 분위기를 만끽하다보면 활기 넘치는 구시가 광장은 거리 공연자와 예술가, 관광객들로 넘쳐난다.

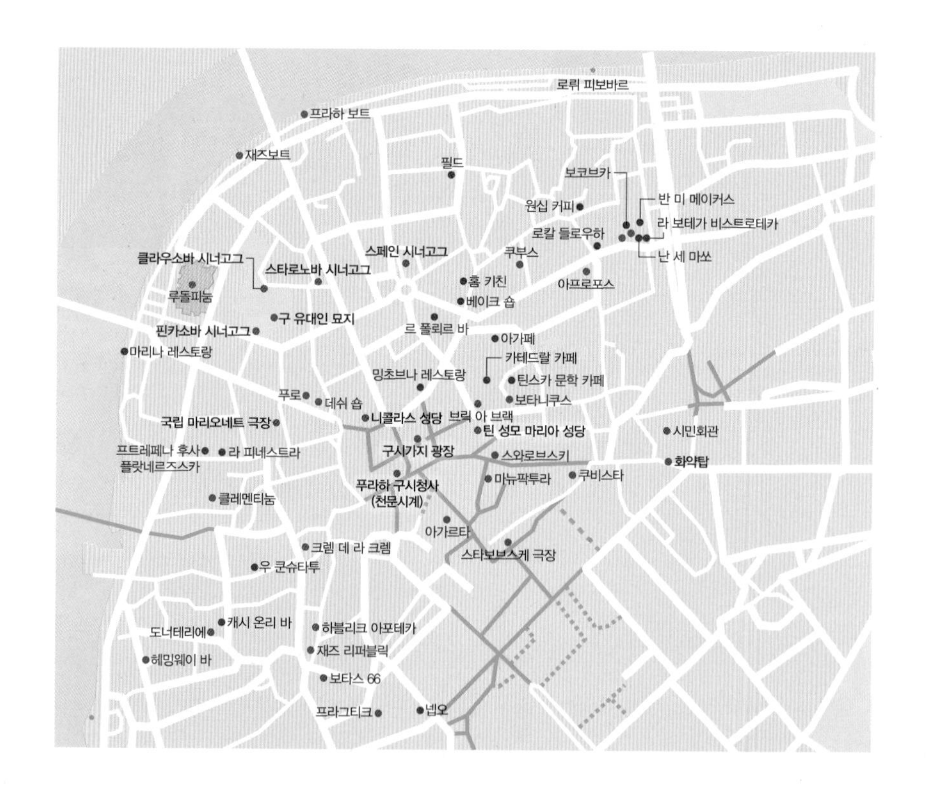

광장 중심이나 전망대 타워에서 프라하의 가장 상징적인 건축스타일을 360도 각도로 볼 수 있다. 특히 인기가 많은 곳은 고딕 양식의 틴 성당, 바로크 양식의 성 니콜라스 교회, 중세시대 스타일의 천문시계이다. 구시청사의 유명하고 웅장한 시계를 구경하려면 광장에 올 때 12시, 정시에 맞춰서 가는 것이 좋다.
광장 바닥은 반들반들한 자갈이 깔려 있는데, 수 세기 동안 수많은 사람의 발길과 손길이 닿았던 곳이다. 묘비에 27개의 하얀 십자가가 표시되어 있는 것을 볼 수 있는데, 백산 전투 이후에 참수를 당한 순교자들을 기리는 것이다.
구시가 광장은 중심부에 위치해 트램 전차나 전철, 또는 걸어서 쉽게 갈 수 있는데, 사람들로 붐비기 때문에 소매치기가 자주 발생한다.

얀 후스 동상

지방 설교사였던 얀 후스는 교황으로부터 파문당한 후 1415년 화형에 처해진 종교 개혁가였다. "서로를 사랑하고 모두에게 진실을 소망하라"는 얀 후스의 메시지는 오늘날에도 많은 사람들에게 영감을 주고 있다. 얀 후스의 죽음은 후스(Hus)파 전쟁을 불러일으켰다.

구시가지 광장에서 마차타기

구시가지에서 추억을 남기는 좋은 방법은 관광객을 위한 마차를 타는 것이다 15분 정도 마차를 타고 구시가의 광장을 천천히 돌고 돌아오지만 낭만적인 느낌이 절로 따라온다. 가격(1,000Kc)은 비싸지만 충분히 매력적이다.

광장 시장

계절에 따라 열리는 광장의 시장에서 선물이나 현지 농산물을 구입할 수 있다. 대표적인 시장으로 크리스마스와 부활절 전에 3주 동안 열리는 크리스마스 시장과 부활절 시장이 있다.

얀 후스 동상
Jan Hus

구시가 광장의 중앙에는 얀 후스Jan Hus (1372~1415년)의 서거 500주년을 맞은 1915년에 세워진 후스의 동상이 서있다. 얀 후스Jan Hus는 체코의 기독교 신학자이자 종교 개혁가이다. 얀 후스는 존 위클리프의 영향으로 성서를 믿음의 유일한 권위로 강조하는 복음주의적 성향으로 로마 가톨릭 교회 지도자들의 부패를 비판하였다. 그러다가 1411년 대립 교황 요한 23세에 의해 파문을 당했다. 콘스탄츠 공의회의 결정에 따라 1415년 화형에 처해졌다.

그가 화형당한 이후 그의 사상을 이어받은 사람들은 보헤미안 공동체라는 공동체를 만들고, 마르틴 루터 등 알프스 북쪽의 종교 개혁가들에게 영향을 끼쳤다. 현재에는 18세기 이후에 설립된 모라비아 교회나 체코 개신교라는 명칭으로 명맥을 이어나가고 있다.

후스가 살아 있을 때 지지자들은 후스의 허락을 받아 성만찬 때에 신약성서의 최후의 만찬 이야기에 근거해 빵과 포도주를 나누었다. 포도주를 담은 성작은 후스주의 운동의 상징이 되었다. 후스주의와 로마 가톨릭 사이의 갈등은 깊어지면서 1419년 7월 30일 프라하의 노베메스토에서 얀 젤리프스키Jan Zelivsky가 주도하는 강경파 후스주의자들이 동료 후스주의자들의 석방을 요구하며 시 의회 의원들을 시청 창문 밖으로 던지는 프라하 창밖 투척 사건이 발생했고, 며칠 뒤 바츨라프 4세가 죽자 후스주의자들은 보헤미아를 장악하였다.

동상의 문구

체코의 세계적 조각가인 라디슬라프 샬로운(Ladislav Šaloun)이 제작한 동상의 기단에는 체코어로 이런 말이 적혀 있다. "서로를 사랑하라. 모든 이들 앞에서 진실(혹은 정의)을 부정하지 마라." 후스가 감옥에서 보낸 열 번째 편지의 마지막에 적었던 글이다.

후스 전쟁

1415년 후스의 처형 후 그를 따르던 보헤미아 인들은 로마 가톨릭 교회의 박해에 저항해서 반란을 일으켰다. 농민 · 하층시민을 주체로 한 과격한 타보르파가 프시네츠의 니콜라이 니콜라우스, 얀 지슈카 등에 의해 형성되어 프라하에서 싸우고, 독일 각지로 조직을 점차 확대해 나갔다.

이에 교황 마르티노 5세는 "위클리프파, 후스파, 그 밖의 이단자에 대하여"란 칙서를 발표하고 십자군을 발동하였으나 얀 지슈카에게 대패하였다. 1433년 이들의 신학적 핵심인 양형영성체의 의식은 인정하되 교리상 큰 의미를 부여하지 않는 양측의 타협안을 담은 프라하 계약(compactara)으로 휴전에 돌입하였다.그러나 강경한 입장이던 타보르파는 이에 반발하여 교전을 이어 나갔고 교황청은 온건파인 양형영성체파와 합세하여 이들에 대한 공세를 이어나갔다. 결국 타보르파는 1433년의 리판(Lipan) 대전에 대부분이 참수 당하였고, 일부 생존자들이 게릴라성 전투를 간헐적으로 이어갔다.

타보르파를 궤멸시킨 뒤 승자인 교황청과 양형영성체파는 다시 평화협상을 진행하였고 1436년 7월 두 종류의 성찬식과 교회토지의 사회환원, 안 로키카나를 대주교로 삼는 보헤미아 가톨릭 독립교회의 설치를 골자로 하는 이글라우 협정을 맺었다. 체코슬로바키아의 쿠트나호라에는 후스 전쟁 때 목숨을 잃은 개신교인 희생자들의 해골과 뼈로 장식된 '해골성당'이 있다.

틴 성모 교회

Church of Our Lady Before Tyn / Kostela Matky Bozí pred Týnem

프라하의 구시가 광장에 가면 유럽에서 시각적으로 가장 아름다운 종교적 건물 중 하나로 손꼽히는 틴 성모 교회를 볼 수 있다. 틴 성당은 14세기부터 미사 장소로 사용되어 왔으며 정식 이름은 '틴 성모 교회'이다. 로마 가톨릭의 틴 성모 교회는 마치 동화책 속에서 튀어나온 느낌이다.
화려하게 장식된 틴 성모 교회는 고딕풍의 첨탑, 르네상스풍의 장식, 바로크풍의 실내를 갖추고 있다. 도시의 상징과 같은 틴 성모 교회는 프라하에서 가장 많이 사진에 찍히는 관광지 중 하나이다.
교회를 바라보기에 가장 좋은 위치는 구시가 광장인데, 여기서는 중세시대 시내 중심이라는 맥락에서 건물을 바라볼 수 있다. 주변을 거닐면서 규모를 실감할 수 있다. 교회 뒤로는 상선들이 세관을 통과하던 마당인 '운겔트Ungelt'가 있다. 교회 앞의 2개 타워는 높이가 80m에 달하는데, 각각 4개의 얇은 첨탑으로 장식되어 있다. 교회는 화려한 외부 장식으로 유명하지만, 안으로 들어가면 못지않은 화려함에 놀랄 것이다.(건물 내 사진은 찍을 수 없다) 메인 입구 대신 광장에 면하여 살짝 숨겨져 있는 작은 문을 통해 들어갈 수 있다. 동굴 같은 교회 내부에서 분주한 구시가 광장에서 벗어나 평안함을 느낄 수 있다.
미사가 없는 시간에 방문하면 프라하에서 가장 오래된 파이프 오르간을 비롯하여 여러 정교한 구성물을 볼 수 있다. 제단 위의 그림을 장식하는 카렐 스크레타Karel Škréta의 그림은 역사가 17세기까지 거슬러 올라간다.

홈페이지_ www.tyn.cz
위치_ Staromestska역, A, B선 Mustek역
주소_ Kostela Matky Bozí pred Týnem Celetna 5
시간_ 10~17시(화~토요일 / 13~15시 일시 휴관
일요일10~12시 오전만 개관 /월요일 휴관)
요금_ 무료
전화_ 222-318-186

성 니콜라스 교회
St. Nicolas Church

프라하에서 종교적으로 중요한 후스파 Hus 교회는 인상적인 건물 외관을 감상하거나 클래식 음악 공연을 보기에 좋은 곳이다. 구시가 광장의 성 니콜라스 교회 St. Nicolas Church는 구시가지의 중심에 자리하고 있다. 콘서트나 미사에 참여할 수 있고 아름다운 건축물을 감상하기에도 충분한 가치가 있는 곳이다.

새하얀 벽이 두드러진 성 니콜라스 교회 St. Nicolas Church는 수 세기 동안 이웃의 크렌 하우스로 인해 구시가 광장에서 숨겨져 있다가 다시 세상에 나오게 되었다. 맑은 날에 가면 벽이 하얗게 빛나는 것을 볼 수 있고, 밤에는 벽에 투광 조명이 밝혀진다.

교회 안으로 들어가면 내부도 마찬가지로 놀라운데, 체코 황제가 모든 수도원을 폐쇄했을 때 교회 안의 장식물이 상당수 사라졌지만, 벽과 천장은 여전히 감탄을 자아낼 만큼 아름답다. 치장 벽토로 성 니콜라스에 대한 장면을 보여주는 벽화를 보고 있으면 시간 가는 줄 모를 정도이다.

공연

성 니콜라스 교회(St. Nicolas Church)에는 지금도 여전히 매주 일요일 아침마다 미사가 열린다. 저녁이 되면 이 교회의 용도가 완전히 바뀌는데, 성 니콜라스 교회는 프라하에서 클래식 음악 공연이 열리는 주요한 장소 중 하나이다. 교회의 독특한 음향 시설에 힘입어 프라하 현악 합주단이 펼치는 공연의 짜릿한 감동을 꼭 체험해 보자. 거의 매일 밤 콘서트가 열린다. 콘서트 티켓은 매진될 수 있으므로 미리 예약하는 게 좋다.

구시가 광장에 있는 교회와 말라 스트라나(Malastrana)에 있는 같은 이름의 교회를 혼동할 수 있다. 두 교회는 이름도 같고 스타일과 건축 디자인도 같지만 두 교회 사이에는 강이 흐르고 예배의 성격도 다르다.

시계탑
Clock Tower

14세기에 들어선 고딕 탑에서 프라하 구시가지가 한눈에 들어오는 멋진 전망과 세계적으로 유명한 천문시계를 볼 수 있다. 구시청사 시계탑은 건축학적 측면에서 인상적인 기념물로, 프라하 구시가지 Staroměstské námesti의 남서쪽 모퉁이를 바라보고 있다. 시계탑 전망대에서 그림 같은 도시 경관을 바라볼 수 있다. 구시청사 시계탑에는 천문시계가 있는 곳으로 프라하에서 가장 사랑받는 관광지이다.
높이가 무려 70m에 달하는 고딕 양식의 탑은 1300년대 중반에 건축되었다가 14세기 말에 이르러 구시청사에 증축되었다. 전망대에서 내려다보이는 환상적인 경치는 말로 다할 수 없다. 나선형 계단이나 엘리베이터를 이용하면 전망대까지 올라갈 수 있다. 구시가 광장을 수놓고 있는 수많은 첨탑과 화려한 부르주아식 저택을 바라보면서 언덕 위 프라하 성 같은 랜드 마크도 찾아보자.
15세기의 천문시계가 주로 장식되어 있는 시계탑 외관은 건축학적 측면에서 보석 같은 존재이다. 정시에 도착하면 천문시계를 통해 십이사도의 행렬을 구경할 수 있다. 시계를 자세히 보면 시간과 날짜뿐만 아니라 태양과 달의 정확한 위치도 확인할 수 있다. 조디악 기호를 상징하는 메달리온을 비롯해 부조 장식의 문장과 종교적 상징물의 조각상은 찾아볼만한 가치가 있다.

홈페이지_ www.tyn.cz
위치_ 스타로메스트스카(Staroměstská)역 하차
주소_ Staroméstská náměstí 1/3, Praha 1
시간_ 9~22시(월요일은 11~22시)
요금_ 150Kc
전화_ 775-443-438, 236-002-629

우산의 정체

우산을 들고 가이드투어를 출발하는 장소가 구시청사 앞이다. 다양한 색상의 우산들을 볼 수 있고 무료로 진행되기도 한다. 시간이 충분하다면 구시청사에서 진행되는 가이드 투어에 참여해 보자. 화려하게 장식된 연회실, 회의실과 14세기의 예배당 안을 들여다보고 천문시계를 조절하는 기계 장치와 순환 미술 전시관도 볼 수 있다. 12세기 후반의 로마네스크 홀과 탑의 주춧돌, 건물 지하에 있는 옛 감옥에도 들러 보자.

천문시계

유명한 천문시계의 행사를 보려면 시간에 잘 맞추어 구시가 광장으로 가야 한다. 매시간 작은 문들이 열리면서 움직이는 인물들이 나타나고 조각들도 시계 위에서 움직이기 시작한다. 매시간 관광객의 이목을 집중시키는 천문시계는 15세기 초에 제작된 걸작으로, 구시청사의 인기 명물이다.

천문시계는 구시청사의 남쪽 벽에 설치되어 있으며, 현재도 사용 중인 천문시계 중 세계에서 가장 오래된 것이다. 1410년에 제작되어 자주 멈추기도 했고 수차례 기계 장치를 수리해야 했고 작년에도 수리를 하였다. 다행히 파괴되지 않고 상징적인 인물들로 지속적으로 관리를 하여 지금도 제대로 작동하고 있다.

종의 의미

1분 정도의 매정각마다 이벤트가 주는 의미가 강렬하다. 중세의 의미는 죽음의 시간이 다가오면 돈, 허영, 쾌락이 의미가 없다는 의미로 현재와 중세의 의미가 같을 것이다.

매시간(9~21시)마다 해골이 종을 치면 죽음을 상징하는 모래시계가 뒤집히면서 천문시계가 움직이기 시작한다. 13시(오후 1시)가 되면 13번의 종이 울리고 해골은 죽음을 맞이할 시간이라는 의미로 고개를 끄덕이면서 다가가면 인간은 아니라면서 고개를 좌우로 움직인다.

안드레아(X 십자가) / 유다(노) / 토마스(창)
요한(컵) / 바르나바(해골)

베드로(열쇠) / 마태(도끼) / 필립보(십자가)
바울(검과 책) / 시몬(톱) / 바돌로매(깃털)

움직이는 천문시계는?

천문 눈금이 가장 오래된 부분이고 그 밑에는 달력 눈금이 있는데, 이들 눈금은 시간을 표시할 뿐만 아니라 다양한 세부 정보도 표시한다. 태양과 달의 위치도 살펴보고 그 아래에 매월을 표시하는 정교한 무늬의 메달도 볼 수 있다. 죽음을 상징하는 조각품은 모래시계를 들고 있는 모습이 꼭 시간의 변화를 갈망하는 듯한 모습인데, 다른 3개의 조각품은 허영, 욕심, 쾌락을 상징한다. 12개의 목재 형상은 12명의 제자를 의미하고, 황금 닭이 날개를 움직이면 시간을 알리는 벨이 울린다.

구시청사 안에서 시계탑 꼭대기까지 올라가려면?

천문시계의 시계탑을 올라가는 것은 유료이다. 매시간 천문시계가 움직이는 모습을 보기 위해 많은 관광객이 모이기 때문에 아침에 일찍 가는 것이 좋다. 프라하 최고의 전망을 볼 수 있다. 구시가지와 블타바 강을 건너 언덕 위의 프라하 성도 보인다.

농경 달력

천문학 시계 아래에는 달력이 표시되어 있다. 15세기 말에 하누스Hanus가 설계했지만 19세기 전까지 그림이 그려져 있지 않았다.

1805년에 요셉 마네스가 그리면서 지금의 형태를 갖추었다. 큰 원은 12달의 농경을 위한 달력이고 안에 별자리를 뜻하는 작은 원이 있다. 달력의 왼쪽에 철학자와 천사 미카엘, 오른쪽에 천문학자와 연대기기록을 상징하는 인형이 있다.

카를교(Karlův Most / Charles Bridge)

동쪽 언저리를 바라다보고 있는 우아한 다리는 프라하 구시가지 입구에 있다. 그림 같은 도시 경관을 감상할 수 있기 때문에 관광객들로 항상 붐빈다. 구시가 교탑Staroměstská mostecká věž은 프라하 구시가지 주택가에 도착했음을 알려주는 고딕 양식의 아름다운 기념물이다. 블타바 강을 가로지르는 역사적인 다리로 카를교로 향하는 동쪽 관문이기도 하다. 구시가 카를교Karlův Most를 걸으면서 건축물과 예술품을 감상하고 갤러리로 올라가 탁 트인 전망을 바라볼 수 있다.

유명한 독일계 체코인 건축가 '페트르 팔러'는 1300년대 후반 샤를 4세의 명에 따라 교탑을 설계했다. 거대한 구조물을 올려다보면 신성로마제국의 역사적인 영토를 상징하는 문장과 성 비투스, 샤를 4세와 벤체 슬라프 4세의 조각상을 볼 수 있다. 신성로마제국의 왕이 대관식 행렬에서 지났던 교탑의 아치문도 지나가 보자.

카를교Karlův Most에서는 가장 눈에 띄는 얀 네포무크의 보헤미아 세인트 존 조각상 등 다리에 전시된 30점의 바로크 조각상이 인상적이다. 걸음을 잠시 멈추고 공예품 가판대 앞에서 현지 예술가의 작품과 길거리 예술가의 공연도 볼 수 있다. 카를교를 지나면 카를교 근처에 있는 카를교 박물관Charles Bridge Museum에서 다리의 역사에 대해 알아보고, 카를교를 지나면 17세기 세인트 프란시스 오브 아시시 교회St. Francis of Assisi Church를 찾아가면 된다.

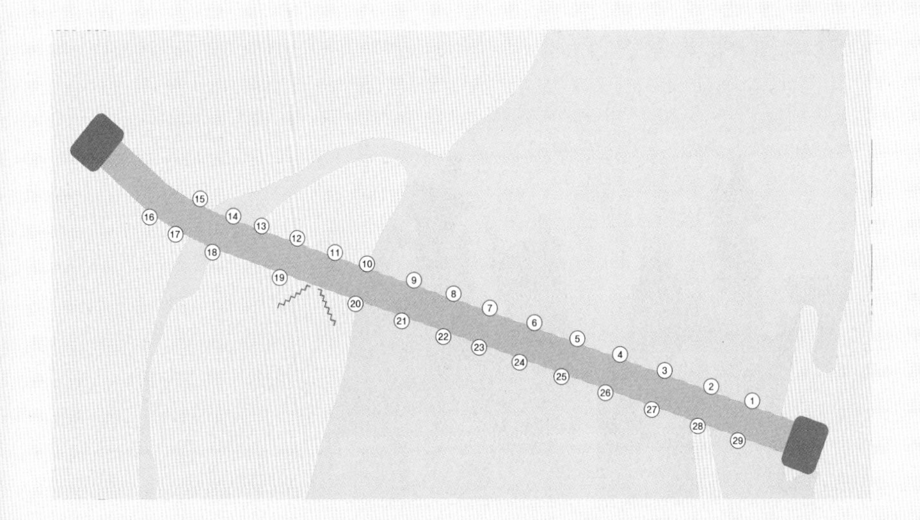

카를교 탑(Karlův Most Tower)

카를교Karlův Most를 오가는 많은 사람들이 다리 양쪽에 있는 교탑을 지나쳐 간다. 과거에 통행료를 징수하는 목적으로 세웠지만, 현재는 전망대로 이용되고 있다. 원형의 동그랗게 이어지는 돌계단을 따라 올라가면, 매표소가 나오고 반원정도 더 올라가면 야외 전망대가 나온다. 카를교Karlův Most와 블타바 강이 발아래 아름답게 펼쳐지고, 다리 위를 오가는 사람들이 보인다.

주소 | Karlůmost, Prague 1, Czech Republic
시간 | 10~22시(월요일 20시까지 / 3~10월, 11~2월 10~18시
요금 | 성인 100Kc(학생 70Kc)

전망대 풍경

138개의 계단을 따라 올라가면 전망대가 나온다. 올라가는 길에 문장의 그림과 고딕 조각상을 살펴보고, 카를교를 건너 구시가지에서 말라 스트라나까지 이동하는 사람들의 모습도 볼 수 있다.
프라하 건축물 특유의 돔과 첨탑, 빨간 깃발과 지붕을 보면 사방에 있는 도시의 주요 명소가 한눈에 들어온다. 말라 스트라나가 있는 서쪽으로는 프라하 성과 성 비투스 성당이 보이고, 동쪽의 구시가지 너머로는 활기 넘치는 구시가 광장이 보인다.

카를교 30개의 성인상

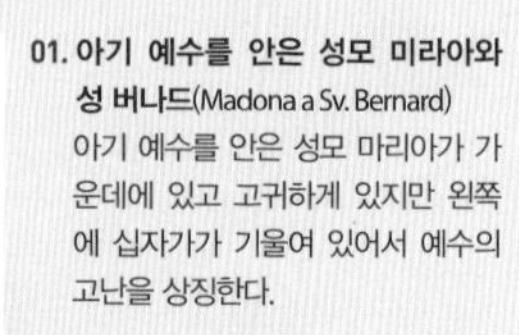

01. 아기 예수를 안은 성모 미라아와 성 버나드(Madona a Sv. Bernard)
아기 예수를 안은 성모 마리아가 가운데에 있고 고귀하게 있지만 왼쪽에 십자가가 기울여 있어서 예수의 고난을 상징한다.

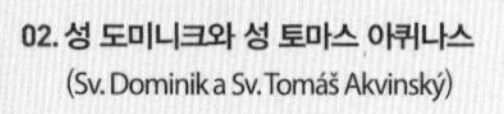

02. 성 도미니크와 성 토마스 아퀴나스
(Sv. Dominik a Sv. Tomáš Akvinský)

03. 수난의 예수 십자가상
(Sousoši Kříže s Kalvárii)
드레스덴에서 1657년에 가져와 나무 십자가에 올려져 있다가 1696년에 장식을 하면서 지금에 이르렀다. 십자가 왼편의 성모 마리아와 오른쪽의 사도 요한은 19세기에 더 덧붙여 장식된 것이다.

04. 성 앤(Sv. Anna)

05. 성 시빌과 성 매튜
(Sv. Cyril a Metoděj)

06. 세례 요한(Sv. Jan Křtitel)

07

08

09

10

11

07. 성 노베르트, 성 바츨라프, 성 지그문트
(Sv. Norbert, Václav a Zikmund)

08. 성 얀 네포무크
(Sv. Jan Nepomucký)
카를교를 지나려고 하면 관광객들이 성 얀 네포무크(Sv. Jan Nepomuck)의 조각상 밑 동판에 손을 대고 소원을 비는 모습을 쉽게 볼 수 있다. 그는 바츨라프 4세의 왕비로부터 자신이 외도했다는 고해성사를 받고, 그 내용을 묻는 왕에게 종교적 신념 때문에 말할 수 없다고 하여, 그 대가로 혀가 뽑힌 채 다리 아래로 던져져 순교했다. 얼마 후 다섯 개의 강물 위에서 빛났다고 하여 그의 석상에는 별 5개가 둘러지고 이후 성인으로 추대되었다.
성얀 네포무크(Sv. Jan Nepomuck) 성인상은 가장 오래된 동상으로, 동상 밑 부분에는 성 얀 네포무크(Sv. Jan Nepomuck)가 블타바 강에 빠지는 모습이 조각되어 있는데, 이 부분에 손을 대고 소원을 빌면 그 소원이 이루어진다는 전설이 전해 내려온다.

09. 파도바의 성 안토니우스
(Sv. Antonin Paduánský Bruncvik)
18세기에 마이어가 만든 작품으로 어린아이를 안은 성 안토니우스를 나타내고 있다. 그는 어린아이를 좋아한 프란치스코 소속의 수도사였다고 알려진다.

10. 성 유다 타테우스 (Sv. Juda Tadeáš)

11. 성 아우구스티누스(Sv. Augsstin)
유명한 이탈리아의 신학자이자 철학자이다.

12. 성 카예탄(Sv. Kajetán)
성 삼위일체를 나타내는 오벨리스크를 구름으로 감싸 안은 모습이다.

13. 성 필립 베니시우스
(Sv. Filip Benicius)

14. 성 비투스(Sv. Vitus)
두 마리의 사자와 함께 있는 순교한 성인으로 비투스의 유골은 성 비투스 성당에 보관하고 있다.

15. 성 코스마스와 성 다미안
(Sv. Kosmas a Damián)

16. 성 바츨라프(Sv. Václav)

17. 마타의 성 요한과 발로아의 성 펠릭스, 성 이반
(Sv. Jan z Mathy, Felix z Valois a Ivan)

18

19

20

21

22

23

18. 성 보이테흐(Sv. Vojtěch)
프라하에서 2번째로 주교를 지낸 인물이다.

19. 성 루잇가르다(Sv. Luitgarda)
십자가에서 내려오는 예수님의 상처에 입을 맞추는 모습을 조각했다.

20. 톨렌티노의 성 니콜라스
(Sv. Mikuláš Tolentinský)

21. 성 빈센트 페레와 성 프로콥
(Sv. Vincenc Ferrerdký a Sv. Prokop)

22. 아사시의 성 프란시스
(Sv. František Serafinský)

23. 어린 성 바츨라프에게 성경을 읽어 주고 있는 성 루드밀라
(Sv. Lusmila učist bibi malého svatého svatého Václava)

24. 성 프란시스 보르지아
(Sv. František Borgiáš)

25. 성 크리스토퍼(Sv. Kryštof)
전설로 내려오는 이야기를 형상화한 것이다. 순례자의 수호성인이라고 알려진 성 크리스토퍼의 동상으로 가난한 사람들을 섬기는 일이 예수님을 섬기는 것이라는 말을 듣고서 순례자를 돕는 일을 했다. 어느 날, 조그마한 어린아이가 찾아와 강을 건너게 해달라고 부탁해 어깨에 메고 강으로 들어가 건너고 있는데 아이가 무거워지는 상황에 처했다. 가까스로 강 반대편에 도달했을 때 아이가 말했다."너는 지금 전 세계를 옮기고 있는 것이다. 내가 바로 예수 그리스도이다." 이 말과 함께 레프로부스의 지팡이에 푸른 잎이 돋아나고 뿌리를 내려 종려나무가 되었다는 이야기를 조각했다. 후에 '레프로부스'는 그리스도를 업고 가는 사람을 뜻하는 말이 되었다.

26. 성 프란시스 하비에르
(Sv. František Xaverský)

27. 성 요셉과 아기 예수
(Sv. Jesef s Ježišem)

28. 피에타(Pieta)

29. 성 바르바라, 성 마가렛, 성 엘리자베스
(Sv. Barbora a Markéta a Alžběta)

30. 성 이보(Sv. Ivo)

카를교(Karlův Most)가 사랑받는 이유

아름다운 조각품으로 장식된 상징적인 성인상이 아름다운 카를교Karlův Most는 블타바 강 위로 뻗어있는 다리로, 서쪽의 유서 깊은 말라 스트라나와 동쪽의 구시가지를 이어주고 있다. 수세기 동안 프라하의 동쪽과 서쪽 지역을 연결해주는 다리는 카를교Karlův Most가 유일했다. 처음 지어진 이후부터 분주하게 이용되는 도로로 20세기 초에는 차량도 다리에 진입할 수 있었지만 이후 금지되었다.

카를교Karlův Most는 프라하에서 인기 높은 보행자 전용 다리로서 블타바 강과 오랜 역사를 자랑하는 시내 중심이 바라다 보인다. 카를교Karlův Most는 길이 약520m, 너비 10m 정도의 돌다리이다. 이 다리가 유명해진 것은 다리 양쪽 난간에 서 있는 성인들의 동상 때문이다. 양쪽 난간에 늘어선 30개의 성인상 조각으로 유명하다. 멋진 조각상으로 장식된 다리 위에서 예술가와 관광객들이 아름다운 추억을 만들고 있다.

30개의 석상 중에서 유독 사람들이 몰리는 곳이 있다. 바로 머리에 다섯 개의 별이 반짝이는 성 얀 네포무크Sv. Jan Nepomucky 석상이다. 조각상 밑단의 부조를 만지고 기도를 하면 소원이 이뤄진다고 한다. 사람들의 발길을 붙드는 것이 또 있다. 초상화를 그려주는 화가, 환상적인 멜로디로 흥을 돋우는 백발의 거리 악사는 카렐교의 낭만과 운치를 더한다.

블타바 강을 가로질러 프라하 성과 구시가를 이어주는, 보헤미아 왕국 시절 왕이 지나던 길은 말라 스트라나에서 카를교Karlův Most를 건너 구시가지로 가던 길이다. 프라하의 관광지를 이어주며 유용하게 쓰이고 있어 프라하에 머무르면서 여러 번 지나게 되는데, 그때마다 바라보는 풍경은 언제 봐도 환상적이다.

블타바 강에 고정된 16개의 석조 아치로 떠받치고 그 위에 총 30개의 조각상이 다리 양쪽을 꾸며주고 있어서, 어느 방향에서 보든 전망은 아름답다. 조각상 대부분은 역사가 15~16세기로 거슬러 올라가지만, 후세를 위해 이후 복제품으로 대체되었다. 행운을 빌며 조각상을 만지는 사람을 볼 수 있다. 동쪽에서 서쪽으로 다리를 건너면 프라하 성의 전체 모습을 볼 수 있다.

구시가와 프라하 성이 있는 말라 스트라나를 잇는 돌다리로 1357년 신성로마제국의 황제, 카를 4세에 의해 축조되었고, 성 비투스 성당을 지은 페테르 파를레르시가 공사를 맡았다.

낮에는 거리 공연자, 행상, 예술가들이 활기찬 분위기를 만드는 찰스 다리를 많은 관광객이 지나간다. 현대적인 문화와 지역의 풍부한 역사가 잘 조화된 느낌이다. 해가 뜰 무렵 다

리를 건너며 산책하면 고요한 느낌을 홀로 만끽할 수 있다. 찰스 다리는 프라하에서 가장 아름다운 풍경 중 하나로 손꼽히며 커플들에게 인기가 많다.
신시가지인 노브 메스토에서 트램 전차를 이용하거나 구시가지인 스테어 메스토와 말라 스트라나에서 걸어서 오면 된다.

카를교 사진 봄 · 여름 · 가을 · 겨울과 야경, 새벽 모습

[봄]

[여름]

[가을]

[겨울]

블타바 강(Vltava River)

장구하고 찬란한 역사를 품은 채 유유히 흐르는 블타바Vltava 강은 프라하를 관통하는 강으로, 길이만 430㎞에 이르는 긴 강이다. 슈마바Shumava 산맥에서 발원해 체스키크룸로프, 체스케부데요비체, 프라하를 거쳐 멜니크에서 엘베Elve 강과 합류한다.

블타바Vltava 강에 들어서면 카를교를 만날 수 있다. 신성 로마제국의 황제였던 카를 4세의 지휘 아래 1357년부터 건설된 석조 교량으로 1402년에 완공됐다. 19세기까지 프라하의 구시가지와 인근을 이어주는 유일한 다리였던 카를교는 서유럽과 동유럽의 문화와 교역을 이어주는 중심역할도 수행했다.

현재 프라하에는 프라하 성을 비롯해 로브코비치 궁, 성 비투스 대성당, 국립박물관, 미술관, 루돌피눔, 프라하 국립극장, 스타보브스케 극장, 프라하 국립 오페라극장 등 도시 전체가 문화 예술과 유적의 향기로 가득하다.

중세 유럽의 아름다움을 그대로 간직한 건축물에는 고딕 양식을 비롯해 르네상스, 네오르네상스, 바로크, 로코코, 아르데코, 아르누보에 이르는 온갖 건축 양식의 향연이 펼쳐져 가히 거대한 건축 박물관과도 같다.

블타바 강을 따라 흐르며 야경을 감상할 수 있는 디너크루즈도 빼놓을 수 없는 블타바 낭만 여행을 즐길 수 있는 방법이다. 보헤미안 재즈 바에서 들려오는 감미로운 체코 음악도 사랑하는 사람과의 숨결이 전해질 것이다.

활기찬 프라하 시내의 모습

22
8336
STEAKHOUS

캄파 섬 & 말라스트라나 지도

테라사 우 즐라테 스투드네
발렌슈타인 궁
도바 헌책방
에 우 카예타나
성 니콜라스 성당
카프카 박물관
마리오네트 트루홀라르즈
우 말레호 글레나
브르트보브스카 정원
존 레넌 벽
캄파 미술관
벨라 비다 카페
콜코브나 올림피아
카페 사보이

캄파 섬
Na Kampě

12세기에 만들어진 작은 인공 섬인 캄파 섬Na Kampě은 카를교와 연결돼 있어 계단을 통해 걸어서 오갈 수 있다. '작은 베니스'라 불리는 캄파 섬Na Kampě에는 파스텔 톤 집들 사이로 작은 운하가 흐른다.

캄파 광장에선 작은 장이 열리는데, 돼지고기 바비큐부터 전통 빵 트르델닉 등 소소한 간식거리를 판매한다. 2002년 체코를 강타한 대홍수의 흔적이 캄파 섬에 선명히 새겨져 있다. 건물마다 당시 물에 잠긴 지점을 표시해두었다.

캄파 공원
Park Kampě

캄파 공원Park Kampě은 캄파 섬의 일부로 아름다운 섬과 말라 스트라나Malá Strana 사이에 하천이 흐르고 있다. 동쪽 블타바 강 둑에 자리 잡은 평온하고 한적한 녹지 공간이다. 여기서 동화에 나올 법한 프라하 구시가지의 아름다운 전경을 볼 수 있다. 피크닉을 즐기기에 안성맞춤인 캄파 공원에서 프라하의 유서 깊은 구 시가지를 바라다볼 수 있는 강변 공원에는 중부유럽 출신 화가들의 작품으로 구성된 현대미술관도 자리해 있다.

잘 가꾸어진 잔디밭 주위에 조성된 공원 산책로를 따라 거닐면 공원에서 사시사철 매력적인 분위기를 느낄 수 있다. 따뜻한 여름날, 부드러운 잔디밭에 앉아 피크닉을 즐기기 좋다. 가을에 지는 낙엽은 강을 배경으로 그림 같은 전경을 선사하고, 겨울에 내리는 눈은 낭만적인 분위기를 자아낸다.

위치_ 카를교 서쪽 입구에서 도보로 5분 거리

명사수의 섬(Střelecký Ostrov Shooter's Island)

카를 4세가 사격연습과 대회를 열어 시작되어 이름을 붙여졌다. 카를교를 아름답게 볼 수 있는 곳이 레기교(Legii Bridge)와 연관된 명사수의 섬과 혼동되기도 한다. 캄파 섬이든 명사수의 섬이든 공원 강가의 벤치에 앉아 블타바 강 너머 세계적으로 유명한 구시가지의 풍경을 감상해 보자.
카를교(Charles Bridge)와 고딕 양식의 구시가 교탑을 비롯한 14세기의 건축물은 구시가지의 고층건물 사이로 솟아오른 수많은 첨탑이 빚어내는 그림 같은 풍경을 사진에 담아낼 수 있다. 강을 오가는 페리와 어선, 증기선을 보면 한가롭게 여유를 즐겨볼 수 있다.

캄파섬에서 바라 본 아름다운 카를교

존 레넌 벽
Zed' john Lennon

캄파 섬에서 가장 많이 관광객들이 도장을 찍듯이 사진을 찍는 벽이다. 아무렇게 적은 낙서가 이토록 아름다울 수 있는지, 지금은 하나의 예술 작품처럼 다가온다. 프라하 대수도원장 담벼락에 새겨진 컬러풀한 그래비티가 전 세계에서 가장 유명한 벽으로 만들었다. 자유를 갈망하던 반공산주의자들이 비밀경찰의 눈을 피해 낙서하기 시작해 존 레넌이 총에 맞아 사망하자 애도의 글귀로 가득 채워졌다. 평화를 노래하는 비틀스의 곡 가사와 얼굴 그림도 보인다. 위치를 찾기가 힘들기 때문에 지도를 미리 확인하거나 구글맵을 이용해 찾는 것이 편리하다.

주소_ Velkopřevorske Námêsti
위치_ 메트로 A선 Malostranská역,
트램 Malostranská역, 1, 8, 12, 18, 20, 22, 57번

캄파 미술관
Museum Kampě

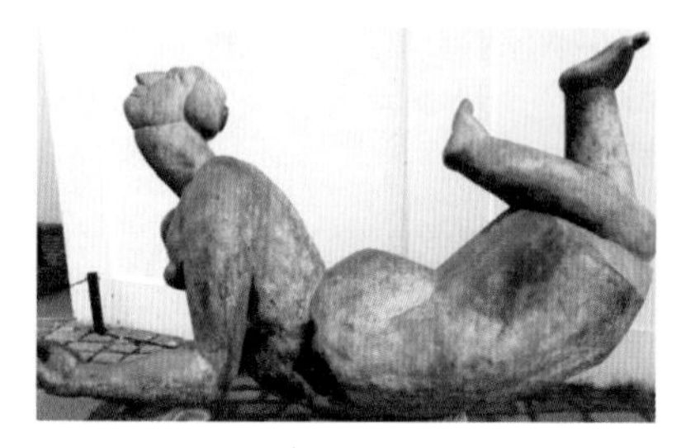

14세기 옛 풍차에 자리 잡은 캄파 미술관 Museum Kampa의 대표적인 컬렉션으로는 프란티섹 쿠프카의 추상화와 오토 것프레드의 조각상을 꼽을 수 있다. 단기 전시관에서는 앤디 워홀과 요코 오노 등 수많은 예술가의 작품을 선보인다. 박물관 입구 근처에서 기어가는 아기의 모습을 묘사한 흥미로운 조각상도 찾을 수 있다.

홈페이지_ www.museumkampa.com
주소_ U Sovových mlýnů 2, 118 00 Malá Strana
위치_ 트램 Hellichova역 12, 20, 22, 23, 57번
시간_ 10~18시
요금_ 250Kc (학생 130Kc / 성인 2명+15세 미만 3명 350Kc)
전화_ +420-257-286-147

아기들(Crawling Babies)

프라하 시내를 거닐다 보면, 흥미로운 조형물을 종종 볼 수 있다. 건물 꼭대기에 사람 모형이 대롱대롱 매달려 있는가 하면, 남자 조형물이 서로 마주 보며 민망한 자세로 소변보고 있다. 모두 체코 출신의 설치미술가 다비드 체르니(David Černy)의 작품이다.

캄파 미술관 옆엔 '이상한 조형물 TOP 10'에 선정된 기괴한 조형물인 아기들(Crawling Babies)이 있다. 아기 조각상 위로 사람들이 올라타는데 상식을 깬 작품에 놀랄 수 있다.

카프카 박물관
Franz Kafka Museum

소설 초판본, 사진, 편지 등과 카프카 연인들의 부스가 있다. 프란츠 카프카Franz Kafka는 당시에는 인기가 없어서 800부 인쇄를 하였으나 11부만 판매될 정도로 인기가 없었다. 죽음을 앞두고는 절친 '막스 브로트'에게 작품을 모두 소각해 달라고 유언했을 정도로 불행한 삶을 살았다. 하지만 친구는 고민 끝에 소각하지 않고 모아서 재 편찬하여 현재 우리가 볼 수 있게 된 것이다.

인간의 심오한 내면을 비춰 보여주는 듯한 대부분의 작품은 불확실한 현대인의 삶을 다루었다. 가장 기억에 남는 건 카프카가 사랑했던 4명의 여인과의 편지이다. 카프카는 편지를 통해 사랑을 키우고 편지 속에 문학에 대한 집념을 표출했다.

홈페이지_ www.kafkamuseum.cz
주소_ Cihelná 635/2A, Malá Strana, 118 00 Praha-Praha 1
위치_ 메트로 A선 Malostranska역,
트램 Malostranska역 1,8,12,18,20,22,57번
시간_ 10~18시
요금_ 200Kc(6~15세, 학생증 소지자, 60세 이상 120Kc / 가족(성인2명+아이 2명) 490Kc
사진동영상 촬영시 30Kc 추가
전화_ +420-257-535-373

박물관 입구

두 남자가 서로 마주 보고 있는 다비드 체르니(David Černy)의 조각상이 시선을 끈다. 오줌싸게 동상이 박물관과 카프카와 무슨 연관성이 있는지 알 수가 없다. 두 사람이 서 있는 받침대(물통)가 체코의 지도 모양이다. 다비드 체르니는 논쟁을 일으키는 조각으로 유명하다. "오줌싸게(Piss)"인 두 남자가 체코 지도 모양의 웅덩이 안에 서 있고 몸이 움직이는 조각상은 카프카의 소설 유형지에서 모델로 삼았다는 것을 유일한 연관성으로 찾아야 한다.

프란츠 카프카 (Franz Kafka / 1993.7.3. – 1924.6.3.)

프란츠 카프카는 오스트리아 – 헝가리 제국이었던 프라하에서 유대인 부모의 장남으로 태어났고 남동생 둘이 밑으로 태어났지만 연이어 죽고, 그 후 태어난 세 누이동생들은 단지 유대인이라는 이유로 나치 강제 수용소에서 살해되는 등 그의 짧은 생애는 유대인으로서 매우 불행한 41년이었다.

카프카(Kafka)는 독일인과 체코인과 유대인이 사는 지역에서 유대인으로 태어났으나 제국의 유대인이었고 독일어를 완벽하게 사용했지만, 보헤미안으로 독일인도 아니었고, 체코인도 아니었던 것으로 갈등하며 살았다. 노동자 재해 보험 협회의 직원으로 시민 계급도 아니고, 상점 주인의 아들로 노동자 계급도 아니었지만 관료 계급도 아니었기에 숙명적인 존재에서 오는 상처로 평생 괴로움을 받았다.

프라하 황홀한 야경

말라스트라나
Malá Strana

프라하의 말라스트라나Malá Strana는 카를 교를 따라 구 시가지와 연결되어 언덕에는 프라하 성이 있고, 우거진 나무로 둘러싸여 있다. 초창기의 말라스트라나Malá Strana는 현재 말라스트라나Malá Strana 광장 근처이며, 기원전 1,000년경에부터 존재하고 있었다고 한다.

프라하 성 아래 형성된 주거지역인 말라 스트라나Malá Strana 역시 프라하 성만큼이나 오랜 역사를 가지고 있다. 체코의 국민적 작가 얀 네루다는 '말라 스트라나 이야기(1877)' 라는 소설을 이곳을 배경으로 썼다. 19세기 말라 스트라나Malá Strana에 살던 소시민들의 모습을 묘사한 단편집으로, 개인적이고 안락한 삶을 제일로 여기며 보수적이고 폐쇄적인 면을 가지고 있었던 당시 평범한 시민들의 생활이 그려져 있다.

현재는 미국 대사관과 독일 대사관 등 각국의 대사관과 호텔, 다양한 카페와 가게들이 늘어서 있어서 관광객들이 즐겨 찾는다. 예쁜 유럽의 골목을 배경으로 사진을 남기기에도 최적의 장소다.

성 니콜라스 성당
Charam Sv. Mikulase

1703년에 시작하여 1761년에 완성된 성당은 화려한 외부와 마찬가지로 교회의 내부는 설교단과 제단의 화려한 조각상, 돔 천정의 프레스코 그림들로 가득 차 있다. 성 니콜라스 성당은 귀중한 바로크 양식의 건물로 아버지, 아들, 며느리 인 Christopher Dientzenhofer, Kilian Ignaz Dientzenhofer, Anselmo Lurago 등 300명의 바로크 건축가가 약 100년 동안 작업에 참여했다.

1745~1747년 사이에 지어진 최대 6m 길이의 4,000개가 넘는 파이프가 있다. 특히 안쪽에 자리 잡은 바로크 오르간은 1787년 모차르트가 연주하기도 했던 오르간이다. 성당 안에서는 오케스트라 연주회가 매일 열리며, 조용한 성당 안에서 울리는 오르간과 합주단의 음악이 돔에서 울리는 소리가 정말 아름답다.

주소_ Malostranské nám, 11800 Malá Strana
시간_ 매일 10:00~17:00
(오후에 오케스트라 연주회가 열림)
요금_ 100Kc, 학생 50Kc
전화_ 257-534-215

여행의 활용

프라하에는 '성 니콜라스'라는 이름의 교회가 2곳이 있다. 하나는 구시가지 광장이고, 다른 하나는 말라스트라나(Malá Strana) 광장이다. 말라스트라나(Malá Strana)의 소지구의 성 니콜라스 성당은 언덕 중간에 자리하고 있어 중요한 이정표가 된다. 프라하 성을 찾아가거나 내려올 때 서로 헤어졌다면 다시 만나는 약속을 할 수 있는 장소이기도 하다.

네루도바 거리
Nerudova

지하철 A선 말로스트란스카Malostransk역에 내려 프라하 성으로 올라가는 길에 만나게 되는 예쁜 언덕길이 네루도바Nerudova 거리이다. 1857년 까지 도시에 번지가 매겨지기 이전, 집주인의 직업을 드러내거나 남다른 표시를 더해 집들을 구분하기 위해 동물과 다양한 부조나 조각, 회화 등의 장식을 붙여서 번지수를 대신하여 주소 대신 사용되었다. 건물마다 조각 같은 것들이 있는데 그걸로 간판 역할을 대신했다고 생각하면 된다.

언덕 위에 놓여있는 프라하 성까지 가파른 오르막길이 언덕길을 따라 이어지지만, 줄지어 있는 오밀조밀한 예쁜 집들을 구경하면서 프라하 성으로 올라가면 된다.

체코의 시인이자 소설가인 '얀 네루다Jan Neruda'의 이름에서 '네루도바Nerudova'란 거리 이름이 유래하는데, 19세기 이전까지 번지수 대신 사용했다던 현관문 위의 독특한 문양들이 볼거리이다. 양, 백조, 바이올린 등 문양 찾기 놀이하면서 예쁜 가게들을 구경하며 오르다보면 어느새 언덕 위에 다다르게 되고, 아이디어가 톡톡 튀는 재밌는 덧문들을 만나게 된다.

주소_ Nerudova 256/5, Malá Strana, 118 00 Praha-Praha 1
위치_ 카를교에서 도보로 5분, 지하철 A선 Malostranská역에서 하차

독특한 특징

네루도바 거리에는 현관문 위 독특한 문양뿐만 아니라 저마다 개성 있게 장식한 덧문들도 시선을 사로잡는다. 떼어서 들고 오고 싶은 마음이 들 정도의 아기자기하고 예쁘게 장식된 덧문들이 가득하다. 동화적인 모티브를 담아낸 덧문들이 인상적이다. 독특한 문양의 건물들과 동화적 모티브의 덧문이 프라하를 더욱 아기자기한 예쁜 도시로 기억에 남게 한다. 오래된 건축 양식을 지켜오면서, 출입부분인 덧문의 안쪽 면을 활용해 점포의 아이덴티티를 살린 아이디어가 독특하다.

대한민국의 간판 현실 VS 네루도바 거리

상점이름과 홍보문구로 건물이 잘 보이는 부분을 감싸고, 건물을 훼손하면서까지 자신의 상점만을 위한 간판들로 도배하는 대한민국의 건물과 간판의 현실을 보면서 프라하의 네루도바 거리가 주는 아이디어가 다가온다.

프라하의 전경을 한눈에 담는다!

페트린 전망대(Petřínská rozhledna)

말라 스트라나Malá Strana 위 언덕 꼭대기에 서 있는 전망대는 프라하와 블타바 강, 보헤미아 주변 경관이 모두 보이는 황홀한 전망을 선사한다. 페트린 전망대Petřínská rozhledna에서 프라하의 경이로운 도시 경관과 전원 지역이 선사하는 최고의 전망을 볼 수 있다. 사방의 모든 주요 관광지가 한눈에 들어오는 페트린 전망대는 사진작가들의 꿈의 장소이다. 도시 최초의 세계박람회 100주년을 기념하는 프라하 주빌리 전시관의 일부로, 1891년에 문을 열었다.

높이 64m의 전망대는 페트린 언덕Petřín Hill 정상에 멋지게 조경된 정원을 내려다보고 있다. 언덕 자체의 높이도 해발 318m에 달한다. 전망의 탑 디자인은 파리를 상징하는 에펠탑에서 착안했다. 299개의 나선형 계단을 올라가면 야외 전망대가 나오는데, 걷기 힘들다면 엘리베이터를 이용하면 된다. 블타바 강을 사이에 둔 말라 스트라나와 구시가지의 탁 트인 전망을 바라다보면 동화 속 한 장면 같은 프라하 도심에 자리 잡은 수많은 첨탑의 우아한 풍경을 사진에 담을 수 있다.
페트린 미로의 방Maze Bludiste Na Petríne에서 유리 미로를 탐험하며 즐거운 시간을 보낼 수 있다. 스테파니 천문대Štefánik Observatory에서 별도 관측하고 깔끔하게 손질된 정원과 장미 정원, 과수원을 구경해도 좋다. 가난한 이들에게 노동의 대가로 음식을 제공하던 14세기 성첩, 헝거 월Hunger Wall을 따라 산책에 나서도 좋다.

전망대에서 바라본 전망

카를교Charles Bridge, 구시가 교탑과 프라하 성 같은 프라하의 중요 관광지를 볼 수 있다. 화창한 날에는 보헤미아 중부 지역의 전원 지역을 수놓은 울창한 숲까지 볼 수 있다.

가는 방법_ 스트라나에서 트램을 타고 우예즈트 LD(Újezd LD)역으로 이동한 다음 페트린 언덕 위로 걸어서 올라가거나 케이블카를 타면 된다. 아니면 구시가지에서 걸어서 40분 정도 걸어가도 된다.

주소_ Petřínske sady Petřínske skalky Park **시간_** 10~22시(10,3월 20시까지 / 11~2월 18시까지)

요금_ 180Kč **전화_** 257-320-112

비셰흐라드 성(Vyšehrad)

신시가지인 노브 메스토의 남쪽에 위치한 비셰흐라드Vyšehrad 성은 블타바 강을 바라다보는 언덕 위에서 아름다운 자태를 뽐내고 있다. 예전에 보헤미아 왕가의 보금자리였던 비셰흐라드Vyšehrad 성에는 지금 남아있는 것이 거의 없지만, 언덕 꼭대기에 자리하고 있어 산책이나 소풍을 즐기기에 더없이 좋은 곳이다.

프라하 언덕에 자리한 비셰흐라드Vyšehrad 성은 1140년까지 보헤미아 왕가의 보금자리였다. 오늘날 성 자체는 유적만 남아 있지만 교회, 묘지, 웅장한 성곽 등은 보실 수 있다. 정원은 분주한 프라하에서 고요한 평화를 누릴 수 있는 가장 좋은 곳이라고 할 수 있다. 문화 기념물로 간주되는 박물관과 미술관도 있다.

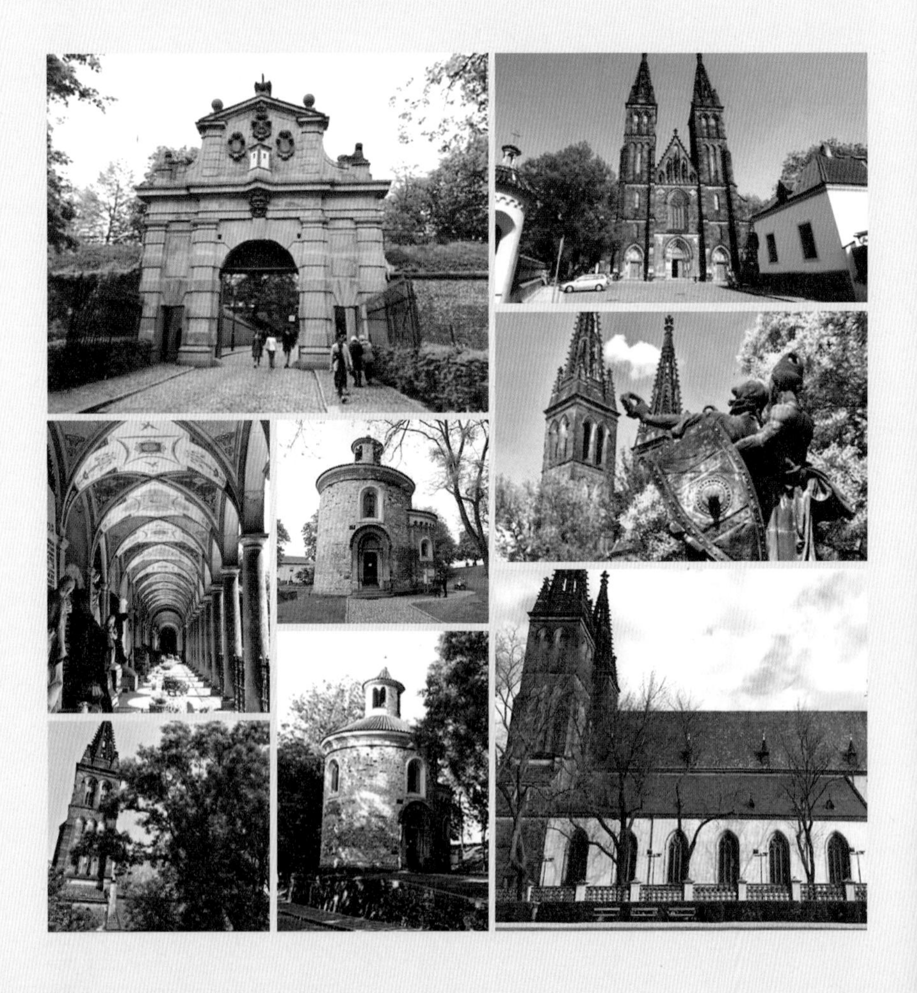

정원

비셰흐라드Vyšehrad 성은 수 세기에 걸쳐 지어졌는데, 지금은 흔적만 남아 있지만 성벽은 14세기에 샤를 4세가 추가했다. 성 안의 여러 정원에서 피크닉을 즐기거나 다양하게 마련된 레스토랑과 카페 중 마음에 드는 곳을 골라 체코 음식이나 음료를 즐겨도 좋다. 정원 주변의 남아 있는 성벽을 따라 산책하다 보면 강 건너 프라하 성도 보인다.

국립묘지

성 안의 국립묘지에는 문화와 학문에 있어 프라하에서 가장 유명한 인사들의 무덤도 있는데, 약 600점의 무덤이 있는 이곳에서 어떤 것은 수 세기를 거슬러 올라가는 것도 있다. 많은 예술가가 묻혀 있는 만큼 묘지는 조각품 갤러리로도 사용되고 있다.

가는 방법_ 지하철 C선 비셰흐라드에서 하차, 나와서 도로를 끼고 광장을 지나 서쪽의 블타바 강 방향으로 이동하면 성문이 나온다.
홈페이지_ www.praha-vysehrad.cz
주소_ V Pevnosti, 159/5B
시간_ 8~19시 (3, 4, 10월 18시까지 / 11~2월 17시까지)
전화_ 241-410-348

비셰흐라드 성에서 바라본 프라하 전망

프라하 성
Prague Castle

현재 체코 정부의 본거지로 사용되고 있는 프라하 성에는 웅장한 성 비투스 성당도 있다. 요새화된 중세시대 성에서 근위대 교대식을 볼 수 있다. 프라하에서 가장 상징적인 명소인 프라하 성은 세계에서 가장 큰 성 중의 하나로서 세계문화유산으로 지정된 곳이다. 프라하 성은 1,100여 년의 역사와 건축물을 보유하고 있으며 보헤미아 왕가, 로마 황제, 체코슬로바키아 대통령 등의 보금자리가 되어 왔다. 프라하 성은 여전히 체코 정부의 보금자리로 사용되고 있다.

프라하 성은 9세기에 지어진 이후 계속 변화를 거듭해 왔는데, 고딕, 르네상스, 모더니즘 등 지난 1,100년에 걸친 거의 모든 건축 양식을 모두 담고 있다. 프라하 성은 매우 커서, 길이는 570m, 너비는 130m에 7ha 규모의 부지에 자리하고 있다. 성에는 총 8개의 교회와 궁전, 방대한 정원을 포함해 많은 건물과 정원으로 구성되어 있다.

신 고딕 양식의 성 비투스 성당에는 프라하에서 가장 유명한 종교적 인물들이 안치된 곳으로 성 바츨라프 예배당에서 체코의 왕관 보석들을 볼 수 있다.

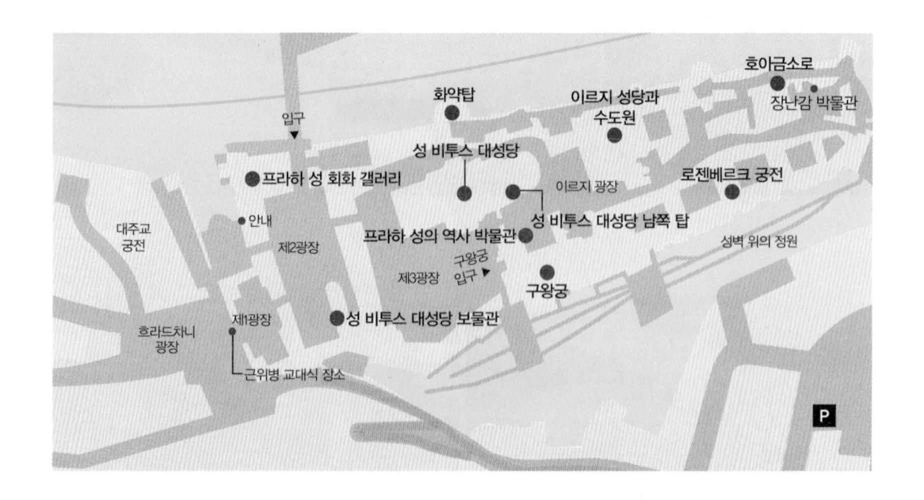

프라하 성 구경하기

야경이 아름답다는 프라하 성으로 올라가면 프라하가 한눈에 내려다보인다. 이곳에서 보는 프라하 시내 전경은 붉은 지붕들과 수많은 탑들이 모자이크를 이루는데, 그 뾰족탑이 수백이 남는다고 해서 '백탑의 도시'라고 부르기도 했다.

프라하 성 앞에 근위병을 지나 광장으로 가면 많은 관광객이 있다. 그러나 많은 관광객이 너무 많은 아름다운 건축물이 모여 있어 정확히 모르는 경우가 대부분이다. 천천히 여유를 갖고 정확히 알면서 건축물을 본다면 즐거움은 더욱 커질 것이다.

추천 루트

카를 다리 → 네루도바 거리 → 정문 → 흐라드차니 광장 → 근위병 교대식 → 성 비투스 성당 → 구 왕궁 & 성 이르지 성당 → 로젠베르크 궁전 → 황금소로 →달리보르카 탑 → 메트로 A(말로스트란스카Malostranska 역)

흐라드차니 광장(Hradcanske Square)

프라하 성 정문 앞에 위치한 광장으로 광장 왼쪽은 프라하 성 정문이며 오른쪽은 대주교 궁전이 있다. 대주교 궁전은 16세기에 건설한 대주교 관저로 18세기에 로코코 양식으로 개축해 지금에 이르고 있다. 영화 '아마데우스'의 촬영지로 유명하다.

광장 거리가 나오고, 북쪽의 오르막길을 따라가면 로레타 성당Roreta Cathedral이 나온다. 칼과 몽둥이를 들고 있는 거인 조각상이 달린 문을 통과하면 보이는 곳이 대통령 관저인데 입구에 국기가 걸려있다면 현재 대통령이 머무르고 있다는 표시이다.

성 비투스 성당(St. Vitus Cathedral)

프라하에서 가장 크고 중요한 의미를 지니는 성 비투스 성당은 프라하의 상징적인 건물로 1344년 처음 짓기 시작해 약 600여 년의 시간을 거쳐 1902년에 고딕 양식으로 완성되었다. 성당의 본래 이름은 성 투비스St. Vitus, 바츨라프 대성당St. Wencesalas and 성 아달베르크St. Adalbert Cathedral이다.

성당의 규모는 길이 124m, 폭 60m, 천장 높이 33m, 첨탑 높이 100m에 이르며 정문 바로 위를 장식한 지름 10.5m의 장미의 창이 인상적이다. 성당 안쪽은 시대에 따라 다양한 기법의 스테인드글라스로 장식되었는데 그 중 알폰스 무하가 제작한 아르누보 양식의 작품이 가장 유명하다.

성당 지하에는 역대 체코 왕들의 석관 묘가 안치되어 있으며, 본당 주위에는 체코의 수호성인 성 바츨라프를 추모하기 위해 세운 화려한 예배당이 있다. 예배당의 벽면은 보석과 도금으로 장식되었고, 여러 성인들과 성서 속 장면을 그린 그림들이 걸려 있다.

집중탐구 성 비투스 성당

블타바 강 서쪽의 성 구역에 있는 프라하 성 안에 자리하고 있다. 프라하 성 안에 위치한 세인트 비투스 성당은 많은 사람들의 존경을 받는 교회로, 체코 왕국의 왕관 보석과 프라하 대주교의 좌석이 모셔져 있는 곳이다.

프라하 성 안에는 중앙 유럽에서 종교적으로 가장 중요한 곳 중 하나인 성 비투스 성당이 있다. 거대한 성당은 프라하 어디서나 보이는데, 몇몇 첨탑의 높이는 96.5m에 이른다. 성 비투스 성당은 프라하 여행에서 반드시 들려야 할 필수 코스이다. 1344년 이후 성당은 프라하 대주교의 자리가 되어왔다.

본래 건물은 925년에 성 안에서 가장 먼저 지어진 건축물 중 하나였지만 지난 1,000년 동안 계속 공사 중이었다. 신 고딕 양식의 교회는 전쟁과 화재로 인해 수 세기 동안 지연되었다가 1929년까지 완성되지 않았다.

남쪽 입구에 있는 최후의 심판 모자이크는 백만 개가 넘는 돌과 유리로 만들어졌는데 감탄이 절로 나올 정도로 인상적이다. 밑의 석조 아치를 통과하면 성당으로 들어갈 수 있다. 성당은 프라하의 가장 중요한 인물들이 상당수 안치된 곳이다. 왕실 지하실에는 카를 4세를 포함하여 많은 체코 왕실 가족의 석관이 보관되어 있고, 성 바츨라프 예배당은 성인의 무덤 위에 세워져 있다.

구 왕궁 & 성 이르지 성당&수도원 (Church and Convent of St. George)

붉은색 건물에 두 개의 탑이 솟아 있는 이르지 성당은 프라하 성 안에서 2번째로 지어진 성당으로 920년경 처음 지어졌다. 지금의 모습은 1142년 대화재로 소실된 이후 재건된 모습으로 전체적으로 로마네스크 양식을 띠고 있다.
성당 안에는 보헤미아 최초의 성녀이자 성 바츨라프의 할머니인 성 루드밀라의 묘가 안치되어 있다. 성당 바로 옆의 수도원은 973년경 세워진 보헤미아 최초의 수녀원으로 바로크 양식을 띠고 있다.

로젠베르크 궁전(Rosenberg Palace)

로젠베르크 경이 거주를 위해 1545~1574년까지 만든 르네상스 양식의 궁전으로 1600년에 왕실의 재산으로 변경되었다. 1753년 합스부르크 왕가의 마리아 테레지아가 거주지로 사용하기도 했다. 이곳은 미혼의 18세 이상 고아나 24세 이상의 귀족여성이 거주하는 곳이 되었지만 대상이 귀족이었기 때문에 사용자는 극히 적었다. 2007년부터 대중에게 개방되고 있다.

황금소로(Golden Lane)

프라하 성 안쪽에 알록달록한 색상의 작고 아담한 집들이 붙어 있는 좁은 골목길이 바로 황금소로이다. 이곳이 황금소로로 불리게 된 것은 금박 장인들이 모여 살았기 때문이라는 설과 금을 만드는 연금술사들이 여기에 모여 살았다는 설이 있다. 지금은 관광객들을 위한 수제품이나 액세서리 등 기념품을 파는 곳으로 바뀌었다. 거리 한가운데에 있는 파란색의 22번지 집은 프란츠 카프카가 1916년부터 약 1년간 작업실로 쓰던 곳이라고 한다.

달리보르카 탑(Daliborka Tower)

황금소로 골목이 끝나는 곳에서 계단을 내려가면 보이는 둥근 탑이 달리보르카 탑이다. 1496년 지어진 대포 요새의 일부분으로 1781년까지 감옥으로 사용되었다. 탑의 이름은 1498년 수감한 보헤미아의 기사 '달리보르'의 이름을 붙였다. 달리보르카 탑 입구에는 엎드린 사람 위에 해골이 올려있는 특이한 상징물이 자리하고 있으며, 안으로 들어가면 죄수를 물에 담그는데 사용되었던 도르래도 볼 수 있다.

왕실 정원

왕실 정원은 1534년 페르디난트 1세가 오래된 포도농장을 재조성한 정원으로 프라하 성 북쪽에 넓게 펴져 있다. 왕실 정원 가장 안쪽에는 그의 아내를 위해 지은 여름 별궁인 벨베데르가 있다.

관람시간 안내

장소	관람시간
프라하 성	4~10월 | 05:00~24:00 / 11~3월 | 06:00~23:00
구 왕궁 /프라하 성의 역사, 성이르지 성당, 황금소로, 프라하 성 회화 갤러리, 화약탑, 로젠베르크 궁전	4~10월 | 09:00~17:00 / 11~3월 | 09:00~16:00
성 비투스 대성당	4~10월 | 09:00~17:00 / 11~3월 | 09:00~16:00
성 비투스 대성당의 보물관	4~10월 | 10:00~18:00 / 11~3월 | 09:00~176:00
성 비투스 대성당의 남쪽 타워	4~10월 | 09:00~18:00 / 11~3월 | 09:00~17:00
국립갤러리 (프라하 성 기마학교, 제국의 마구간, 테레지안 날개)	10:00~18:00
프라하 성 정원	4 · 10월 | 09:00~18:00 / 5 · 9월 | 10:00~19:00 8월 | 10:00~20:00 / 6 · 7월 | 10:00~21:00 (휴무 11~3월)

관람교통 안내

■ **트램 22 · 23번(가장 보편적인 방법)**

① 여름 궁전과 정원을 보고 성으로 가려면 크랄로프스카 레토흐라데크Kralovsky letohradek 역에서 내린다.(트램 역에서 프라하 성까지는 약 800m 떨어져 있다)

② 언덕의 정상에서 350m 떨어진 프라하 성의 전망을 보며 성으로 가고 싶다면 프라하 성Prazsky Hrad역에서 내린다.

③ 스트라호프 수도원을 보고 프라하 성으로 가고 싶다면 포호제레츠Pohorelec역에 내린다. 트램 역에서 프라사 성까지는 약 950m 떨어져 있다.

■ **메크로 흐라드찬스카Hradcanska역**

역에서 프라하 성까지는 약 1.3㎞로 여름 궁전과 정원 거쳐 프라하 성으로 들어올 수 있다.

■ **메크로 말로스트란스카Malosstranska, 흐라드찬스카Hradcanska역**

프라하 성까지 약 850m 거리로 황금소 쪽으로 접근이 가능하나 오르막이다.
보통 프라하 성을 보고 내려와 돌아갈 때 이용하게 된다.

관람 티켓 안내

■ 프라하성 루트A | **짧은 루트 + 프라하 성 회화 갤러리 + 화약탑 + 로젠베르크 궁전**

요금 : 350kc / 6~16세, 26세 미만 학생, 65세 이상 175Kc,
가족(어른 2명+16세미만 1~5명) 700Kc

■ 프라하성 루트B | **성 비투스 대성당 + 구왕궁 + 성 이르지 성당 + 황금소로**

요금 : 250kc / 6~16세, 26세 미만 학생, 65세 이상 125Kc,
가족(어른 2명+16세미만 1~5명) 500Kc

■ 프라하성 루트C | **성 비투스 대성당 보물관 + 프라하 성 회화 갤러리**

요금 : 350kc / 6~16세, 26세 미만 학생, 65세 이상 175Kc,
가족(어른 2명+16세미만 1~5명) 700Kc

■ **프라하 성의 역사 전시관**

요금 : 140kc / 6~16세, 26세 미만 학생, 65세 이상 70Kc,
가족(어른 2명+16세미만 1~5명) 280Kc

■ **프라하 성 회화 갤러리**

요금 : 150kc / 6~16세, 26세 미만 학생, 65세 이상 80Kc,
가족(어른 2명+16세미만 1~5명) 300Kc

■ **화약탑**

요금 : 70kc / 6~16세, 26세 미만 학생, 65세 이상 40Kc,
가족(어른 2명+16세미만 1~5명) 140Kc

■ **성 비투스 대성당 보물관**

요금 : 300kc / 6~16세, 26세 미만 학생, 65세 이상 150Kc,
가족(어른 2명+16세미만 1~5명) 600Kc

로레타 수도원(LORETA)

프라하 성Praha Castle에서 서쪽에 위치한 말라 스트라나Malá Strana에 있는 로레타Loreta 수도원은 한때 수도자의 보금자리였다. 전통 순례 장소였던 수도원은 정교한 장식으로 꾸며져 있으며 수천 점의 다이아몬드를 소장하고 있다.

지금도 수도원의 기능을 하고 있는 로레타Loreta 수도원은 매력적인 역사를 품고 있는 곳이다. 프라하에 오는 관광객은 프라하 성으로 갈 마음에 바빠서 그냥 지나치는 경우가 많다. 1626년에 지어진 수도원에서 가장 중요한 장소는 성모마리아에게 받쳐진 자애당의 복제품이다. 안에는 6,222개의 다이아몬드로 장식된 보물이 소장되어 있다.

수도원의 4곳만 일반 대중에게 공개되는데, 자비의 성채라고도 알려진 자애당이 가장 유명하다. 작은 건물은 중앙 마당에 지어졌는데 많은 장식을 갖추고 있고, 매주 토, 일요일에는 자애당에서 예배가 열린다.

마당으로 연결된 회랑은 벽화와 예배실로 꾸며져 있는데, 정교한 장식이 인상적인 예수탄생교회도 볼만 하다. 로레타Loreta의 하이라이트라 할 수 있는 1층은 아직 남아 있는 귀중한 가치의 종교적 물품을 볼 수 있다.

수도원에 도착하는 시간이 정시여야 타워 안의 30개 벨이 울리는 소리를 들을 수 있다. 벨은 서로 연결되어 있으며 정시가 되면 벨이 연달아 울리면서 다양한 멜로디 중 하나를 만들어낸다.

주소_ Loretánskě náměsti 7
시간_ 9~12시15분, 13~17시(11~3월은 16시까지)
요금_ 180Kc(학생 150Kc)
전화_ 220-516-740

유대인 지구
Josefov

6개의 인상적인 유대교회당이 우뚝 솟아 있는 유대인 지구는 유대인의 거주지였던 곳으로, 한때 프란츠 카프카가 살았으며 현재, 다양한 콘서트가 열리고 있다. 프라하의 유대인 지구는 역사가 10세기로 거슬러 올라가는 역사적 유산으로 가득한 곳이다.
프라하의 유대인 지구를 요제포프Josefov라고 부르는데 1781년에 유대인 거주자들에게 평등권을 부여하는 법을 반포한 신성로마제국의 황제인 요제프 2세의 이름을 따 온 것이다. 현재, 유대인 관습과 전통을 배울 수 있고, 유명 작가 프란츠 카프카가 돌아다녔던 곳을 직접 가볼 수도 있으며, 나치 시절 파괴되지 않은 이유도 알게 된다.

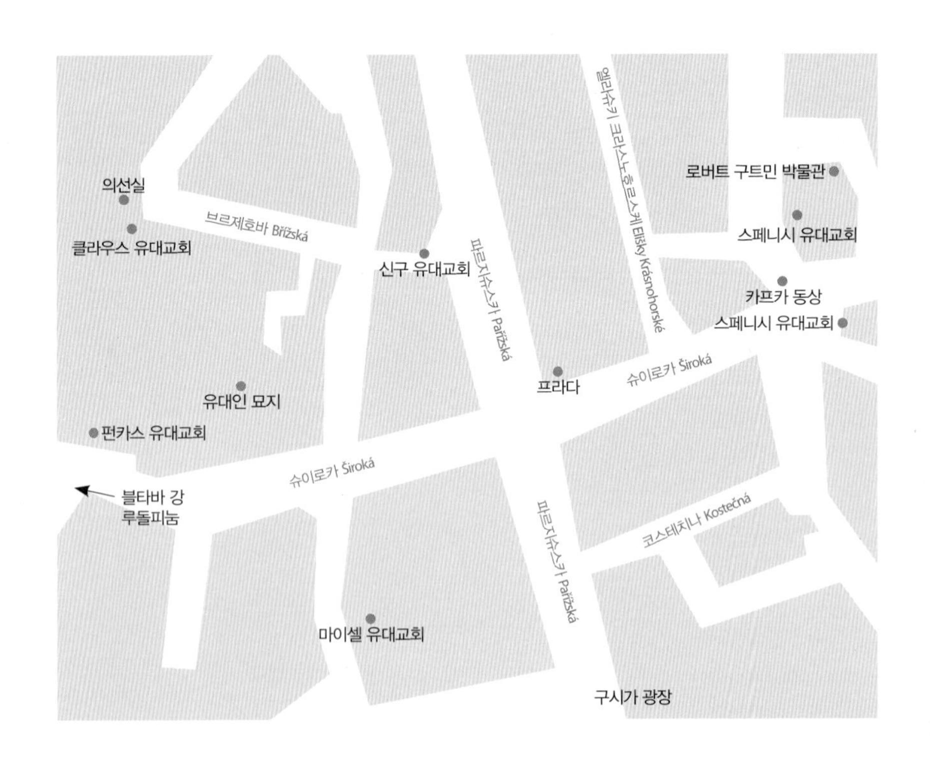

여러 건물은 나치 시절 파괴되지 않고 보존되었는데, 아돌프 히틀러가 '멸종된 민족에 대한 박물관'으로 유지하려 했기 때문이다.

구시가지인 스테어 메스토Stea Mesto가 둘러싸고 있는 유대인 지구Josefov는 집단학살 난민을 위한 유대인 거주지로 시작되었다. 수 세기 동안의 고난을 견뎌냈지만 상당 부분은 20세기 초 프라하 재개발 당시 파괴되었다.

한눈에 유대인 지구 파악하기

유대인 지구Josefov에 가는 것은 많은 이들에게 눈물이 핑 돌게 만드는 특별한 경험이 된다. 유대인 지구Josefov는 규모가 작아서 도보로 이동하면 된다. 가장 중요한 건물의 모습과 전시물은 유대인 박물관에 전시되어 있는데, 6개의 유대교회, 유대인 집회소, 구 유대인 묘지, 이전에 장례식장 이었던 기념홀 등이 있다. 지금은 6개의 유대교회당이 남아있다.
신구 유대교회는 유럽에서 현존하는 가장 오래된 교회이고, 스페인 유대교회는 인기가 많은 콘서트 장소이다.

입장권

유대인 지구의 관광지는 유대인 박물관에서 관리하고 있다. 신구 유대교회를 제외하고 모든 교회는 7일 동안 사용할 수 있는 유대인 박물관 입장권을 구입해야 한다. 프라하 카드를 소유하고 있으면 할인이 적용되고 있다.

유대인 지구(Josefov)

유럽여행을 하면 자주 볼 수 있는 유대인 지구에 대해 잘 모르기 때문에 유대인 지구를 지나치는 경우도 많다. 유럽의 많은 도시에 유대인 지구가 있는 이유는 13세기 로모 제국의 법에 따라 유대인은 기독교 주민과 분리되어 정해진 지역인 게토에서 강제로 모여 살아야 했기 때문이다.

줄 서지 않으려면?

공동묘지와 유대인 지구의 다른 명소들에 입장할 수 있는 티켓을 사기 위해 줄을 서는 불편을 피하려면 근처의 마이셀 유대교회Maiselov Synagógá에서 여러 유대인 박물관 티켓을 할인가로 구입하면 된다.

1. 유대인 박물관권(350Kc / 학생 250Kc)

스페니시 유대교회, 구트만 박물관, 핀카스 유대교회, 유대인 묘지, 마이셀 유대교회, 클라우스 유대교회, 의전실 입장 가능

2. 신구 유대교회 포함 연합권(530Kc / 학생 360Kc)

유대인 박물관권 입장 가능한 곳과 신구 유대교회 입장 가능

3. 신구 유대교회 입장권(230Kc / 학생 150Kc)

주의

남자들은 키파Kippah라는 모자를 쓰고 입장해야 한다. 다행히 유대교회 입구에서 부직포의 키파Kippah를 빌려준다.

신 · 구 유대교회
Staronová Synagógá

유대교회를 '시나고그Synagógá'라고 부르는데 유럽에서 가장 오래된 1270년에 건립된 신 · 구 유대교회는 지금까지 예배를 볼 수 있는 곳이다. 16세기에 지어진 구 유대교회에 덧붙여, 신 유대교회가 건축되어 신 · 구 유대교회라고 부르고 있다. 톱날 모양의 지붕이 특징인 신 구 유대교회는 본당에 15세기에 만든 설교단과 팔각기둥 2개 다비드의 별이 그려진 붉은 문장기가 있다. 프라하에서 유명한 관광지이므로 관광객이 적은 오전에 일찍 찾는 것이 편리하다.

골렘(Golem)

진흙으로 빚은 인조인간인 골렘(Golem)이야기는 프랑켄슈타인의 원조로 알려져 있다. 16세기에 신비한 능력의 랍비(유대교회의 율법교사), 로우(Loew)는 골렘(Golem)을 빚는다. 골렘(Golem)의 입 안에 생명을 불어넣어주는 주문이 적힌 당나귀 가죽을 넣어주자 골렘은 주인의 지시대로 일을 했다. 하지만 불완전한 골렘(Golem)은 나중에 유대인 지구를 파괴하고 미쳐가면서 생명을 불어넣어 주는 부적은 떼어버린 후에 신 · 구 유대교회에 묻어버렸다고 전해진다.

주소_ Maiselova 18
시간_ 9~18시(겨울 16시30분까지)
요금_ 230Kc / 학생 150Kc

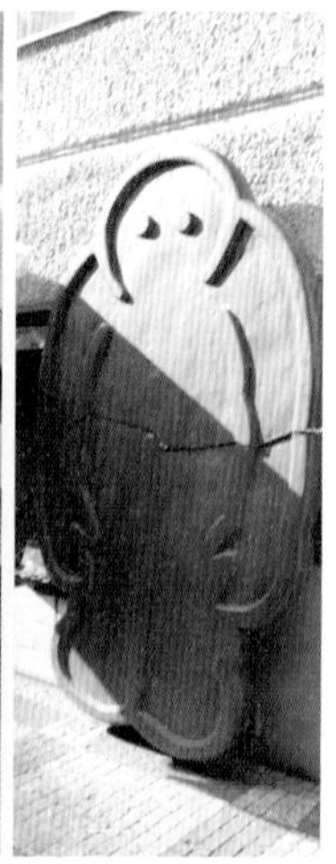

박물관으로 사용 중인 유대교회

클라우스 유대교회
Klausová Synagógá

가장 큰 유대교회로 17세기 화재이후 지어진 건물이다. 현재 유대인 박물관으로 사용하고 있다. 유대인의 종교와 전통, 문화, 생활습관 등을 보여주는 유물을 전시하고 있다.

주소_ U Stareho Hrbitova 243/3A
전화_ +420-221-711-511

마이셀 유대교회
aiselova Synagógá

유대인의 지위향상을 위해 노력한 인물의 이름을 따서 16세기에 지어진 르네상스 양식의 교회이다. 18세기까지의 유대인 역사와 유물, 금은 세공품 등을 전시하고 박물관으로 사용 중이다.

주소_ Maiselova 10
전화_ +420-222-749-211

스페인 유대교회
Spanelská Synagógá

입구부터 화려한 금빛의 내부와 스테인드글라스가 시선을 사로잡기 때문에 유대교회 중에서 가장 인기가 높은 곳이다. 1868년에 건설된 스페인 유대교회는 특이하게 스페인 안달루시아 지방의 무어양식Moorish Style으로 지어졌다.
내부는 이슬람 사원에서 볼 수 있는 아라베스크 문양으로 화려하게 장식되도록 공을 들여 1893년에야 완성되었다. 여름마다 다양한 콘서트가 열리는 곳이다.

주소_ Vezenska 141/1
전화_ +420-222-749-211

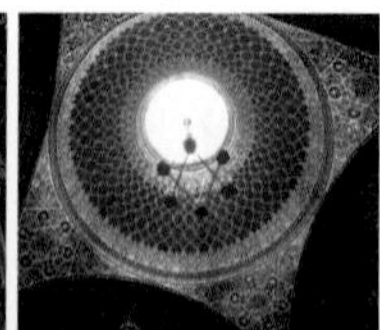
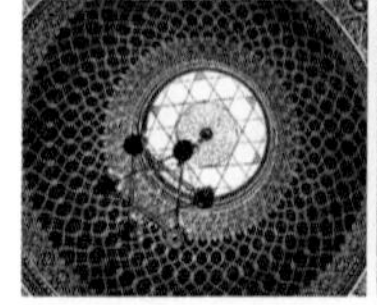

핀카스 유대교회
Pinkasová Synagógá

프라하에 있는 유대교회Synagógá에서 2번째로 오래된 교회로 2차 세계대전에서 나치에 의해 학살당한 체코계 유대인들을 추모하기 위해 재건된 교회이다.
내부에는 나치에 의해 테레진Terezin 강제수용소에 수감되어 생체실험으로 비참하게 죽은 77,297명의 희생자 이름과 사망 날짜가 새겨져 있다. 테레지엔 슈타트 수용소에서 1942~1944년까지 수감된 어린이들이 그린 4,500여 점의 그림을 볼 수 있다.

주소_ U stareho hrbitova 243/3a 110 00
전화_ +420-222-749-211

벽면과 그림을 보자

핀카스 유대교회의 벽면에는 홀로코스트로 희생된 77,297명의 희생자 이름과 사망 날짜가 새겨져 있다. 희생된 이름들이 남긴 벽화는 슬픔으로 다가온다. 2층에는 수용소의 어린이들이 남긴 그림이 전시되어 있는데 아이들의 슬픔이 안타깝다.

유대인 묘지
Starý Židovský Hřbitov

오래된 묘비들이 가득한 옛 유대인 묘지에는 프라하에 살았던 유대인들의 거칠고 고단했던 삶을 엿볼 수 있다. 구 유대인 묘지는 유럽에서 가장 오래된 묘지 중 하나인데, 수천 개에 이르는 묘비를 둘러보면서 유대인의 매장 문화를 이해하는 계기가 된다.

1787년까지 300여 년 동안 당시 프라하에 거주했던 모든 유대인은 유대인 공동묘지에 묻혔다고 한다. 유대인 법에서는 무덤을 없애는 것이 금지되고 공동묘지가 유대인에게 당시의 유일한 묘지였기 때문에 많은 무덤들이 사실상 옛날 무덤 위에 지어진 것이다. 약 12,000개의 묘비가 뒤섞여 있는 것은 몇몇 곳에 시체가 최대 12개까지 묻혀 있기 때문에 가능했다.

묘지가 폐쇄된 이후 신 유대인 묘지가 조성되었고 체코의 유대계 작가인 프란츠 카프카도 신 유대인 묘지에 묻혀있다. 공동묘지에서 가장 오래된 무덤은 시인, 아비그도르 카라의 무덤이고, 가장 유명한 사람으로는 랍비 로에프 벤 베자렐이 있다.

나의 느낌!!

유대인 공동묘지를 들어갈 때는 나치의 유대인 대학살에 희생된 당시 프라하 유대인들의 영혼을 기리는 곳인 핀카스 유대교회(Pinkasová Synagógá)를 통해 들어가는데, 이곳을 보면 마음이 뭉클해진다. 지금도 계속되는 프라하 유대인들의 고단한 삶을 잘 보여주고 있다.

그늘진 숲을 천천히 걸으면서 희생된 수많은 사람들에 대해 잠시 생각해 보는 계기가 된다. 15세기 정신적 지도자였던 랍비 로에프 벤 베자렐의 무덤 주위에는 유대인 방문객들이 소망을 적어 남겨놓은 작은 쪽지들을 볼 수 있다. 랍비가 자신들의 소망을 이루어줄 것이라고 믿고 있기 때문에 적어 놓은 것들이다.

카페 임페리얼
Café imperial

구지가지 호텔거리에 위치한 임페리얼 호텔 내에 있는 미슐랭 레스토랑. 높은 천장과 기둥을 채우고 있는 정교한 세라믹 인테리어에 감탄이 나올 것이다.
메뉴는 체코 음식을 기본으로 하며 대부분의 요리나 디저트가 호평이지만, 어니언 수프가 맛있는 것으로 칭찬이 자자하다. 프라하를 방문하는 관광객의 필수 코스 같은 식당으로 성수기의 식사 시간대는 필히 예약해야 한다.

홈페이지_ www.cafeimperial.cz
주소_ Na Poříčí 1072/15, 110 00 Petrská čtvrť
위치_ 트램 Masarykovo nadrazi 하차 후 도보 2분
요금_ 커피류 59kc~ / 어니언수프 115kc
메인요리 325kc~
시간_ 07:00~23:00
전화_ 420-246-011-440

피제리아 지오반니
Ristorance·Pizzeria Giovanni

구시가지 안쪽의 좁은 골목길에 위치해 있지만 체코 피자대회에서 1등을 차지한 피자 맛집. 현지인과 서양인 관광객들이 좋아하는 이탈리아 음식점이다. 직접 반죽하고 화덕에서 굽는 쫀득하고 촉촉한 피자 도우가 일품인 곳. 모든 피자 메뉴가 맛있는 것으로 호평이지만, 무엇을 고를지 고민이 될 때는 시그니처 메뉴인 지오반니를 시켜도 좋다.

홈페이지_ www.giovanni-praha.com
주소_ Kožná 481/11, 110 00 Staré Město, 체코
위치_ 프라하 천문시계에서 Zlelzna 골목으로 진입 후 도보 2분
요금_ 지오반니 270kc
시간_ 09:00~24:00
전화_ 420-221-632-605

믈레니체 1호점
Restaurace Mlejnice

양 많고 맛있는 꼴레뇨가 유명한 현지 맛집. 립이나 감자요리, 굴라쉬도 맛있는 것으로 호평이다. 구시가 광장에 1호점이 있고 프라하 성 방향으로 가는 쪽에 규모가 좀 더 큰 2호점이 있다.
웨이팅 없이 편한 자리에 앉고 싶다면 예약 후 방문하는 것이 좀 더 좋으며, 늦은 시간에 방문하면 인기 메뉴도 품절일 수 있음을 알아야 한다.

홈페이지_ www.restaurace-mlejnice.cz
주소_ Kožná 488/14, 110 00 Staré Město
위치_ 천문시계에서 도보 3분
요금_ 스타터 69~254kc / 메인메뉴 174~654kc
시간_ 11:00~23:00
전화_ 420-224-229-635

카를교 인근 EATING

믈리넥
Mlynec

까를교 바로 옆에 있는 식당으로, 테라스 자리에서는 까를교 밑으로 유유히 흐르는 블타바 강을 감상하며 식사할 수 있다. 현지인들은 각종 기념일에 방문하며, 세계 여러 나라의 관광객들도 여행 중 분위기 좋은 식사를 경험하고 싶을 때 방문하는 곳이다. 오리고기, 소고기, 양고기 요리가 맛있으므로 메인 요리 중 하나로 시키는 게 좋다.

홈페이지_ www.mlynec.cz
주소_ Novotného lávka 9, 110 00 Staré Město
위치_ 까를교 인근
요금_ 스타터 295kc~ / 메인메뉴 495kc~
시간_ 11:30~14:00, 17:00~22:30
전화_ 420-277-000-777

캄파파크
Kampa Park

아름다운 까를교 야경을 적당히 먼 곳에서 감상하며 식사할 수 있는 곳으로 유명한 식당. 은은하게 불을 밝히는 조명과 분위기 넘치는 까를교 야경을 보면 재방문 의사가 저절로 생길 것이다.
디너 타임에 까를교가 보이는 테라스 자리에 앉고 싶다면 2주 전에는 예약해야 안전하다. 추천 메뉴는 해산물 요리와 양고기 요리이다.

홈페이지_ www.kampagroup.com
주소_ Na Kampě 8b, 118 00 Malá Strana
위치_ 까를교 반대편 인근
요금_ 스타터 395kc~ / 메인메뉴 845kc~
시간_ 11:30~16:00, 18:00~22:30
전화_ 420-296-826-112

레스토랑 히베르니아
Restaurace Hybernia

화약탑 인근에 있는 음식점으로 한국인에게는 꼬치구이 맛집으로 알려졌다. 내부는 꽤 넓지만 현지인 관광객 할 것 없이 인기가 있기 때문에 식사 시간을 피해 가거나, 저녁 시간에는 이른 시간에 방문하는 것이 좋다.

꼬치구이는 소고기, 돼지고기, 닭고기 꼬치가 있다. 어느 고기를 선택해도 좋고, 함께 나오는 소스도 맛있어 재방문 의사가 높은 곳. 허니윙도 인기있다.

홈페이지_ www.kampagroup.com
주소_ Na Kampě 8b, 118 00 Malá Strana
위치_ 까를교 반대편 인근
요금_ 스타터 395kc~ / 메인메뉴 845kc~
시간_ 11:30~16:00, 18:00~22:30
전화_ 420-296-826-112

브레도브스키 드부르
Restaurace bredovsky dvur

바츨라프 광장 인근에 위치한 돼지고기 요리 필스너 우르켈 맛집이자 진짜 꼴레뇨 맛집. 간판에는 레스토런스Restaurace만 달려있다. 다른 꼴레뇨 맛집들은 평이 다소 갈리지만, 브레도브스키 드부르의 꼴레뇨는 한국인 입맛에 꼭 맞는데다 2인이 배부르게 먹을 정도로 양이 푸짐하다. 한국어 메뉴판이 구비돼있으므로 주문 시 꼭 요청할 것.

홈페이지_ www.restauracebredovskydvur.cz
주소_ Politických vězňů 935/13, 110 00 Nové Město
위치_ 칸티나에서 도보 1분
요금_ 꼴레뇨 329kc
시간_ 월~토 11:00~24:00 / 일 11:00~23:00
전화_ 420-224-215-427

조지 프라임 버거
George Prime Burger

바츨라프 광장 인근에 있는 수제 햄버거 가게로 현지인들이 자주 찾는 햄버거 맛집이다. 스테이크 맛집으로 알려진 조지 프라임 스테이크에서 쓰는 고기를 사용한다. 주문 시 패티와 빵의 굽기 정도를 물어보며, 두껍고 양 많은데다 질 좋은 패티맛을 보는 순간 재방문 의사가 저절로 생긴다.

홈페이지_ www.georgeprimeburger.com
주소_ Vodičkova 32, 110 00, 110 00 Nové Město
위치_ 트램 Václavské náměstí에서 도보 2분
요금_ 버거류 195kc~
시간_ 11:00~23:00
전화_ 420-222-946-173

칸티나
Kantýna

정육점을 함께 운영하는 정육식당으로 스테이크 맛집으로 소문났다. 입구 정육점에서 고기를 주문한 후 레스토랑으로 들어가 음료를 주문한다. 결제는 종이 카드에 주문 메뉴를 체크한 후 후불로 결제하는 방식. 주문이 끝나면 뼈다귀 번호표를 준다. 한국인들은 티본이나 타르타르를 시키지만, 안심이나 어깨 부위도 맛있는 것으로 유명하다. 늦은 시간에 방문하면 맛있는 부위가 소진되므로 조금 일찍 방문해 다양한 선택의 폭을 느껴보자.

홈페이지_ www.kantyna.ambi.cz
주소_ Politických vězňů 5, 110 00 Nové Město
위치_ 알폰스 무하 박물관에서 도보 2분
요금_ 기류(100g) 99kc~
시간_ 11:30~23:00
전화_ 000-000-000-000

비셰흐라드 EATING

우 크로카
U Kroka

현지인들이 사랑하는 체코 전통 음식점. 시내가 조금 멀지만 야경이 예쁜 비셰흐라드와 가깝다. 일몰을 감상한 후 식사를 마치고 나와 야경을 감상하면 프라하에서의 최고의 하루가 될 것. 평일 11시~15시는 예약 불가 시간대로 매일 바뀌는 데일리 메뉴를 판매하고, 그 이후와 주말에는 고정 메뉴를 판매한다. 추천메뉴는 체코 전통음식이나 오리 · 토끼고기 요리이며, 저녁 시간은 웨이팅이 기본이므로 예약을 추천한다.

홈페이지_ www.ukroka.cz
주소_ Vratislavova 28/12, 128 00 Praha 2
위치_ 트램 Výtoň에서 도보 3분
요금_ 스타터 125kc~ / 메인메뉴 225kc~
시간_ 11:00~23:00
전화_ 420-775-905-022

크레페리 우 카제타나
creperie u kajetana
(Waffle Point U Kajetana)

이 곳의 뜨르들로를 한번 먹어본다면 다른 곳은 쳐다보지도 않는다고 할 정도로 따뜻하고 맛있는 뜨르들로를 구워내는 집. 뜨르들로 뿐만 아니라 브런치와 간단한 음식, 케이크나 크레페 같은 디저트 등도 판매한다.

모든 메뉴가 맛이 괜찮은데다 저렴하기까지 해 재방문률이 높은 곳. 뜨르들로는 기본맛과 누텔라맛 두 개는 꼭 먹어봐야 한다.

홈페이지_ www.mls-bistros.cz
주소_ Nerudova 248/17, 118 00 Malá Strana
위치_ 트램 Dlouhá třída에서 도보 4분
요금_ 뜨르들로 60kc
시간_ 월~토 11:00~25:00 / 일 11:00~24:00
전화_ 420-773-011-031

SLEEPING

호텔 킹스 코트 프라하
hotel kings court prague

구시가지 중심부에 위치한 5성급 호텔. 관광 및 쇼핑에 적절한 위치와 친절한 직원, 내부가 깔끔하고 맛있는 조식, 넓고 편안한 침구까지 흠 잡을 데 없는 호텔로 유명하다. 어르신 동반 여행객, 아이 동반 여행객, 신혼여행까지 모든 유형의 여행객이 매우 만족하는 곳으로, 대부분 고객의 후기에 재방문 의사와 추천 의사가 넘치는 곳이다.

주소_ U Obecního domu 660/3, 110 00 Staré Město
요금_ 더블룸 3,100Kc~
전화_ 420-224-222-888

골든 웰 호텔
Golden well hotel

프라하 성 근처에 위치한 5성급 호텔. 고급스러운 체코 전통 양식으로 꾸며 클래식한 우아함이 넘친다.
말라스트라나 지구 골목 안에 숨겨져있어 관광객이 넘쳐나는 프라하에서 조용하고 한적하게 지낼 수 있는 최적의 장소. 세계 여러나라의 장관급 공무원이나 허니무너들이 머문다. 2016년 유럽의 럭셔리한 호텔 3위를 차지했던 곳으로, 루프탑 레스토랑에서 프라하 전경을 감상하며 먹는 맛있는 조식은 덤이다.

주소_ U Zlaté studně 166/4, Malá Strana, 118 01 Praha 1
요금_ 더블룸 4,800Kc~
전화_ 420-257-011-213

샤토 므첼리
Chateau Mcely

프라하에서 약 1시간 가량 떨어진 근교에 위치한 5성급 고성 호텔. 기품있고 고급스러운 호텔과 정원, 외관보다 더 우아하고 앤틱한 호텔 내부와 객실 분위기는 고전 유럽 영화 속으로 들어간 듯한 느낌을 받을 수 있을 것이다.

아이들과 함께 가족 여행을 즐기거나, 인생에 단 한번뿐인 허니문을 완벽한 기억으로 남겨줄 호텔. 투숙 가격은 조금 높지만 인생에 다시 없을 특별한 추억을 만들고 싶은 이에게 추천한다.

주소_ Mcely 61, 289 36 Mcely
요금_ 더블룸 5,800Kc~
전화_ 420-325-600-000

호텔 그란디움 프라하
Hotel Grandium Prague

프라하 중앙역에서 가까운데다 합리적인 가격을 자랑하는 가성비 호텔로 한국인에게 인기 많은 곳. 이르거나 밤늦은 시각에 열차를 타야하면서도 적정한 수준의 호텔을 찾는 여행객에게 추천한다.

친절한 직원, 청결하고 안락한 룸, 가짓수도 많고 맛있는 조식으로 칭찬받는 곳이지만, 조식 메뉴가 거의 바뀌지 않아 사흘 이상 머문다면 다소 지겨울 수 있을 것이다.

주소_ Politických vězňů 913/12, 110 00 Nové Město
요금_ 더블룸 2,700Kc~
전화_ 420-234-100-100

마메종 리버사이드 호텔 프라하
Mamaison Riverside Hotel Prague

시내와 조금 거리가 있는 덕에 저렴한 가격에 이용할 수 있는 가성비 좋은 호텔. 객실에서 블타바 강의 아름다운 야경을 조망할 수 있으며, 관광객이 많이 다니지 않는 곳이기 때문에 한적하고 조용한 분위기에서 휴식을 즐길 수 있다.

조금 낡았지만 깔끔하고 깨끗하게 관리되는 호텔과 친절한 직원, 넓은 객실이 호평인 곳.

주소_ Janáčkovo nábř. 1115/15, 150 00 Praha 5-Anděl
요금_ 더블룸 2,500Kc~
전화_ 420-225-994-611

호텔 살바토르
hotel salvator

팔라디움 백화점 바로 뒤편에 위치한 호텔로 저렴한 가격이 최고의 장점인 호텔. 다소 오래된 감이 있지만 넓고 깨끗한 방과 친절한 직원들의 서비스가 매력적인 곳으로 추천한다. 호텔에서 운영하는 스페인식 레스토랑 La boca도 맛집이므로 멀리 가지 않고 끼니를 해결하고 싶을 때 좋다.

주소_ Truhlářská 1114/10, 110 00 Petrská čtvrť
요금_ 더블룸 2,100Kc~
전화_ 420-222-312-234

이비스 프라하 올드타운
ibis Praha Old Town

저렴한 가격에 평균적인 서비스를 찾을 때 이비스만큼 합리적인 곳을 찾을 수 있을까. 프라하에 있는 이비스는 지하철과 트램이 가까운 곳에 위치해있어 관광하기 좋으며, 인근에 백화점과 쇼핑몰, 마트도 있어 편리하게 이용할 수 있다.
다만 호텔이라고 하기에 다소 컴팩트한 사이즈의 룸 크기를 고려한 후 예약해야 한다.

주소_ Na Poříčí 1076/5, 110 00 Petrská čtvrť
요금_ 더블룸 1,900Kc~
전화_ 420-266-000-999

보텔 마틸다
Botel Matylda

프라하에서의 특별한 기억을 남길 수 있는 특이한 보트 호텔이다. 창문 밖으로 블타바 강과 프라하 성의 아름다운 야경을 감상할 수 있으며, 눈앞에서 유유히 헤엄치는 백조를 보는 경험을 할 수 있다.
생각보다 흔들리는 느낌도 없고, 프라하 유명 관광지로 바로 가는 트램이 있어 교통편이 좋다. 친절한 직원들과 맛있는 조식에도 만족할 수 있을 것이다.

주소_ Masarykovo nábřeží, Nové Město, 110 00 Praha 1
요금_ 더블룸 2,500Kc~
전화_ 420-222-511-826

소피스 호스텔
Sophie's Hostel

깨끗함과 청결함이 최고의 장점인 호스텔로 알려져 있다. 몇 명이 캐리어를 펼쳐도 남는 널찍한 방에는 큰 캐리어도 손쉽게 넣을 수 있는 대형 개인 사물함과 개인 콘센트 · 라이트가 갖춰져 있다.
관광지와 매우 가까운 편은 아니지만 트램과 지하철이 가까워 이동하기 쉽다. 친절하게 대응하는 스텝과 깔끔한 관리로 다시 찾는 여행자가 많다.

주소_ Melounova 2, 120 00 Nové Město
요금_ 도미토리 580Kc~
전화_ 420-210-011-300

미트미23
meetme23

프라하에서 돌길로 힘들게 캐리어를 운반하는 관광객을 구원하는 중앙역 앞 호스텔이다. 다른 호스텔보다 조금 가격이 있지만, 호텔정도의 시설을 자랑하는 신축 호스텔로 깨끗하고 깔끔한 시설이 최고의 장점이다. 숙박 일수에 따라 수건을 제공하며 도미토리룸 각 객실마다 샤워실이 비치돼있어 편리하다.

주소_ Washingtonova 1568/23, 110 00 Nové Město
요금_ 도미토리 680Kc~
전화_ 420-601-023-023

모자이크 하우스
Mosaic House

지하철과 트램이 가까운 호스텔로 가격 대비 굉장히 깨끗하고 깔끔하게 운영돼 많은 여행자들의 발길을 끈다. 도미토리도 넓은 편에 파티션으로 나눠져 있어 쾌적하고 편하게 이용할 수 있어 인기가 높다. 1층에서 라운지 바와 클럽을 운영해 작은 소음이 있지만, 본인이 소음에 매우 민감하다면 추천하지 않는다.

주소_ Odborů 278/4, 120 00 Nové Město
요금_ 도미토리 430Kc~
전화_ 420-277-016-880

찰스 브리지 이코노믹 호스텔
Chars Bridge Economic Houstel

까를교 바로 앞에 위치한 호스텔로 위치가 좋고 저렴한 가격으로 한국인에게 인기 많은 호스텔이다. 도미토리 침대는 90%가 1층으로 돼있어 이용이 편리하며, 공간도 널찍한 편에, 샤워실 겸 화장실도 방마다 붙어있어 쾌적하게 이용할 수 있다. 직원도 친절한데다 물과 커피, 핫 초코까지 무료로 제공돼 만족도가 높다.

주소_ Mostecká 53/4, 118 00 Malá Strana
요금_ 도미토리 430Kc~
전화_ 420-606-155-373

느끼할 때, 찾아갈 아시아 음식

주방(Zubang)

개장한지 얼마 안됐지만 불맛 나는 얼큰한 짬뽕으로 단시간에 유명해진 한국식 중화요리 식당. 상당히 고급스럽고 깔끔한 내부 인테리어도 분위기가 좋다. 무조건 짜거나 질긴 고기밖에 없는 프라하 음식에 질렸을 때, 적당히 짜고 맛있게 매운 면 요리를 먹고 싶은 여행객에게 추천하는 곳. 카페와 함께 운영하며 식사 후에 커피를 제공한다.

홈페이지_ zubang-korejska-kuchyne.business.site
주소_ V Kotcích 522/5, 110 00 Staré Město **위치_** 하벨시장에서 도보 2분
요금_ 짬뽕류 290kc~ **시간_** 월~금 11:30~16:00, 17:00~22:00 / 토,일 11:30~22:00
전화_ 420-222-231-787

밥리제(Bab rýže)

기름진 프라하 음식에 질렸을 때 방문하기 좋은 한식당. 간판에 사용된 아기자기한 한글 폰트에 한번 웃고, 한국 본토 음식점에 견주어도 아깝지 않은 훌륭한 음식 맛에 두 번 웃는 음식점이다.
담백한 음식부터 매콤한 음식까지 대부분의 메뉴가 호평인 곳으로 한국 음식이 절절히 생각날 때 반드시 방문해볼 것. 언제나 한국인들로 붐비기 때문에 예약을 추천한다.

홈페이지_ www.facebook.com/babryze1
주소_ Náplavní 1501/8, 120 00 Nové Město
위치_ 트램 Jiráskovo náměstí 하차 후 도보 3분
요금_ 메인메뉴 289kc~
시간_ 월~토 11:00~22:00 / 일요일 휴무
전화_ 420-774-770-305

리멤버 비엣나미스 푸드(Remember vietnamese food)

체코는 공산주의 체제 붕괴 후 이민 · 정착한 베트남인이 많아 베트남 음식점이 많다. 리멤버 비엣나미스 푸드도 이러한 과거 산물의 하나지만, 프라하의 육류 식단에 지쳤을 때 방문하기 딱 좋은 베트남 음식점이다.
베트남인이 운영하여 베트남 현지에서 먹는 것과 크게 다르지 않고, 대부분의 메뉴가 한국인 입맛에 잘 맞아 조금씩 입소문 타고 있는 곳이다.

홈페이지_ remembervietnam.cz
주소_ Biskupská 1753/5, 110 00 Petrská čtvrť
위치_ 램 Bila labut 하차 후 도보 2분
요금_ 스프링롤 79kc / 쌀국수류 129~139kc
시간_ 월~금 10:30~21:30 / 토,일 12:00~21:30
전화_ 420-602-889-089

프라하의 대표적인 카페 Best 10

카페 사보이(Caf Savoy)

1893년부터 영업을 시작한 프라하의 대표 카페. 높은 천장에 꾸며진 아름다운 장식과 각양각색의 디저트가 여행자의 눈을 사로잡는다. 커피 한잔에 디저트 뿐만 아니라 식사도 할 수 있는 곳으로, 성수기 식사 시간에 방문할 예정이라면 예약하고 가는 것이 좋다. 대부분의 메뉴가 호평이지만 브런치 메뉴와 직접 굽는 페이스트리류가 가장 유명하다.

홈페이지_ cafesavoy.ambi.cz
주소_ Vítězná 124/5, 150 00 Malá Strana
위치_ 트램 Ujezd 하차 후 블타바 강 방향으로 도보 2분
요금_ 커피류 68~148kc / 브런치 198~285kc
시간_ 월-금 08:00~22:30 / 토,일 09:00~22:30
전화_ 420-731-136-144

카페 슬라비아(Caf Slavia / Kavarna Slavia)

통유리 창으로 프라하 성과 블타바 강변이 보이는 카페. 1884년 문을 연 이래로 체코의 지식인들과 독일 시인 릴케, 체코 전 대통령 하벨 등 유명인들의 발길이 끊이지 않았던 곳이다. 체코의 디저트인 팔라친키가 유명한 카페로, 평화로운 구시가지 풍경을 보며 시원하고 달달한 아이스크림이 올려진 팔라친키를 음미해 보자.

홈페이지_ www.cafeslavia.cz
주소_ Smetanovo nábř. 1012/2, 110 00 Staré Město
위치_ 트램 Narodni divadlo 하차 후 국립극장 맞은편
요금_ 팔라친키 129kc(메뉴판에는 sweet crepes로 써있음)
시간_ 월~금 08:00~24:00 / 토,일 09:00~24:00
전화_ 420-224-218-493

카페 루브르(Caf Louvre)

1902년에 오픈하였으며 아인슈타인, 카프카의 휴식처로 유명한 곳. 카페와 레스토랑으로 나누어져있으며, 음식보단 케이크류가 더 호평이다. 브레이크 타임 없이 아침부터 밤까지 운영하여 언제든 편하게 방문 할 수 있지만, 현지인과 관광객으로 항상 붐비는 곳이기 때문에 식사시간을 피해 방문해보자.

홈페이지_ www.cafelouvre.cz
주소_ Národní 22, 110 00 Nové Město
위치_ 트램 Narodni trida 하차 후 Narodni대로 방향으로 도보 2분
요금_ 케이크류 69~149kc
시간_ 월~금 08:00~23:30 / 토,일 09:00~23:30
전화_ 420-224-930-949

카페 모차르트(Caf mozart)

구시가지 광장의 천문 시계탑 맞은편에 위치한 복층 카페. 2층 창가자리에서 천문시계탑의 회전 인형을 정면에서 볼 수 있는 카페로 유명하다. 식사시간의 창가자리는 이미 예약된 경우가 많기 때문에 식사시간을 피해 매시 정각 전후로 들어간다면 창가자리에 앉을 수 있을 것. 음료는 스틱에 꽂힌 초코를 우유에 녹여먹는 핫초코가 유명하다.

홈페이지_ www.cafemozart.cz
주소_ Staroměstské nám. 481/22, 110 00 Staré Město
위치_ 프라하 천문시계 맞은편 **요금_** 핫초콜릿 89kc
시간_ 07:00~22:00 **전화_** 420-221-632-520

그랜드 카페 오리엔트(Grand Caf Orient)

체코 최초의 큐비즘(입체주의) 카페. 건물 형태가 미미한 오각형 모양에다 창문도 엎어놓은 사다리꼴 모양이기 때문에 훨씬 입체적인 느낌이다. 1층은 큐비즘 기념품샵, 2층은 카페, 3 · 4층은 큐비즘 전시관으로 볼거리와 먹을거리가 한데 있다. 관광객들이 많이 찾는 카페기 때문에 식사시간을 피해 브런치를 즐기거나, 출출한 낮 시간에 커피 한잔과 케이크를 즐겨보자.

홈페이지_ www.grandcafeorient.cz
주소_ Ovocný trh 19, 110 00 Staré Město
위치_ 화약탑에서 블타바강가 방향으로 도보 2분
시간_ 월~금 09:00~22:00 / 토,일 10:00~22:00
요금_ 브런치 60~250kc / 케이크류 45~125kc
커피류 49~105kc
전화_ 420-224-224-240

프라하 성 스타벅스(Starvucks)

스타벅스 전 세계 지점 중 가장 아름다운 전망을 가지고 있을 것이라 칭송받는 프라하 최고의 전망 카페. 테라스 자리는 주황색 지붕의 프라하 구시가지를 파노라마뷰로 즐길 수 있으며 인증사진 찍기도 좋다.
인기가 매우 많은 곳으로 한 자리 차지하고 여유롭게 즐기고 싶다면 아침 일찍 방문할 것을 추천한다.

홈페이지_ www.starbuckscoffee.czz
주소_ Pražský Hrad, Kajetánka, Hradčanské nám.,
118 00 Malá Strana
위치_ 프라하 성 인근 **시간_** 09:00~21:00
요금_ 커피류 59kc~ **전화_** 420-235-013-536

카페 콜로레(Cafe colore)

관광객이 넘쳐나는 프라하의 카페들 중 현지인들의 조용한 휴식처가 되는 카페. 내부의 붉은색 인테리어는 따뜻하고 편안한 분위기가 느껴진다. 오스트리아의 대표 커피 브랜드인 율리어스 마이늘 커피를 사용하며 대부분의 케이크가 호평인 식당. 늦은 시간에 방문하면 케이크는 구경도 못해보는 참사가 발생할 수 있음을 알아두면 좋다.

홈페이지_ www.cafecolore.cz
주소_ Palackého 740/1, 110 00 Nové Město **위치_** 트램 Narodni trida 하차 후 바츨라프 광장 방향으로 도보 5분
시간_ 월~금 08:00~22:00 / 토,일 09:00~22:00 **요금_** 커피류 48~96kc / 케이크류 140kc~
전화_ 420-222-518-816

트리카페(Tricafe)

까를교 인근의 뒷골목에 위치한 카페로 간판이 없다. 크림톤 건물에 흰색 창틀을 찾다보면 발견하게 될 것. 깔끔한 커피맛과 촉촉한 홈메이드 케이크가 여행자의 입맛을 사로잡고, 가정집을 개조한 화이트톤 인테리어는 안정감을 선사한다. 특히 창가자리에서 유럽 감성 풀풀 나는 인생샷을 찍을 수 있는 것으로 소문난 곳이다.

홈페이지_ www.tricafepraha.com
주소_ Anenská 3, 110 00 Staré Město
위치_ 까를교에서 Anenska 골목으로 진입 후 도보 2분
시간_ 10:00~18:00
요금_ 커피류 49~149kc / 케이크류 109kc~
전화_ 420-222-210-326

원십커피(Onesip coffee)

현지인들에게 커피가 맛있는 곳을 물어본다면 단연 1위로 꼽는 현지인 유명 카페. 주말에는 프라하 곳곳에서 팝업스토어를 운영한다. 내부는 세네명 정도만 앉을 수 있는 규모로 대부분이 테이크아웃으로 이용한다. 거품이 훌륭한 곳으로 카푸치노나 카페라떼를 좋아한다면 꼭 방문해 볼 것. 커피맛을 아는 사람이라면 무조건 한번 더 찾아간다고 한다.

홈페이지_ www.onesip.coffee **주소_** Haštalská 755 15, 110 00 Praha 1 - Staré město-Staré Město
위치_ 트램 Dlouha trida 하차 후 도보 약 3분 **시간_** 월~금 09:00~18:00 / 일 10:00~17:00 / 토요일 휴무
요금_ 커피류 45~70kc **전화_** 420-605-411-441

글로브(Globe)

관광객들이 많이 지나다니지 않는 슬로반스키 섬 인근에 있는 북카페로, 1993년에 문을 연 프라하 최초의 영어책 서점이다.
서점의 규모는 크지 않지만 식사 공간까지 따로 있을 정도로 내부가 넓으며, 브라운 톤의 앤틱한 인테리어는 눌러 앉아있고 싶은 편안함을 선사한다. 프라하에서 책내음을 맡으며 커피 한 잔 하는 추억을 쌓아볼 수 있다.

홈페이지_ www.globebookstore.cz
주소_ Pštrossova 1925/6, 110 00 Nové Město
위치_ 트램 Myslikova 하차 후 도보 약 4분
시간_ 월~금 10:00~21:00, 토,일 09:30~21:00
카페 : 월~금 10:00~23:00, 토 09:30~24:00,
일 09:30~22:00
요금_ 커피류 45~90kc **전화_** 420-224-934-203

미슐랭 레스토랑

라 데구스테이션 보헤미안 부르주아 (La degustation boheme Bourgeoise)

2019년에도 미슐랭 원 스타를 지킨 레스토랑으로, 모든 요리는 19세기 후반의 체코 요리책에 기반을 두고 있다. 오픈 키친으로 운영되어 눈앞에서 요리 경연을 보는 듯 생동감이 느껴진다. 체코 전통 요리를 현대적으로 해석한 식당으로, 짜고 기름진 현지 음식과는 달리 산뜻하고 풍미 있는 맛을 느낄 수 있을 것. 드레스 코드는 스마트 캐주얼, 방문 전 예약은 기본이다.

홈페이지_ www.ladegustation.cz **주소_** Haštalská 18, 110 00 Staré Město
위치_ 원십커피에서 도보 2분 **시간_** 화~일 18:00~24:00 / 월요일 휴무 **요금_** 8코스 3,450kc
전화_ 420-222-311-234

레스토랑 벨뷰(Restaurace Bellevue)

블타바 강가에 위치한 미슐랭 2스타 레스토랑으로 프라하 성과 까를교 야경을 감상하며 식사할 수 있는 것으로 유명한 곳. 10만원도 안되는 가격에 미슐랭 2스타 코스 음식을 경험해볼 수 있다. 창가 자리의 예약 경쟁은 치열하므로 1달 전부터 예약 페이지를 탐색해볼 것을 추천. 드레스 코드는 스마트 캐주얼로 입어도 좋다.

홈페이지_ www.bellevuerestaurant.cz **주소_** Smetanovo nábř. 329/18, 110 00 Praha-Staré Město-Staré Město
위치_ 트램 Karlovy lázně 맞은편 **시간_** 12:00~15:00, 17:00~23:00 **요금_** 스타터 390kc~ / 메인메뉴 510kc~
전화_ 420-222-221-443

알크론 레스토랑(Alcron Restaurant)

2012년부터 미슐랭 원스타 식당으로 선정되었던 레스토랑으로 래디슨 블루 아크론 호텔 내에 위치해있다. 반원 모양의 레스토랑은 아르데코 시대를 대표하는 폴란드 출신 화가 타마라 드 렘피카의 벽화로 장식돼있다. 생선요리와 스테이크가 맛있는 것으로 유명하며, 여유롭고 느긋하게 코스 요리를 즐기고 싶을 때 추천. 드레스 코드는 다소 포멀한 곳으로 깔끔하게 차려입고 가자. 성수기 제외 방문 2-3주 전 예약 필수이다.

홈페이지_ www.alcron.cz **주소_** Štěpánská 623/40, 110 00 Nové Město
위치_ 래디슨 블루 알크론 호텔 내 **시간_** 화~목 17:30~24:00 / 금,토 12:00~16:00, 17:30~24:00 / 일, 월 휴무
요금_ 런치 3코스 1400kc / 디너 3코스 1800kc~ **전화_** 420-222-820-410

Praha suburb

프라하 근교

카를슈테인 성
Hrad Karlštejn

동화 속 한 장면 같은 카를슈테인 성Hrad Karlštejn에서 체코 왕들의 발자취를 되짚어 볼 수 있다. 화려하게 장식된 예배당과 내실, 궁전 안도 살펴보고 고대 미술품 전시관과 높이 60m의 탑에서 내려다보이는 전망도 아름답다. 언덕 위에서 장엄한 자태를 뽐내는 카를슈테인 성Hrad Karlštejn은 베로운카 강과 녹음이 우거진 전원 지역을 바라보고 있다. 중세 성에서 왕궁의 화려한 응접실 안을 보고, 보석 장식의 왕관과 보헤미아 중부의 전원 풍경도 볼 수 있다.
신성로마제국의 황제이자 보헤미아의 왕이었던 샤를 4세는 왕궁의 보물을 안전하게 보관하고자 1348년에 성을 지었다. 세월의 흔적을 피해가지는 못했지만 성은 지금도 중세 양식의 묘미를 잘 보여 주고 있다. 건물의 경이로운 계단식 구조의 가장 높은 구조물은 가장 중요한 곳이기도 하다.
프라하에서 기차로 40분 거리인 카를슈테인 마을에 있다. 카를슈테인 역에서 길을 따라 언덕 위에 있는 성 입구로 걸어가면 된다. 걷다보면 멋진 전망과 성의 아름다운 모습을 볼 수 있다.

홈페이지_ www.hradkarlstejn.cz
주소_ Statni hrad Karlstejn
시간_ 9~18시(5, 6, 9월 : 17시까지, 4, 10월 : 16시까지, 3, 11월 : 15시까지)
요금_ 200Kc **전화_** 311-681-617

가이드 투어

1. 황궁과 마리안 타워의 아래층을 둘러본다. 잘 꾸며진 샤를 4세의 집무실과 작은 예배당과 성의 옛 감옥을 구경한다. 14세기 벽화를 살펴보고, 보물과 보석의 전당(Treasure and Jewels Hall)에서 체코 대관식 왕관의 모조품도 볼 수 있다.
2. 성의 첨탑과 함께 예배당과 옛 성 구실 등 가장 성스러운 구역까지 둘러볼 수 있다. 고딕 화가 마스터 테오도록이 그린 100여 점의 작품도 둘러본다. 작품들이 성 십자가 예배당(Chapel of the Holy Cross)을 장식하고 있다. 도서관에는 19세기 말, 성 재건축 공사와 관련된 전시물을 볼 수 있다.
3. 그레이트 타워(Great Tower)에는 인근의 마을, 포도원, 숲이 한눈에 들어오는 멋진 전망을 볼 수 있다.

Ceske Švycarsko

보헤미안 스위스

보헤미안 스위스Ceskě Švŷcarsko 국립공원은 영화 '나니아 연대기'를 촬영한 곳이다. 프라프치츠까 브라나Pravcicka gate는 중부 유럽에서 가장 큰 자연 사암으로 이루어진 아치형의 문 모양을 하고 있어서 인상적이다. TV 프로그램인 세계테마기행과 배틀트립에서 방영하여 눈앞에서 펼쳐지는 동화 같은 자연을 보면서 최근에 인기를 끌고 있다.

체코에서 가장 최근에 지정된 보헤미안 스위스Ceskě Švŷcarsko 국립공원은 프라하의 북쪽에, 독일과는 국경선을 맞대고 있다. 독일에서는 '작센 스위스 국립공원'이라고 불리고 체코에서는 '보헤미안 스위스 국립공원'이라고 부르고 있다. 이곳은 스위스와 떨어져 있는데 왜 스위스란 말이 공원 이름에 붙었을까? 스위스 화가, 3명의 그림으로 그리면서 고향인 스위스만큼 아름답다고 해서 '스위스'란 말이 붙었다고 한다. 사실 유럽에서 웬만큼 아름다운 자연으로 둘러싸인 곳은 '스위스'라는 말을 자주 붙인다.

투어 일정(11시간 소요 / 겨울 10시간)

프라하에서 8시에 차로 출발하여 2시간 거리인 흐르넨스코 마을에 도착한다. '프라프치츠카 브라나'를 거쳐 정상 전망대까지 트레킹을 하고 잠시 '프라프치츠카 브라나' 아래에서 휴식을 취했다가, 공원을 트레킹한 후 메즈니 로우카에 있는 우 프로타(U Frota)에서 점심식사를 한다. 메즈나까지 트레킹하고 나서 까메니체 강으로 내려가, 에드먼드 협곡에서 배를 타고 흐르넨스코 마을에 도착하여 프라하로 돌아온다.

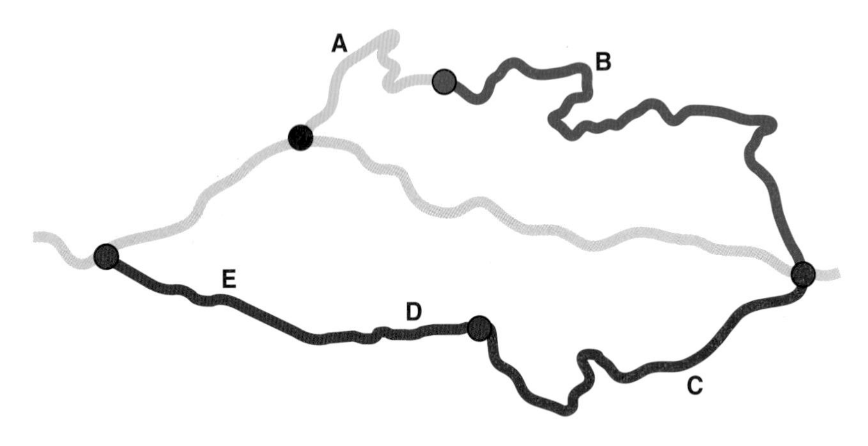

1. 프라프치츠카 브라나까지 이동(60~70분 소요)
2. 메즈니 로우카(Mezni Louka)(2시간 소요) / 우 프로타(U Frota)에서 점심
3. 메즈니 로우카(Mezni Louka)에서 협곡까지 이동(60분 소요)
4. 에드먼드 협곡에서 보트 투어
5. 흐르넨스코(Hřensko) 마을로 돌아옴(40분 소요) / 434번 버스를 타고 기차역으로 이동 가능

보헤미안 스위스Ceskě Švýcarsko 국립공원은 사암지대이다. 사암은 물에 의해 쉽게 침식되기 때문에 바위 모습이 독특하다. 특히 정상의 전망대에서 바라본 공원은 감탄사가 나올 정도로 절경을 자랑한다.

보헤미안 스위스 국립공원의 입구인 흐르넨스코Hřensko 마을까지 이동하고 나서 프라프치츠카 브라나까지 올라간다.
'프라프치츠카 브라나' 자체의 풍경도 아름답지만 전망대에서 감상하는 절경은

인생에서 잊지 못할 장면이 될 것이다. 이후 산 속, 울창하고 오래된 참나무가 빼곡한 원시림 속에서 약 2시간 정도 트레킹을 하며 자연 보호 지역 내 서식하는 희귀한 동식물을 만날 수 있다.

까메니쩨 협곡Soutěska Kamenice으로 20분 정도 들어가면 협곡을 흐르는 계곡의 이름이 '까메니쩨'이다. 협곡 내에서 아름답고 신비스러운 분위기로 유명하지만, 과거에는 밀수품을 나르던 사람들이 이용하던 곳 '에드먼드 협곡'에 도착해 배를 타고 건너간다. 여름에만 '에드먼드 협곡'의 배를 운영하고 있다. 겨울(11/1~3/31)에는 협곡 대신 '보헤미안스위스' 지역 안에서 독일 지역인 '작센스위스'의 '바스테이'로 가게 된다.

아름다움을 고스란히 간직한 사암으로 이루어진 티싸 암벽Skály Tisá 이다. '테이스트 프라하'와 전문 트레킹 가이드인 노던 하이크스 팀이 개발한 지역이다. 영화 '나니아 연대기'를 촬영한 장소로, 미로 같은 사암에 둘러싸인 경이로운 모습을 지니고 있으며, 미로와 같은 자연의 암벽이 아름답다.

바스테이(Bastej)

독일 최고의 사암 지대 명소로서, 엘베 강 위에 위치한 사암으로 이루어진 기이한 풍경이 아름답고 멋있기로 유명하다.

Ceský Krumlov

체스키크룸로프

Český Krumlov

체 스 키 크 룸 로 프

체코에서도 중세의 모습이 가장 잘 남아 있는 도시로, 가장 아름다운 색을 모아 천국과 가장 흡사하게 꾸며놓은 듯하다. 13세기에 세워진 성에는 영주가 살던 궁전과 4개의 정원이 있으며, 건물들은 고딕, 르네상스, 바로크 스타일 등이 다양하게 섞여 멋진 모습을 모여 준다.

여름에는 온화하고 겨울에는 눈 덮인 절경을 자아내는 체스키크룸로프Český Krumlov는 체코의 수도, 프라하를 축소해 놓은 듯하다. 블타바 강변에 자리 잡은 유서 깊은 도시에서 중세 시대 기념물과 분위기 있는 바가 늘어선 매혹적인 거리를 산책하면서 걸어서 여행이 가능한 작은 도시이다.

체코의 오솔길, 체스키크룸로프(Český Krumlov)

체코어로 '체코의 오솔길'이라는 뜻의 체스키크룸로프는 정겨운 시골길이 이어진 도시 전체가 유네스코 세계문화유산에 등재된 도시이다.

축제

6월 다섯 꽃잎 장미 축제(Five-Petalled Rose Celebration) | 중세 시대의 현장을 재현해 보인다.
7월 국제 음악 축제 | 실내악과 오페라, 교향악 콘서트 관람
9월 바로크 미술 축제

체스키크룸로프 역
부데요비츠카 문
펜지온 로보
펜지온 대디
체스키 크룸로프 성
플라스토비 다리
탑 전망대
이발사의 다리
파르칸
우 드바우 마리
라이본
블타바 강
채수카 쿠룸로프
버스 터미널
애곤 실레 아트센터
호텔 올드 인
스보르노스티 광장
분수대
호텔 루체
성 비타 성당
슈퍼마켓 쿱
펜지온 가르데나
블타바 강

체스키크룸로프 성 구경하기

경이로운 성이 내려다보고 있는 체스키크룸로프Český Krumlov는 체코의 찬란했던 중세와 르네상스 시대를 떠올리게 하는 곳이다. 유네스코에서 보호하는 역사지구의 미로 같은 거리를 거닐어 보고, 수백 년의 역사를 간직한 교회와 인도교, 정원, 굽이치는 블타바 강의 로맨틱한 매력을 느낄 수 있다. 굽이치는 강변에 자리한 체스키크룸로프Český Krumlov 한가운데에는 유네스코 세계 문화유산으로 등재된 고혹적인 구시가지가 있다.

흑요석 박물관Moldavite Museum, 고문 박물관Museum of Torture, 체스키크룸로프 지역 박물관Regional Museum in Český Krumlov에서 수백 년에 걸친 지역의 역사에 대해 알 수 있다. 에곤 쉴레 미술관Egon Schiele Art Centrum에서 빈 출신 화가인 에곤 쉴레의 작품도 감상할 수 있다. 강변에서 카약, 보트, 튜빙을 즐기며 도시의 아기자기한 건물 옥상을 구경해 보자.

구시가지 북쪽 끝자락에 있는 인도교를 건너면 13세기에 건축된 체스키크룸로프 성Český Krumlov Castle이 나온다. 눈부시게 화려한 내실과 자연 그대로의 아름다움을 간직한 바로크식 정원과 1,700년대부터 곰들이 살고 있는 해자를 볼 수 있다. 매력적인 라트란 스트리트Latrán Street를 따라 산책을 즐기거나, 인형 박물관Marionette Museum에 들러 인형 전시관을 관람해도 좋다. 에겐베르크 양조장Eggenberg Brewery에서 진행되는 투어도 인기가 높다.

구시가지의 강 맞은편에는 화창한 날 휴식을 취하고 싶은 시립 공원Městský Park이 있다. 근처에는 포토아틀리에 세이델 박물관Museum of Fotoatelier Seidel과 성 비투스 교회가 있어서 어디를 가나 체스키크룸로프Český Krumlov는 아름다운 볼거리로 둘러싸여 있는 곳이다.

체스키크룸로프 IN

체코의 보헤미아 남부 지역에 자리한 체스키크룸로프Český Krumlov로 가려면 프라하에서 기차로 4시간이 소요된다. 프라하 안델 역에서 출발하여 2시간 정도가 지나면 푸릇푸릇한 들판이 끝없이 이어지고 높은 빌딩이 어느덧 사라지고 전원풍의 동화 같은 마을이 나타나면 체스키크룸로프에 도착한다.

스튜던트 에이전시
(Student Agency/2시간 30분 소요)

하루에 다녀올 수 있는 체스키크룸로프Český Krumlov는 프라하에서 버스나 기차를 타고 이동한다. 기차보다 버스가 1시간 정도 빠르다.

스쿨버스처럼 생긴 노란색 버스 '스튜던트 에이전시Student Agency'를 타면 한 번에 도착한다. 홈페이지에서 예약해 출력한 후, 버스 승차를 할 때 '전자 티켓'을 보여주어야 한다. 메트로 B호선 안델Andel역에서 내려 버스터미널Na Knizeci로 나오면, 체스키크룸로프Český Krumlov행 버스를 탈 수 있다.

▶ **홈페이지 :** bustickets.studentagency.eu

기차

프라하 중앙역에서 출발한 기차는 체스케부데요비체Ceske Budejovice에서 한 번 갈아타야 한다. 여름 성수기 기간에는 하루에 1번 직행열차가 운행되고 있다.

국가	도시	편도 이동거리	소요시간	1인 탑승	4인승 전세
체코	프라하	185km	2시간	870kč	3990kč
오스트리아	린츠	80km	1시간	420kč	1750kč
	잘츠부르크	210km	2시간 30분	870kč	3990kč
	할슈타트	240km	2시간 30분	870kč	3990kč
	빈	230km	2시간 30분	890kč	3990kč
독일	뮌헨	350km	3시간	1590kč	6990kč

스보르노스티 광장
Náměstí Svornosti

구시가지 중심에 스보르노스티 광장Náměstí Svornosti이 있다. 자갈 광장은 웅장한 부르주아식 저택에 둘러싸여 있고, 미로 같이 좁은 거리를 따라 걸어가면 성 비투스 성당과 자코벡 하우스Jakoubek House 등의 체스키크룸로프Cesky Krumlov의 명소를 볼 수 있다.

구시가지 곳곳에서 거리 공연가의 재미있는 공연이 펼쳐지고, 인도를 가득 메운 카페와 아늑한 바Bar에는 체코 맥주를 즐기는 관광객들을 만날 수 있다.

체스키크룸로프 성
Český Krumlov Castle

체스키크룸로프Cesky Krumlov의 역사 지구에 우뚝 솟아 있는 마을을 굽어보는 르네상스풍의 성에서 아름다운 정원과 궁전, 응접실, 극장을 둘러볼 수 있다. 유서 깊은 유네스코 문화유산으로 프라하 성 다음으로 크고 웅장한 성이다.

성이 보헤미아 귀족층의 미술, 경제, 정치적 중심지 역할을 했던 곳이다. 1,200년대

에 지어진 성과 마을은 중세의 고풍스런 모습을 잘 간직하고 있다.

자연 그대로의 아름다움을 간직한 성의 정원은 1600년대에 조성되었다. 완벽하

관람 순서

체스키크룸로프 성 입구 → 오르막길 → 성 입구 / 마을과 성 사이의 다리와 해자(곰 관람) → 성 본체 → 분수대 뒤로 성탑 입구 → 나무 계단을 따라 올라감 → 성탑 아래의 블타바 강과 마을 풍경 전망 → 내부 입구 → 중정 → 망토 다리 위 조각상 → 망토 다리 위 전망 관람

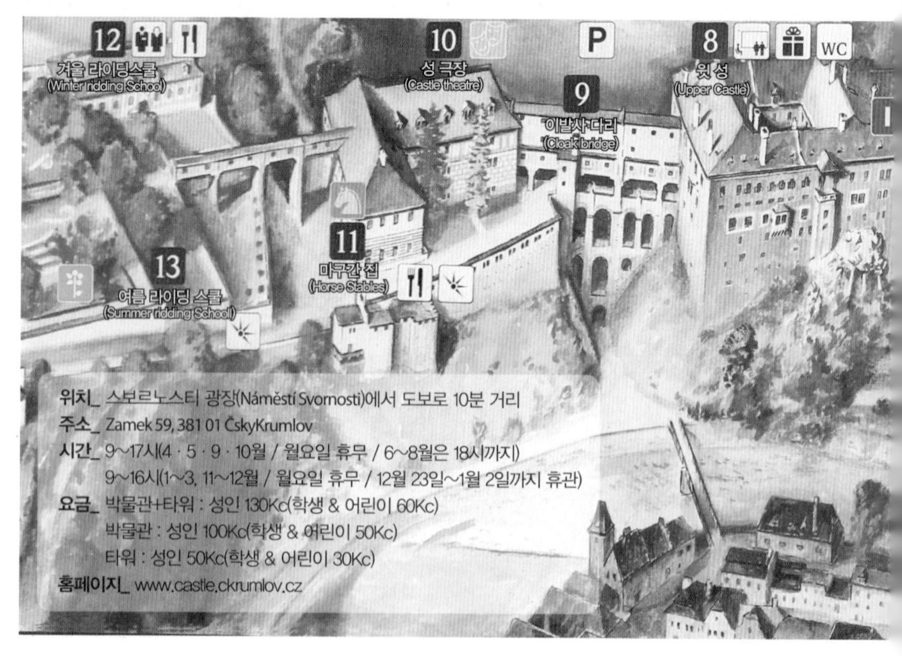

위치_ 스보르노스티 광장(Náměstí Svornosti)에서 도보로 10분 거리
주소_ Zamek 59, 381 01 ČskyKrumlov
시간_ 9~17시(4 · 5 · 9 · 10월 / 월요일 휴무 / 6~8월은 18시까지)
9~16시(1~3, 11~12월 / 월요일 휴무 / 12월 23일~1월 2일까지 휴관)
요금_ 박물관+타워 : 성인 130Kc(학생 & 어린이 60Kc)
박물관 : 성인 100Kc(학생 & 어린이 50Kc)
타워 : 성인 50Kc(학생 & 어린이 30Kc)
홈페이지_ www.castle.ckrumlov.cz

게 정돈된 정원, 산책로와 화려한 분수대 사이에 설치된 산울타리도 살펴보자. 체코 출신 화가, '프란티섹 야쿱 프로키'가 그린 벽화로 꾸며 놓은 공연장이 있다.

간략한 체스키크룸로프 성(Česky Krumlov Castle) 역사

체코 남서쪽 오스트리아 국경 근처에 있었던 13세기 크룸로프 영주의 명에 따라 돌산 위에 성을 건축했다. 그 이후 주변으로 사람들이 모여들면서 마을이 형성됐다. 고딕 양식을 중심으로 르네상스, 바로크 양식이 혼합된 성은 로젠베르크와 슈바르젠베르크 가문에 의해 16세기에 완공됐다. 로젠버그, 합스부르크, 슈바르젠베르크의 귀족 가문이 머물렀던 곳이다.

외부

성의 전체 면적은 7ha에 달하며 다섯 개의 뜰 주변으로 40채의 건물이 들어서 있다. 성 안에는 마을 크기와 맞먹는 넓은 정원이 4개나 있다. 뜰 사이를 거닐며 고딕, 르네상스, 바로크 건축 양식이 어우러진 모습을 감상할 수 있다. 성 외벽은 르네상스 시대에 유행한 스그라피토(Sgraffito) 기법으로 벽면을 채색해 멀리서 보면 견고하게 벽돌을 쌓아놓은 것 같다.

내부

체스키크룸로프 성에서는 영향력과 덕망을 두루 갖춘 체코의 한 귀족 가문이 누렸던 호화로운 생활양식을 확인해 볼 수 있다. 화려하게 장식된 내실을 둘러보고 초상화 갤러리를 볼 수 있다.

박물관

깔끔하게 정리된 박물관에서 성을 둘러싼 삶과 사건에 대해 알 수 있다. 지하실에는 고대 조각상과 현대 미술품 전시관이 있다.

타워

162개의 계단을 올라가면 캐슬 타워(Castle Tower) 꼭대기에 다다르게 된다. 체스키크룸로프 시가지가 한눈에 들어오는 멋진 전망을 볼 수 있다. 성에서 꼭 둘러봐야 할 곳은 마을을 360도로 내려다볼 수 있는 높이 54.5m의 '타워이다. 162개의 계단을 빙글빙글 돌아 오르면 왜 체스키크룸로프를 '유럽에서 가장 아름다운 마을'이라고 극찬하는지 알게 될 것이다. 땅 위에선 보이지 않던 마을 지형이 한눈에 보인다. 블타바 강이 마을을 휘감아 돌아 마치 강 위에 떠 있는 섬처럼 느껴진다.

가이드투어

아름답고 장엄한 건물 내부를 살펴보고 싶다면 가이드 투어에 참가해야 한다. 처음으로 르네상스와 바로크풍의 내부와 무도회장, 세인트 조지 예배당(St. George's Castle Chapel)을 구경한다. 다음으로 슈바르젠베르크 가문의 역사를 집중적으로 살펴보고 정교한 초상화 갤러리를 관람한다. 마지막으로 캐슬 시어터(Castle Theater)의 무대 뒤에서 어떤 일이 벌어지는지 설명을 들으면서 돌아보게 되는 데 극장투어는 별개로 상품이 구성되어 있다.

곰 해자
Medvêdi príkop

18세기부터 곰 사육장으로 이용되어 온 해자는 깔끔하게 정돈된 정원을 산책하면서 찾을 수 있다. 성벽을 지키는 곰들로 아래에서 어슬렁거리며 여기저리 돌아다니고 있는 것을 볼 수 있다.

라트란 거리
Latrán

체스키크룸로프와 스보르노스티 광장Náměstí Svornosti사이에 있는 중세의 거리로 영주를 모시는 하인들이 살던 곳이다. 아기자기한 상점들이 모여 있어 천천히 이동하면서 즐길 수 있는 거리이다.

버스터미널로 이동하면 성벽에 있는 9개의 문에서 유일하게 남아있는 부데요비츠카 문Budějovická Brána을 볼 수 있다.

이발사의 거리
Lazebnicky Most V

다리 위에 십자가에 못 박힌 예수상과 다리의 수호성인인 네포무크의 조각상이 서 있는 다리는 라트란 거리에서 구시가를 가기 위해 놓여졌다. 라트란 1번지에 이발소가 있어서 붙여진 이름이다. 귀족과 이발사의 딸 사이에 비극적인 러브스토리가 있다.

에곤 실레 아트 센트룸
Egon Schiele Art Centrum

1911년에 여름휴가로 여자 친구인 발리 노이질Wally Neuzil과 지내면서 다양한 작품을 그린 곳이다. 오스트리아 출신의 천재 화가인 에곤 실레Egon Schiele는 어머니의 고향인 체스키크룸로프Cesky Krumlov에서 자유롭게 지냈지만 당시의 주민들은 좋아하지 않았다. 뼈대만 앙상하게 남긴 채 인체의 실루엣을 적나라하고 노골적으로 묘사한 에로티시즘의 거장으로 우뚝 선 에곤 실레지만 어느 누구도 작품세계를 이해하지는 못했다.

당시에는 자극적인 에로티시즘으로 체스키크룸로프Cesky Krumlov 주민들은 실레의 작품 세계를 이해하지도 받아들이지도 못했지만 지금은 그를 추모하는 미술관이 마을 중심에 들어서 체스키크룸로프Cesky Krumlov를 대표하는 예술가로 우뚝 섰다. 연습작과 드로잉 위주의 작품을 비롯해 그의 흑백사진과 자화상 등이 전시되어 있다. 그의 작품이 인쇄된 포스터를 저렴하게(150Kc) 구입할 수 있다.

> 에곤 실레(Egon Schiele)
>
> 1890년에 오스트리아의 빈에서 태어난 에곤 실레는 클림트와 함께 오스트리아 표현주의를 대표하는 인물이다. 소녀들을 누드모델로 세운다는 이유로 법정에 서기도 하고, 동성애와 노골적인 성행위를 그리는 성도착자라는 별명을 얻기도 했다. 제1차 세계대전에 징집당해 참전했지만 지속적으로 작품을 그리려고 노력했다. 여자 친구와의 헤어짐으로 슬퍼하고 작품을 만들지 못해 괴로워하다가 스페인 독감에 걸려 29살이라는 젊은 나이로 생을 마감했다.

홈페이지_ www.schieleartcentrum.cz
주소_ Siroka 71, Cesky Krumlov, Czech Republic
시간_ 10~18시(월요일 휴관)
요금_ 160Kc
전화_ +420-380-704-011

성 비투스 성당
Kostel sv. Vita / Church of St. Vitus

굽이치는 블타바 강 위 곶 지대에 돌로 된 언덕 위에 우뚝 솟은 성당으로 뾰족한 첨탑이 인상적이다. 도시의 중앙 광장을 내려다보고 있는 14세기 성당에서 다양한 건축 양식을 살펴보고 프레스코화와 조각상을 감상할 수 있다.
성 비투스 성당Church of St. Vitus에 가면 약 700년의 역사를 간직한 미술품, 다양한 건축 양식을 감상하고 흥미로운 종교화와 유명 귀족의 묘지도 구경할 수 있다.

주소_ Horni 156
시간_ 9시 30분~18시
주의사항_ 성당 안 사진 촬영 금지
전화_ +420-380-711-336

간략한 역사

수호성인 성 비트(St. Vitus)의 이름을 따 지은 '성 비투스 성당'은 프라하의 성 비투스 성당과 이름이 같다. 성 비투스 성당은 페테르 1세 본 로젠버그의 명에 따라 1300년대 초기에 건립되었다. 1407년 독일의 건축가 린하르트에 의해 건립되었다가 왕족 일원과 귀족들이 이후 건물 외관을 17세기 바로크 양식으로 개축됐다.

외관

심플한 외관에 비해 내부는 정교하고 화려하다. 건물 외관의 고딕 양식과 바로크 양식에는 성당 외벽의 전체 높이와 맞먹는 거대한 창문을 볼 수 있다. 19세기에 증축된 신 고딕 양식의 8면체 탑도 볼 수 있다.

내부

고딕 양식의 아치형 천장이 웅장한 느낌을 준다. 정면엔 성 비투스 성인과 성모마리아를 그린 제단화가 걸려 있고, 좌측엔 예수의 생애를 담은 성화들이 장식되어 있다. 17세기에 제작된 바로크 양식의 중앙 제단에는 동정녀 마리아의 대관식을 묘사한 그림이 전시되어 있다. 체코의 수호성인 성 바츨라프의 조각상 바로 옆에는 성 프란시스코 자비에르 같은 대표적인 성인들의 조각상도 진열되어 있다.

세인트 존 예배당(Chapel of St. John of Nepomuk)

예배당은 1725년 슈바르젠베르크 귀족 가문이 건축한 곳이다. 예배당 입구에는 로젠버그의 윌리엄과 아내 바덴의 안나 마리아가 잠든 묘지가 있다. 성경 속 장면을 묘사해 예배당 주변의 벽면을 장식하고 있는 15세기 프레스코화도 놓치지 말자. 부활 예배당(Resurrection Chapel)에서 체코 출신 화가 프란티섹 야쿱 프로키의 작품도 유명하다.

파르칸
parkan

이발사의 다리 바로 앞에 위치해 전망이 좋은 레스토랑. 고기 요리가 맛있는 곳으로 한국인들은 칠리 치킨과 코르동블루 슈니첼을 주로 시키며, 칠리 치킨은 밥을 함께 주문해 먹어도 좋다.
스테이크나 꼬치구이도 추천 메뉴. 많은 사람들이 찾기 때문에 웨이팅도 피하며 테라스 자리에 앉고 싶다면 예약 후 방문하는 것을 추천한다. 이발사의 다리에 많은 사람들이 몰려 다소 시끄러운 곳이므로 조용하고 한적하게 식사하고 싶다면 추천하지 않는다.

홈페이지_ www.penzionparkan.com
주소_ Parkán 102, 381 01 Český Krumlov
위치_ 이발사의 다리 바로 앞
시간_ 11:00~23:00
요금_ 메인요리 200kc~
전화_ 420-607-206-559

에겐베르그 레스토랑
Eggenberg Restaurant

이발사의 다리를 건넌 후 동쪽 방향에 있는 체스키 수도원 인근에 있는 음식점. 양조장과 함께 운영을 하는 바Bar이자 레스토랑으로, 대부분의 메뉴가 맛있지만 고기요리와 생선요리가 특히 맛있는 것으로 호평이다. 내부가 널찍하고 테이블도 많지만 관광객과 현지인에게 인기가 많은 곳이기 때문에 시간을 잘 선택하여 방문하자.

홈페이지_ www.eggenberg.cz
주소_ Pivovarská 27, 381 01 Český Krumlov
위치_ 크룸로프타워 호텔 인근
시간_ 11:00~23:00
요금_ 메인요리 175kc~
전화_ 420-777-616-260

레스토랑 콘비체
Restaurant Konvice

계절별로 생산되는 지역 농산물을 사용하는 체코 전통 음식점으로, 스비치코바가 맛있는 집이다. 아침 일찍부터 밤까지 운영하며, 식사뿐만 아니라 커피와 홈 메이드 케이크도 판매하는 곳이기 때문에 언제 방문해도 좋은 곳이다.
8시부터 10시까지는 아침 식사도 가능하며, 단품 주문뿐만 아니라 코스 요리도 주문할 수 있다.

홈페이지_ www.ckrumlov.info/docs/en/ksz143.xml
주소_ Horní 145, 381 01 Český Krumlov
위치_ 관광안내소에서 동쪽으로 도보 약 2분
시간_ 08:00~22:00
요금_ 스타터 125kc~ / 메인메뉴 200kc~
전화_ 420-380-711-611

카페 콜렉티브
KOLEKTIV

체스키 크룸로프 성으로 올라가는 길목에 있는 통 유리창 카페. 고전적인 중세도시 체스키크룸로프에서 가장 현대적인 분위기를 뽐내는 곳으로 잠깐 들러 쉬기 좋은 곳이다. 아침부터 저녁 늦게까지 운영하기 때문에 간단한 브런치를 즐기거나, 커피와 디저트를 즐기며 관광의 피로를 푸는 것도 좋을 것이다.

홈페이지_ www.facebook.com
주소_ Latrán 14, Latrán, 381 01 Český Krumlov
위치_ 이발사의 다리에서 도보 약 2분
시간_ 일~목 08:00~20:00 / 금,토 08:00~21:00
요금_ 커피류 40kc~ / 케이크류 59kc~
전화_ 420-776-626-644

리즈코바 레스토랑 피보니카
Řízková restaurace Pivoňka

다양한 방법으로 조리한 슈니첼을 내놓는 레스토랑으로 역시 슈니첼이 맛있다. 관광지 및 시내와 다소 떨어져 있지만 관광객이 북적거리고 불친절한 음식점을 피할 겸, 소도시 산책 겸 방문할 가치가 있다. 메뉴가 체코어기 때문에 직원에게 메뉴 추천을 받는 게 가장 좋으며, 추천메뉴는 한국인 입맛에 잘 맞으며 가장 인기가 있는 메뉴인 파마산 슈니첼이다.

홈페이지_ www.rizekprespultalire.cz
주소_ U Zelené Ratolésti 232, 381 01 Český Krumlov
위치_ 에곤 쉴레 아트 센터에서 남쪽 방향으로 도보 약 10분
시간_ 화~토 11:00~22:00 / 일요일 11:00~15:00 월요일 휴무
요금_ 파마산 슈니첼 (Vepřový řizek s krustou v parmezánu) 139kc
전화_ 420-723-113-100

Kutna Hora
쿠트나 호라

KOSTEL SV. MIKULÁŠE
KOFI
KOFI
90
znojmo
90
8B8 5122

Kutna Hora
쿠트나 호라

13세기 유럽 최대의 은 광산이 발견된 이후 엄청난 부와 권력을 얻어 프라하와 맞먹을 만큼 번영한 도시였지만 얼마가지 못했다. 은광으로 전성기를 누렸던 체코 중세시대의 작은 마을 쿠트나 호라Kutna Hora는 1995년 세계문화유산으로 지정되어 관광객들이 찾아오고 있다.

유럽 최대 은 광산의 발견으로 13~16세기에 걸쳐 프라하 못지않은 전성기를 누렸던 쿠트나 호라Kutna Hora는 화려했던 전성기의 문화유산이 곳곳에 남아있다. 해골 사원을 비롯해 유네스코에 등재된 유적지와 볼거리가 많다.

쿠트나 호라 IN

프라하에서 동쪽으로 약 70㎞ 떨어진 쿠트나 호라Kutna Hora는 프라하에서 당일치기로 다녀올 수 있는 도시이다. 프라하에서 열차와 버스 모두 이용이 가능하지만 쿠트나 호라Kutna Hora 버스터미널이 구시가와 더 가까우므로 버스를 이용하는 것이 편리하다. 버스는 프라하 플로렌츠 버스터미널에서 탑승하고 기차는 프라하 중앙역이나 마사리크 역에서 탑승하면 된다.

버스

프라하 플로렌츠 버스터미널에서 쿠트나 호라Kutna Hora 버스터미널까지 이동하는데 약 1시간 20분 정도가 소요된다. 쿠트라 호라Kutna Hora 버스터미널이 구시가와 가까워 내리면 도보로 이동할 수 있다.

기차

프라하 중앙역이나 마사리크에서 쿠트나 호라Kutna Hora 역까지 이동하여 내리면 쿠트라 호라 역에서 해골 사원이 있는 세들레츠Sedlec 지구는 도보로 15분이 소요되지만 주요 볼거리가 있는 구시가까지는 3㎞정도 떨어져 있으니 버스 1, 4번을 이용하는 것이 편리하다. 큰 길에서 해골사원 진입로 초입에 있는 관광안내소에서 쿠트나 호라Kutna Hora 여행정보를 얻을 수 있다.

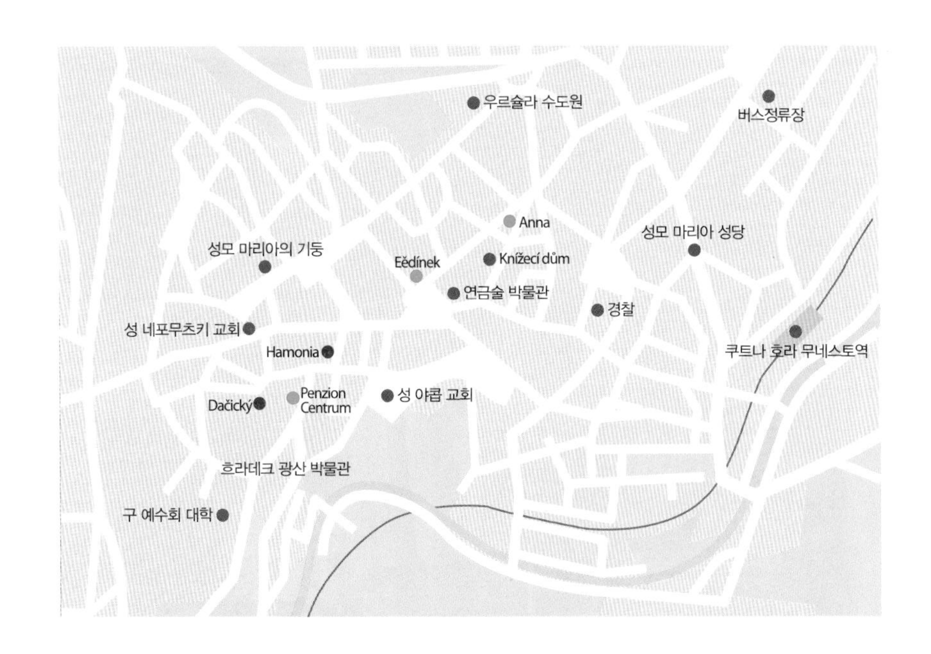

성모승천성당

Katedrala Nanebevzeti Panny Marie

1142년 보헤미아 지방에 처음으로 건립된 수도원으로 당시 체코에 있던 수도원 중 가장 큰 규모로 건축되었다.
쿠트나 호라Kutna Hora에서 은광이 발견된 이후 충분한 재정지원을 받아 1320년 완성되었으며 18세기 초에 바로크 고딕양식으로 재건되었다. 1995년 유네스코 문화유산으로 등재되었다.

홈페이지_ www.sedlec.info
주소_ U Zastávky Sedlec
전화_ +420-326-551-049

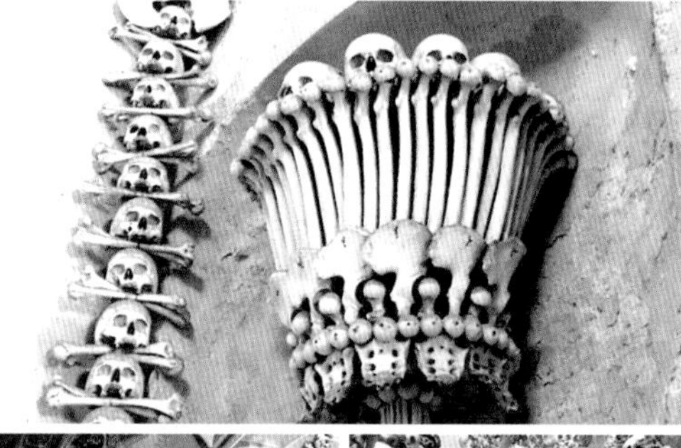

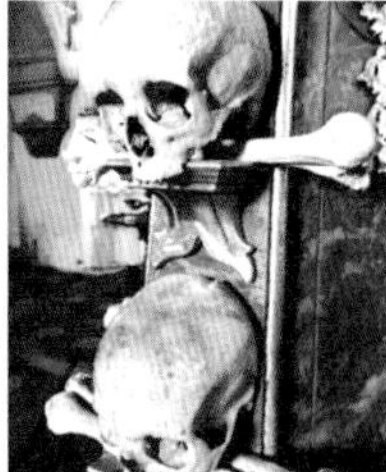

해골사원
Sedlec Kostnice

세들레츠Sedlec 지구에 위치한 해골 사원으로 4만 명의 뼈로 장식된 사원이다. 이곳에 납골당이 생기게 된 계기는 1278년, 공식사절로 이스라엘로 떠났었던 수도원장이 예루살렘에서 돌아오면서 골고다 언덕에서 흙 한줌을 가져와 이곳에 버리게 되면서 시작되었다.

이후 이곳을 성스러운 곳으로 여겨 이곳에 묻히길 원하는 사람들이 늘어갔고 14~15세기에 만연했던 흑사병과 루스 전쟁으로 목숨을 잃은 수만 명의 사람들까지 이곳에 매장되었다.

이곳에 매장된 뼈로 장식된 납골당을 만드는 작업은 1511년 반 장님이었던 수도사에 의해 이루어졌다. 예배당 안은 실제 사람 뼈라고 믿기지 않을 만큼 수많은 해골과 뼈들로 장식된 피라미드형 탑, 해골 샹들리에, 인골로 만든 종 등 무시무시하지만 섬세한 작품들로 채워져 있다.

통합권
성당의 모든 곳을 다 보려면 통합권을 구입하는 것이 유리(통합권 해골사원 + 성모승천성당 + 성 바르바라 성당 + 예수회대학)

주소_ Zamecka 279
전화_ +420-326-551-049

돌의 집(은 박물관)
Ceske museum stribra-Kamenny dum

1994년 유네스코 세계문화유산으로 등록된 돌의 집은 15세기에 건립된 체코 고딕 건축의 걸작으로 손꼽힌다.
중세시대 조각품으로 장식된 건물 정면의 파사드는 19세기 말 완성되었으며 건물 꼭대기에는 예수와 2명의 천사에 둘러싸인 마리아, 아담과 이브 조각상 등이 장식되어 있다. 현재 이 건물은 15~17세기 은광에서 일하던 쿠트나 호라Kutna Hora 주민들의 생활상을 엿볼 수 있는 전시관을 투어로 운영하고 있다.

홈페이지_ www.cms-kh.cz
주소_ Barborska 28/9
전화_ +420-739-717-325

성 바르바라 성당
Chram Sv. Barbory

14세기 후반 독특한 고딕양식으로 지어진 건축물로 1995년 유네스코 세계문화유산으로 등록되었다. 성 바르바라 성당은 체코에서 2번째로 많은 이들이 찾는 성당으로 성당 내 고딕 제단과 예배당은 유럽의 성당 중 가톨릭교회의 원형을 가장 잘 살린 것으로 평가되고 있다.
광부들의 수호성인인 성 바르바라를 모신 곳으로 성당 안으로 성당 안으로 들어가면 은광에서 일하던 광부의 조각상을 비롯해 꽃처럼 펼쳐진 아름다운 천장과 벽면 가득히 채워진 르네상스 프레스코화를 볼 수 있다. 성당 진입로에서 서면 아름다운 쿠트나 호라Kutna Hora 구시가를 감상할 수 있다.

주소_ Jakubská Ulice
전화_ +420-327-515-796

블라슈스키 드부르 궁전
Vlassky dvur

이탈리아 궁전으로 불리는 이곳은 14세기 피렌체 출신의 화폐 주조가가 궁전 안에 주조소를 설치하고 은화를 만들었던 곳이다. 15세기에 들어서면서부터 바츨라프 4세가 머물던 곳으로 왕궁은 주조소 바로 안에 있다. 특히 이곳에서 바라보는 성 바르바라 성당의 모습이 아름답다.

홈페이지_ www.vlassky-dvur.cz
주소_ Havlichkovo namesti 552/1

레스토랑 다치츠키
Restaurace Dacicky

쿠트나호라에 방문했다면 반드시 가봐야 할 대표 맛집으로 사슴 스테이크가 유명하다. 중세 체코 분위기가 물씬 풍기는 내부 인테리어와 여기저기 걸려있는 그림은 박물관에 들어온 듯한 느낌마저 든다. 대부분의 메뉴가 맛있는 것으로 호평인 곳으로, 립이나 체코 전통 음식인 슈니첼과 꼴레뇨도 맛있다.

홈페이지_ www.dacicky.com
주소_ Rakova 8, 284 01 Kutná Hora
위치_ 팔라츠케호 광장에서 도보 약 5분
시간_ 일~목 11:00~23:00 / 금,토 11:00~24:00
요금_ 스타터 99Kc~ / 메인요리 169Kc~
전화_ 420-603-434-367

스타로체스카 레스토랑 브루다르트
Staročeská restaurace V Ruthardce

현지인이 추천하는 쿠트나호라의 체코 전통 음식점. 대부분의 요리가 맛있지만 고기요리가 특히 맛있다고 소문나 있다. 소고기는 남미산 최고 품질의 황소 고기를 사용한다. 돼지고기나 소고기 스테이크가 가장 맛있는 메뉴이며, 맥주 탱크를 정기적으로 청소하며 신선하게 관리하여 맥주가 맛있는 집으로도 유명하다.

홈페이지_ www.v-ruthardce.cz
주소_ Dačického nám. 15/10, 284 01 Kutná Hora
위치_ 다치츠키에서 도보 약 2분
시간_ 일~목 12:00~23:00 / 금,토 12:00~25:00
요금_ 스타터 85Kc~ / 메인요리 225Kc~
전화_ 420-607-286-298

Karlovy Vary

카를로비 바리

Karlovu Varu
카 를 로 비 바 리

수도인 프라하에서 서쪽 방향으로 약 110㎞ 떨어져 있는 카를로비 바리Karlovy Vary에는 약 52,000명이 거주하고 있다. 카를로비 바리Karlovy Vary에서 가장 유명한 장소는 역사를 되새길 수 있는 마토니 미네랄 워터이다. 또한 많은 역사적 건축물이 훌륭하게 보존되어 있다. 디아나 전망대, 밀 콜로나데 같은 관광지에서 과거를 여행하는 듯한 느낌을 받는다. 세인트 마리 막달레인 교회에 들러 종교적으로 유명한 성지의 평온한 분위기를 사진으로 담는 관광객도 많다.

도시 이름의 유래

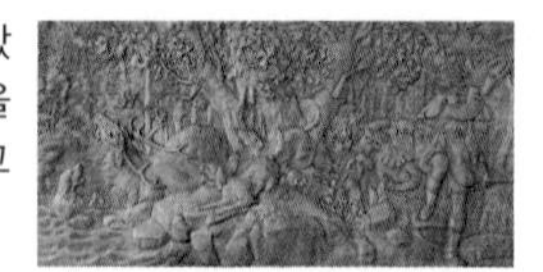

프라하로부터 서쪽에 위치한 온천 도시이다. 카를 4세가 사냥을 나갔다가 우연히 온천물이 솟아나는 것을 발견했기 때문에 그의 이름을 붙여 '카를 4세의 온천'이란 뜻으로 '카를로비 바리(Karlovy Vary)'라고 지었다고 한다.

온천 찾기

테플라 강과 오흐제 강이 침식으로 형성된 깊은 계곡에 있는 온천 도시로 온천의 용출량과 긴 역사를 자랑하는 온천 휴양지로 치료와 온천을 목적으로 찾는 사람들의 발길이 1년 내내 끊이지 않는 장소이다. 온천은 12개의 원천에 40개 이상의 성분을 포함하고 있다.

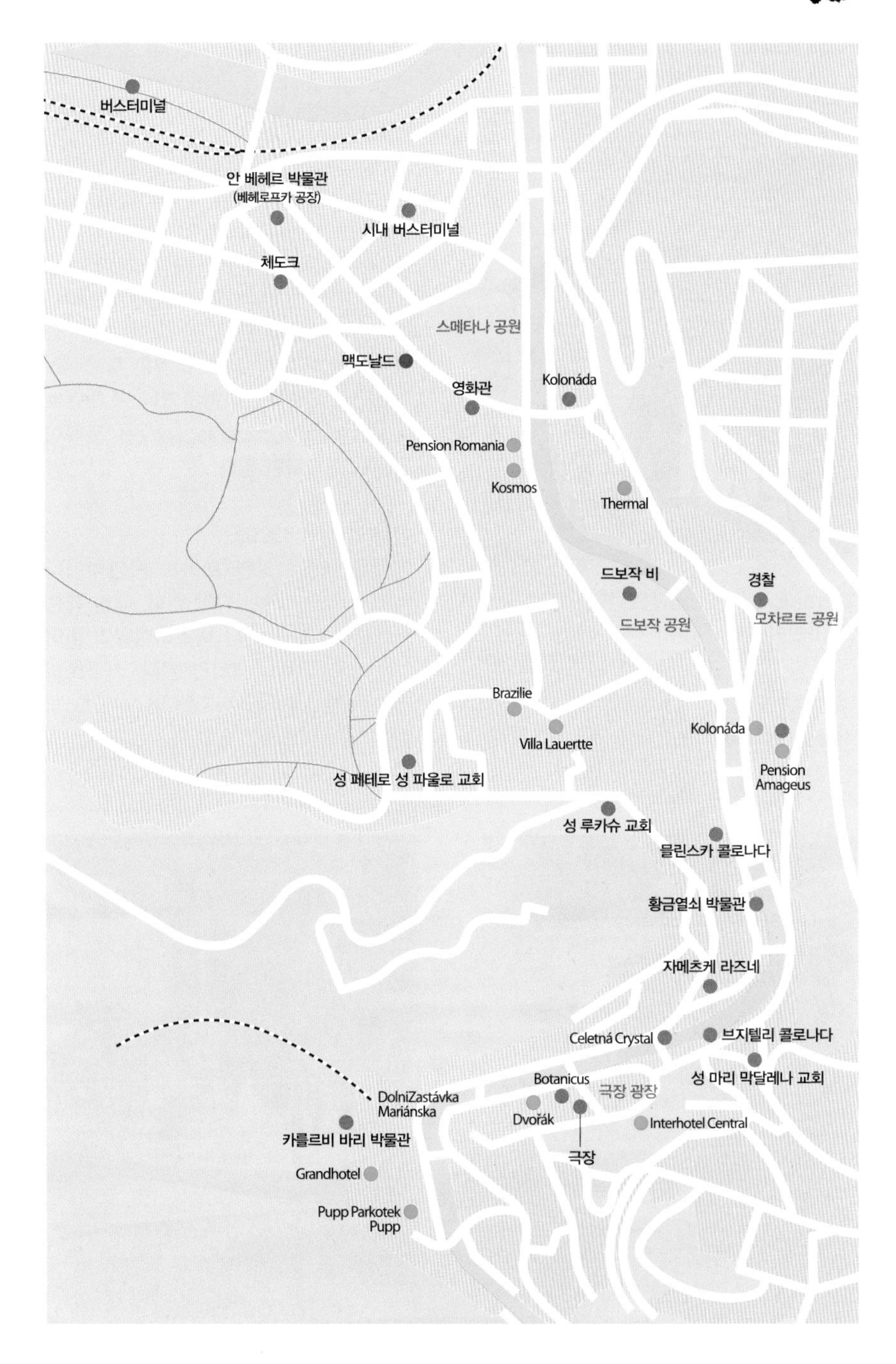
버스터미널
안 베헤르 박물관
(베헤로프카 공장)
시내 버스터미널
체도크
스메타나 공원
맥도날드
영화관
Kolonáda
Pension Romania
Kosmos
Thermal
드보작 비
경찰
드보작 공원
모차르트 공원
Brazilie
Villa Lauertte
Kolonáda
Pension
Amageus
성 페테로 성 파울로 교회
성 루카슈 교회
믈린스카 콜로나다
황금열쇠 박물관
자메츠케 라즈네
Celetná Crystal
브지텔리 콜로나다
성 마리 막달레나 교회
Botanicus
극장 광장
DolniZastávka
Mariánska
Dvořák
Interhotel Central
카를르비 바리 박물관
극장
Grandhotel
Pupp Parkotek
Pupp

카를로비 바리 IN

프라하에서 약 130㎞ 정도 떨어진 카를로비 바리카를로비 바리Karlovy Vary는 프라하에서 당일여행으로 많이 찾는 도시 중 하나이다.
카를로비바리로 가는 버스와 기차 중에 버스로 이동하는 것이 더 빠른 방법이다.

버스(약 2시간 소요)
프라하 플로렌츠 터미널Florenc Autobus에서 출발해 카를로비바리 버스터미널 바로 전 역인 바르사브스카Varsavska 거리에서 내리면 카를로비 바리 구시가와 더 가깝다. 단 프라하로 다시 돌아갈 때에는 버스터미널까지 걸어가서 탑승해야 하는 점을 주의해야 한다. 버스 티켓은 플로렌츠 터미널에서 직접 구입하거나 스튜던트 에이전시(www.studentagency.eu)홈페이지에서 확인하면 된다.

기차(약 3시간 소요)
기차를 이용하려면 프라하 중앙역이나 홀레쇼비체 역에서 타야 한다. 내릴 때는 카를로비바리 역이나 버스터미널과 붙어 있는 돌리역에서 내리면 된다. 카를로비 바리 역에서 구시가까지는 버스 11, 12, 13번을 타고 이동하면 된다.

마시는 온천

체코 서쪽에 있는 카를로비바리는 체코에서 가장 넓고 오래된 아주 유명한 온천 도시이다. 카를 4세가 이곳을 발견하여 '카를의 온천'이라는 뜻으로 카를로비 바리(Karlovy Vary)라고 이름을 짓고 개발하기 시작했다. 이곳에는 도시 곳곳에 온천수를 받아먹을 수 있는 수도꼭지가 달려 있다. 탄산과 알칼리 성분이 풍부해 온천수는 위장과 간장 등의 질병에 효과가 있어서 휴양하려는 관광객들이 많이 찾는다.
이곳 온천의 물은 위장병에 효과가 있어서 사람들은 주둥이가 달린 작은 물컵을 들고 다니면서 직접 물을 마시기도 한다. 괴테, 베토벤 등의 작가나 음악가뿐만 아니라 유럽의 귀족들이 수시로 찾아와 온천을 즐기고 또 온천물을 마시며 병을 고치기도 했다.

효능
카를로비 바리(Karlovy Vary)의 온천수에는 나트륨, 마그네슘, 황산 등 50여 가지 성분이 함유되어 당뇨, 비만, 스트레스, 소화계 장애 등에 치유 효과가 뛰어나다고 한다. 테플라 강을 따라 곳곳에 12개의 온천이 있으며 온천수를 마시면서 산책할 수 있도록 만든 회랑인 콜로나다(Kolonáda)가 군데군데 모여 있다. 온천마다 함유 성분은 비슷하나 온천수의 온도와 이산화탄소의 함량이 조금씩 다르며 효과 또한 조금씩 다르다고 한다.

순서
이곳에 오면 누구가 이렇게 하는 것이 의식처럼 굳어져 있다.
1. 일단 온천수를 마실 수 있는 도자기 컵을 구입한다. 2. 곳곳에 있는 녹슨 듯한 냄새가 나는 온천수를 마셔본다. 3. 달달한 와플로 마무리한다.

꼭 구입할 품목

도자기 컵
라젠스키 포하레크 뜨거운 온천수를 마시기 쉽게 주전자 모양의 도자기 컵이다. 다양한 도자기 컵을 판매하니 취향에 맞게 골라보자.

슈퍼 와플
뻥튀기만 한 크기의 둥근 웨하스에 바닐라, 초코, 딸기 크림 등을 넣어 밀전병처럼 얇게 만든 와플로 쌉싸름한 온천수를 마신 후 먹으면 좋다. 큰 와플이 부담스럽다면 작은 크기의 미니 와플이라도 꼭 맛보는 것이 후회하지 않는다.

베헤로브카(Jan Becher)
베헤로브카(Jan Becher)는 체코인이 식사 전에 가볍게 마시는 200여 종류의 약초가 들어간 약술로 소화를 촉진시키는 데 효과가 좋으며 감기에도 효능이 탁월하다고 한다. 카를로비 바리(Karlovy Vary)뿐만 아니라 체코를 대표하는 기념품으로 체코 어디에서나 구입이 가능하다.

브지델니 콜로나다
Vřidelní Kolonáda

통유리로 된 건물에 사람들이 온천수를 보기 위해 모여드는 곳으로 마시지는 못하고 볼 수만 있는 온천이다. 온천수를 마실 수 있도록 건물 안에 5개의 수도꼭지가 준비되어 있다.
콜로나다Kolonáda와 다르게 마시는 온천수 꼭지는 실내에 있는 것이 특징이다. 1969~1975년에 지어진 콜로나다Kolonáda로 1분에 2,000L나 뿜어져 나오는 온천수의 압력으로 천장까지 솟아오르는 12m 높이의 물기둥을 볼 수 있다. 카를로비 바리Karlovy Vary에서 가장 뜨거운 72℃의 온천수를 비롯하여 57℃, 41℃ 등 각각 다른 온도로 뿜어져 나오는 5개의 온천수가 있으며 건물 안에는 기념품 판매소, 관광안내소 등이 있다.

주소_ Vřidelní
시간_ 6~18시

사도바 콜로나다
Sadová Kolonáda

1880~1881년에 오스트리아 제국의 건축가 펠르너Fellner와 헬머Helmer가 지었다. 1960년에 무너진 브라넨스키 파빌리온의 산책로였으나 대대적인 복원을 통해 지금은 푸른 돔의 콜로나다만 남아 있다. 돔 안에 들어서면 뱀 모양의 꼭지가 있는데 뱀 입에서 30℃의 온천수가 흘러나온다. 옆은 블루의 원형 돔이 인상적이고 공원을 따라 프롬나드가 나있는 아름다운 콜로나다가 이어져 많은 관광객이 걷고 쉬는 곳이다. 버스가 내리는 정거장에서 테플라Tefla 강을 따라 이동해 15분 정도 걸으면 찾을 수 있다.

주소_ Zahradni

믈린스카 콜로나다
Mlýnská Kolonáda

카를로비 바리Karlovy Vary 시내 중심에 있는 가장 유명하고 아름다운 콜로나다Kolonáda이다. 1871~1881년에 지어진 네오르네상스 양식의 건물로 124개의 코린트 양식의 기둥이 지붕을 받들고 있으며 지붕 위에는 1년 12달을 상징하는 조각상이 서 있다. 프라하의 국민극장의 설계자인 요제프 지테크Josef Zitek가 건설하였다. 믈린스카 콜로나다Mlýnská Kolonáda에는 각기 다른 온도의 온천수 5개가 있다.

주소_ I. P. Pavlova

다른 온도의 온천수 5개

Mlýnská Pramen : 53.8℃ 3.7L/분
Rusalčin Pramen : 58.6℃ 4.3L/분
Pramaen knižete Václava 1 : 62.8℃ 2.6L/분
Pramaen knižete Václava 2 : 59℃ 3.7L/분
Libušin Pramen : 9.6℃ 2.6L/분

트르주니 콜로나다
Tržní Kolonáda

브지델니 콜로나다Vřidelní Kolonáda 인근에 하얀 레이스 장식을 한 삼각형의 지붕이 아름답다. 1883년 스위스 건축가가 목조 건물로 지었으나 이후 전반적인 복원을 통해 지금의 모습을 갖추었다.
카를 4세가 치료를 위해 들른 온천으로 64℃의 '카를 온천수'가 나온다. 독일인 화가 죄르클러가 그린 왕이 온천을 발견하는 모습이 나오는 부조가 걸려 있다. 카를 4세가 다친 다리를 치료한 곳으로 알려져 있다.

주소_ Tržiště

성 마리 막달레나 교회
Chrám sv. Máři Magdalény / Church of St. Mary Magdlalene

브지델니 콜로나다의 건너편에 있는 카를로비 바리를 대표하는 교회이다. 2개의 아름다운 탑과 하얀 벽이 멀리서도 눈길을 사로잡는다.
1732~1736년까지 건축가 딘첸호퍼가 건축한 것으로 내부에는 2개의 고딕양식의 마리아 상과 바로크 양식으로 장식된 제단이 유명하다.

주소_ nám Xvobody
전화_ +420-355-321-161

벨코포포비츠카 피브니체 오리온
Velkopopovická Pivnice Orion

현지인들도 자주 찾는 체코 전통 음식점으로 체코 맥주와 함께하는 고기 요리가 맛있는 곳이다. 체코 전통음식으로는 꼴레뇨 • 굴라쉬가 맛있으며, 특히 오리고기를 맛있게 조리하기로 유명하다. 식당으로 올라가는 길이 언덕이라 조금 힘들지만, 약간의 괴로움 뒤에 친절한 직원들이 갖다주는 맛있는 현지 음식을 먹는다면 더 꿀맛처럼 느껴질 것이다.

홈페이지_ www.velkopopovicka-orion.webrestaurant.eu
주소_ Petřín 1113/10, 360 01 Karlovy Vary
위치_ 나 비흘리드체 공원 인근
시간_ 월~금 11:00~22:00 / 토,일 12:00~22:00
요금_ 메인요리 199kc~
전화_ 420-353-232-007

레스토랑 프로메나다
Restaurace promenada

호텔에서 운영하는 레스토랑으로 2018년 카를로비바리 최고의 레스토랑과 체코 최고의 레스토랑으로 동시에 선정되었다. 다수의 헐리웃 영화배우들이 다녀간 음식점이다.
체코 남부에서 생산한 다양한 와인과 함께하는 생선과 고기 요리가 맛있는 것으로 소문난 곳. 항상 웃는 얼굴로 친절한 직원들과 질 높고 맛있는 음식은 언제나 여행객과 현지인들의 발걸음을 이끌고 있다.

홈페이지_ www.hotel-promenada.cz
주소_ Tržiště 381/31, 360 01 Karlovy Vary
위치_ 온천지역 관광안내소에서 남쪽으로 도보 약 3분
시간_ 12:00~23:00
요금_ 메인요리 449kc~
전화_ 420-353-225-648

레스토랑 스크리펙
Restaurace Sklípek

지하로 내려가야 해서 불편하고, 내부가 다소 협소하기 때문에 식사시간에는 대기를 할 수 있지만 현지인들에게 인기가 높다. 대부분의 메뉴가 맛있는데 저렴하기까지 해 호평일색이다.
체코 전통 음식인 굴라쉬나 꼴레뇨가 맛있으며, 그 밖의 고기요리 또한 후회하지 않을 것이다. 예약을 하는 레스토랑으로 알려져 있으므로 사전에 예약을 하지 않으면 기다릴 수 있다. 예약을 하지 않았다면 식사시간 전에 가서 입장해 있는 것이 기다리지 않는 방법이다.

홈페이지_ www.restaurantsklipek.cz
주소_ Moskevská 901/2, 360 01 Karlovy Vary
위치_ 다운타운 관광 안내소에서 도보 약 4분
시간_ 11:00~22:00
요금_ 스타터 55kc~ / 메인요리 135kc~
전화_ 420-602-882-887

České Budějobice

체스케부데요비체

České Budějobice
체스케 부데요비체

남 보헤미아 지방의 귀족인 비트코프에 대항하기 위해 1265년에 건설한 도시이다. 교통의 요충지로 발전해 16세기에는 소금거래, 양조업, 근교에서 체취한 은의 집적소로 전성기를 맞이했다. 그러나 1618년에 30년 전쟁이 시작되자 화마에 휩싸였고 1641년에 대화재가 발생해 대부분이 건물이 소실되었다.

1832년에는 유럽의 발전에 발맞춰 체스케 부데요비체České Budějobice와 오스트리아의 린츠를 연결하는 유럽의 마차 철도를 건설했다. 도나우 강과 블타바 강으로 연결해 소금을 운송하는 데 이용하면서 체스케 부데요비체České Budějobice는 다시 부흥기를 맞이했다.

버드와이저는 체코 맥주

도시 이름을 붙인 맥주인 부데요비츠키 부드바르(Budějovicky Budvar)가 체코에서 유명해지면서 양조업을 시작했다. 지금의 버드와이저의 이름은 이 맥주에서 유래한 것이다.

체스체 부데요비체 IN

체스케 부데요비체České Budějobice로 이동하기에 가까운 도시는 체스키크롬로프이다. 프라하에서 체스케 부데요비체České Budějobice를 거쳐 체스키크롬로프로 이동하거나, 체스키크롬로프를 여행한 후에 체스케 부데요비체České Budějobice를 이동해도 된다.

기차

프라하에서 13편이 운행하고 있으며, 2시간 30분 정도면 기차로 이동이 가능하다.

체스키크롬로프를 보고 난 후에 30분 정도 이동해 둘러볼 수 있다.

버스

프라하에서 약 20편의 버스가 2시간 20분 정도면 도착할 수 있다. 브르노에서 하루에 7편이 운행 중이지만 약 3시간 30분 정도가 소요되어 이동하기에 조금 먼 거리이다.

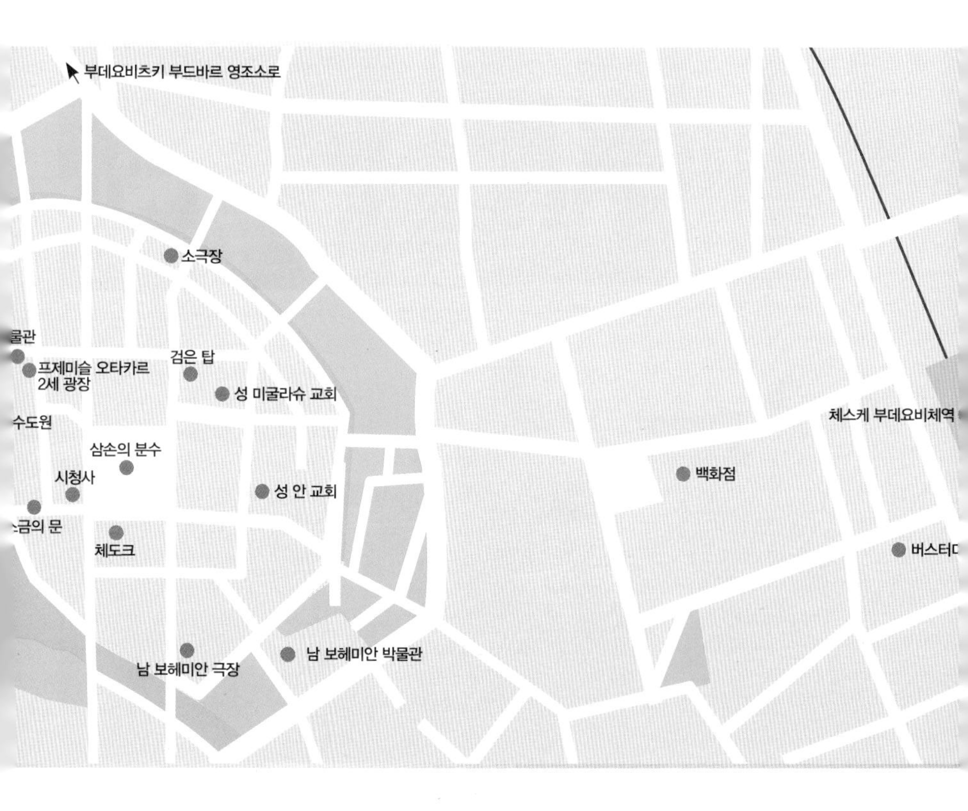

한눈에 체스케 부데요비체 파악하기

기차역과 버스터미널은 구시가지에서 동쪽으로 걸어서 약 10분이면 도착할 수 있다. 지하도로 연결된 구시가지는 멀지 않다. 버스터미널에서 한 블록 떨어진 라노바Lannova거리는 구시가지와 연결된 거리이다. 카페 등과 연결된 대형백화점인 프리오르Prior가 있고 프리오르에서 다시 한 블록을 더 이동하면 나 사데흐Na Sadech 거리가 나온다.

건너편에는 구 시가지를 둘러싼 요새와 성벽이 나온다. 체코를 대표하는 맥주인 부드바르의 로고가 붙은 카페들을 보면서 조금 더 걸어가면 교회가 나온다. 성 미쿨라슈 교회 옆으로 우뚝 솟은 탑의 꼭대기에 오르면 하늘에서 시내를 조망할 수 있다. 구시가지의 중심에는 프제미술 오타카르 2세 광장nám. Přemysle Otakara 2이 있다. 시청사에서 남쪽으로 비스쿠프스카 거리를 내려가 다시를 건너 5분 정도 걸어가면 마네소바 거리Mánesova가 나온다.

프제미슬 오타카르 2세 광장
nám. Přemysle Otakara 2

직사각형 형태의 프제미슬 오타카르 2세 광장nám. Přemysle Otakara 2은 바로크와 르네상스 양식의 건물들이 둘러싸고 있다. 1721~1726년에 삼손이 분수가 있고 분수 주변에 벤치에서 휴식을 즐기는 사람들이 있다.

서남단에 있는 시청사로 1727~1730년에 걸쳐 건설되었다. 3개의 탑이 바로크 양식으로 밤에는 더욱 아름답다.

주소_ Piaristické nám
시간_ 10~18시(월요일 휴관)
전화_ +420-387-200-849

성 미쿨라슈 교회와 검은 탑
Katedrálni chrám sv. Mikláše, Černá věz

1641년에 화재로 소실된 교회는 바로크 양식으로 재건되어 지금에 이르고 있다. 뒤쪽에 작은 예배당이 있는 벽돌로 이루어진 교회이다.
성 미쿨라슈 교회 정면 옆에 있는 검은 탑은 72m로 1549~1577년에 걸쳐 지어졌다. 탑 안에는 1732년에 주조된 여러 개의 종이 달려 있는데 큰 것은 3429㎏이나 된다.

시간_ 7~18시(월요일 휴관 / 탑 10~18시)
요금_ 50Kc

부데요비츠키 부드바르 양조장
Pivovaru Budějovický Budvar

버드와이저는 체코에서 레시피를 가져왔다. 부데요비츠키는 체스케 부데요비체 České Budějobice에서 13세기부터 생산되는 맥주이다. 하지만 당시에 독일과 체코는 가까운 나라여서 보헤미안의 왕이 '부드바이스'의 생산을 민간에 허락하여 '부데요비체Budějobice'의 맥주라는 의미로 체코에서는 부데요비츠키Budějovický, 독일에서는 부드바이스budweise로 생산된다. '부데요비츠키'라는 지명이 독일어로 부드 바이스이다.

1895년부터 체스키 부데비요체České Budějobice에 분산되어 있던 양조장을 통합해 체코에 양조장이 설립되었으며 양조장에서 현재까지 부데요비츠키 부드바르 Budějovický Budvar를 생산하게 된다. 부데비요츠키는 홉의 쌉싸래한 풍미가 강하다. 필스너 우르켈보다 쓰지는 않지만 씁쓸하게 느끼므로 기름진 음식과 잘 어울린다.

홈페이지_ www.budwar.cz
주소_ Kaloliny světle 4
전화_ +420-387-705-347

상표권

2차 대전 이후에 체코가 소련의 공산주의에 속하면서 안호이저-부시는 미국산 버드와이저를 서유럽에 상륙시킨다. 소련이 붕괴된 후에도 부데비요츠키는 더욱 사세를 확장했고, 결국 버드와이저와 100년간의 상표권 분쟁을 시작한다. 나라마다 상표권의 승자가 달라서 동유럽에는 부데요비츠키가(Budweise)를 쓸 수 있고, 미국에서는 버드와이저가 'Budweise나 Budweiser'를 사용한다.

Plzen

플젠

Kozel

플젠

약 160,000명의 인구가 사는 플젠Plzen은 북동쪽 방향에 있는 수도인 프라하까지 거리가 85km 정도이다. 약 700년 동안 맥주가 양조되어 왔으며 필스너 맥주Pilsner Beer의 본고장으로 유명하다. 그래서 플젠Plzen을 방문하는 목적은 대부분 필스너 우르켈 양조장Pilsner Urquell Brewery에 가기 위해서이다. 맥주 양조 방법은 필스너 우르켈 양조장Pilsner Urquell Brewery에 들러 양조 기술자가 직접 각각의 맥주를 특별하게 만드는 비결인 다양한 양조 공정을 친절하게 설명해 준다.

더 많은 양조지식을 넓히고 싶다면 시내에 있는 양조 박물관에 방문해보자. 플젠의 역사를 한눈에 알 수 있는 웨스트 보헤미안 박물관도 좋다. 종교에 대해 알고 싶은 관광객들은 대회당과 성 바르톨로뮤 교회St. Bartholomew Church 같은 종교적 명소에도 방문한다.

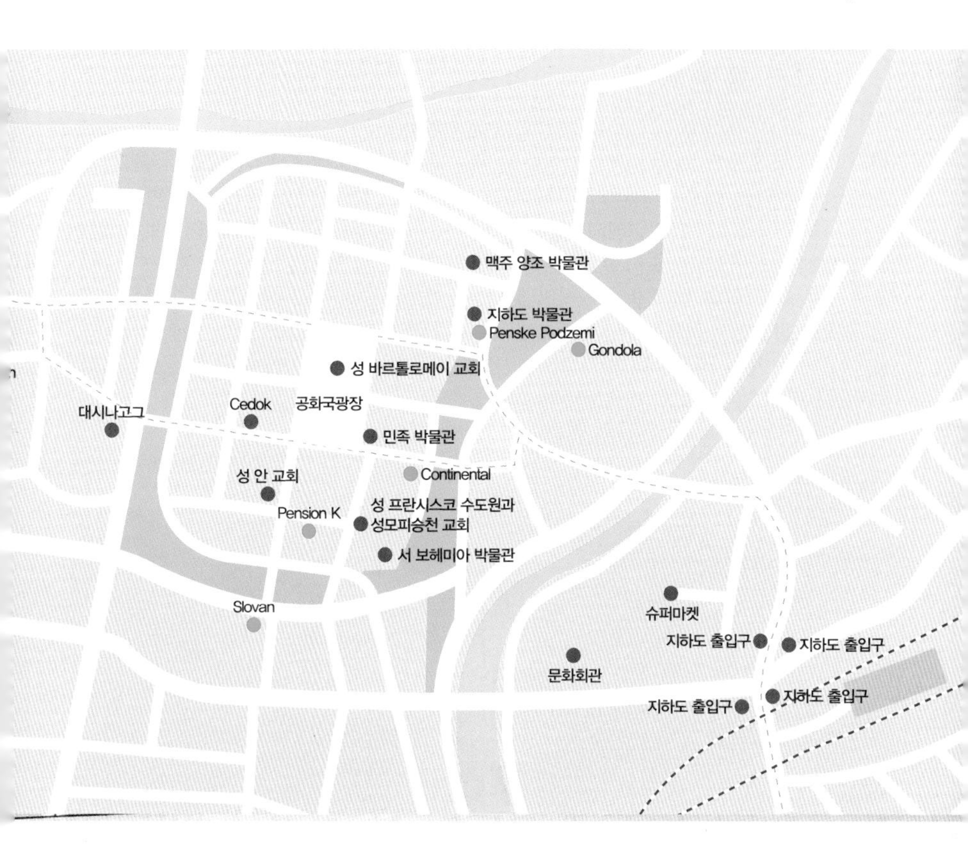
맥주 양조 박물관
지하도 박물관
Penske Podzemi
Gondola
성 바르톨로메이 교회
대시나고그
Cedok
공화국광장
민족 박물관
성 안 교회
Continental
Pension K
성 프란시스코 수도원과
성모피승천 교회
서 보헤미아 박물관
Slovan
슈퍼마켓
지하도 출입구
지하도 출입구
문화회관
지하도 출입구
지하도 출입구

플젠 IN

버스

플젠으로 향하는 버스는 프라하 지하철 B선의 종점인 즐리친 터미널에서 30분마다 출발하여 1시간이면 도착할 수 있다. 플젠 도시의 서쪽에 위치한 버스터미널은 공화국 광장으로 이동하려면 2번 트램을 이용한다. 필스너 우르켈 양조장Pilsner Urquell Brewery까지는 걸어서 이동해도 10분 정도면 도착할 수 있다.

기차

프라하 중앙역에서 1시간 마다 출발하는 기차는 약1시간 40분이면 도착한다. 플젠의 중앙역은 구시가지의 광장보다 필스너 우르켈 양조장Pilsner Urquell Brewery에서 가까우므로 양조장 방문이 목적이라면 기차가 더 편리할 수 있다. 중앙역에서 나와 100m 정도를 직진해 지하보도를 건너 2번 트램을 타고 이동하면 된다.

한눈에 플젠 파악하기

플젠 기차역사에서 나오면 금박의 외관에서 느껴지는 당당함이 있다. 역을 나가면 걸어가다가 오른쪽으로 돌아가면 지하도가 나온다. 지하로 내려가서 도로를 건너면 트램 정류장이 나온다. 2번 트램을 타면 구시가지까지 쉽게 도착할 수 있다.

광장의 중앙에 있는 고딕 양식의 성 바르톨로뮤 교회St. Bartholomew Church은 보헤미아에서 가장 높은 102m의 탑이 있는 성당이다. 플젠에서 가장 볼만한 곳은 맥주 박물관으로 중세 시대의 맥아 제조소였던 곳에서 맥주 제조에 관련된 물건들을 전시해 놓았다.

모퉁이를 돌아 나오면 중세 지하 회랑의 입구가 나온다. 마을 아래 9㎞를 이어져 있는 회랑은 포위가 되었을 때 대피소로 사용하기 위해 지어진 곳이다. 필스너 우르켈 양조장Pilsner Urquell Brewery은 걸어서 약 10분 정도면 도착할 수 있다. 플젠의 중앙 기차역에서는 바로 북쪽에 있어서 쉽게 도착할 수 있다.

공화국광장
Námêsti Republiky

수수한 색으로 광장을 둘러싼 건물들이 아름답게 조화를 이루고 있는 광장이다.

공화국 광장에서 유명한 건물이 르네상스 양식의 시청사Radnice이다. 네오르네상스 양식의 대시나고그는 유럽에서 최대 규모이다. 1606년, 황제인 루돌프 2세를 위해 지어졌다. 동쪽방향에 민족박물관도 르네상스 양식이다.

성 바르톨로뮤 교회
St. Bartholomew Church

1320~1470년 동안 고딕양식으로 지은 교회로 공화국 광장 중앙에 우뚝 서 있다. 건물도 크지만 첨탑의 높이는 103m로 체코에서 가장 높아서, 주변의 건물은 낮고 작아서 상대적으로 더 커 보인다. 좁은 계단을 301개의 계단을 올라가면 탑 꼭대기에 올라 시내를 조망할 수 있다.

홈페이지_ www.katedralaplzen.org
주소_ Námêsti Republiky
시간_ 10~16시(4~9월, 10~다음해 2월 14시까지)
탑 10~18시
요금_ 50Kc

맥주 박물관 & 지하세계박물관
Plzenske historicke podzemi

중세의 플젠에서는 지하 2~3층으로 파내서 저장고로 사용했다. 14~20세기까지 확장이 되면서 미로처럼 얽혀 버린 지하세계는 교회와 주요 건물을 이어주며 길이가 20㎞에 이른다고 전해진다. 가장 오래된 부분은 플젠의 남쪽 15㎞의 교회에 있는 976년에 지어진 것이다.
주변을 흐르는 라부자 강의 물을 수도 탑으로 끌어 올리는 시스템과 지하도 안에 있어 플젠의 시민들은 물 걱정없이 지냈다고 한다.

지금은 약 600m의 지하도를 정비해서 가이드 투어로 직접 돌아볼 수 있도록 관광지화 했다. 입구에서 헬멧을 받아쓰고 좁고 어두운 지하도로 내려가면 더운 여름에도 서늘한 공기를 느낄 수 있다. 가이드 투어(약 50분 소요)를 하면 맥주 박물관과 연결된 지하 저장고는 서로 연결되어 둘러볼 수 있고 맥주 시음도 할 수 있다.

홈페이지_ www.plzenskepodzemi.cz
주소_ Veleslavinova 6
시간_ 10~18시(2~3월 17시까지)
전화_ +420-377-235-574

필스너 우르켈 양조장
Pilsner Urquell Brewery

1842년에 황금색을 띄는 홉과 몰트의 감칠맛 나는 필스너 우르켈Pilsner Urquell은 플젠에서 처음으로 제조되었다. 맥주 대국인 체코에서 가장 유명한 브랜드로 구시가지에서 조금 떨어진 곳에 있다.

양조장에서 직접 맥주가 제조되는 과정을 견학하므로 사람들을 매혹시키는 맥주의 비밀을 들을 수 있다. 최신 시설을 도입했지만 전통 제조 기법을 유지하고 있다. 공기가 서늘한 석조 셀러에서 보관된 오크통에서 직접 따라 마시는 맥주의 맛은 기가 막히다.

주소_ U Prazdroje 7
가이드투어_ 가이드투어 13시, 14시45분, 16시30분
시간_ 8~18시(10~다음해 3월까지 17시)
요금_ 250Kc(130Kc)
전화_ +420-377-062-888

양조장 투어

제조광정의 순서대로 이루어지는데 가이드투어로만 둘러볼 수 있다. (약 100분 정도 소요)

1. 가이드투어를 신청하는 관광 안내소의 내부는 옛 양조장을 그대로 재현 놓았다. 여기에서 시간에 맞춰 가이드 투어를 신청하면 된다.

2. 옛 양조장부터 최신 현대 맥주 공장까지 살펴보면서 가이드는 설명을 해준다. 1시간에 약 12만 병의 맥주가 만들어진다고 한다.

3. 맥주의 원료인 홉과 몰트, 물로 필스너 우르켈만의 맛을 좌우하는 재료의 비밀을 파노라마 극장에서 영화로 상연한다. 양질의 몰트를 공급받아 탄산을 가진 플젠만의 물맛이 조화롭게 이루어진 맛이라고 알려준다.

4. 19세기에는 마차, 그 이후에는 기차에 실어 수출하고 있으며 맥주를 실어나르는 기차가 매일 운행된다는 설명을 듣게 된다.

5. 지하 저장고로 내려가서 살균하기 이전의 상태에 있는 맥주를 오크통에서 직접 따라 마시는데 더욱 진한 향이 나는 맛이다.

6. 마지막으로 기념품점으로 이동한다. 다양한 옷과 맥주 잔 등을 구입할 수 있다.

맥주의 고향, 플젠

체코 사람들이 가장 자랑스럽게 생각하는 필스너 맥주(Pilsner Beer)의 고향이 바로 플젠이다. 체코 사람들에게 맥주는 단순한 술이 아니라 '마시는 빵'이라 할 수 있을 정도로 중요한 의미를 가지고 있다. 전 세계에서 맥주 소비량이 가장 많은 나라가 바로 체코인만큼 그들의 맥주 사랑은 유별나서 맥주를 민족의 음료로 생각할 정도이다. 이곳에서는 1295년부터 맥주를 만들어 왔으며, 19세기에는 현대식 맥주 공장이 들어서 대량으로 맥주를 생산하고 있다.

맥주

프라하를 떠나 서쪽의 플젠으로 떠나면 창밖에는 보헤미아 분지의 울창한 숲과 언덕이 펼쳐져 있다. 언덕 사이에 있는 강과 호수에서 물비늘이 반작거리는 장면은 아름답다. 체코는 우리나라와 기후가 비슷하다. 여름에만 조금 더 건조하다는 차이점만 있다. 풍요로운 땅과 온화한 기후 덕분에 체코의 너른 평야에서는 밀, 보리, 감자 등이 잘 자란다.
특히 맥주의 원료가 되는 홉이 유명하다. 체코는 품질 좋은 홉이 잘 자라는데다가 물이 깨끗해서 최고의 맥주 맛을 자랑한다. 투명한 황금빛에 알싸하고도 부드러운 맛을 내는 플젠의 맥주는 다른 나라에서도 인기가 좋다. 맥주 공장은 크기도 엄청나지만 무척 깨끗하다. 관광객들과 함께 맥주가 만들어지는 과정을 구경하고 저장고에 끝없이 쌓여 있는 참나무통이 인상적이다. 참나무통에서 직접 맥주를 받아 마시면 자꾸만 손이 간다. 체코인들의 맥주 사랑과 자부심은 정말 대단하다.

맥주 제조 순서

1. 보리를 갈아 물에 잘 섞는다.
2. 홉을 넣고 끓인다.
3. 식힌 뒤 효모를 넣는다.
4. 일주일 정도 지하 창고에서 숙성한다.
5. 맥주를 병에 담아 판매한다.

필스너 우르켈(Pilsner Urquell)

'우르켈(Urquell)'은 우리말로 '원조'라는 뜻으로 우리나라에서도 즐겨 마시는 황금색 맥주가 탄생한 곳이 플젠이다.

버스와이저

미국 맥주인 버드와이저는 사실 체코 맥주에서 이름을 따 온 것이다.

랑고 레스토랑
Rango Restaurant

랑고Rango 호텔 내에 위치한 이탈리아 · 지중해 요리 전문점이다. 내부는 고급스럽고 현대적인 1층, 고전적인 중세 유럽 분위기가 넘치는 지하 레스토랑으로 나누어져있다. 분위기는 고급스러워도 체코의 일반적인 물가보다 크게 차이가 나지 않는 곳으로, 친절하고 유쾌한 직원들의 서비스와 지중해풍 음식을 즐기기 좋은 식당으로 추천메뉴는 리조또나 피자이다.

홈페이지_ www.rango.cz
주소_ Pražská 89/10, 301 00 Plzeň 3-Vnitřní Měst
위치_ 필스너 우르켈 양조장에서 도보로 약 10분
시간_ 월~금 11:00~23:00 / 토,일 12:00~2:00
요금_ 스타터 119kc~ / 메인 155kc~
전화_ 420-377-329-969

나 파르카누
Na parkanu

현지인들도 자주 찾는 체코 전통 음식점으로 대부분의 음식이 맛있는 것으로 호평인 곳이다. 그 중에서도 한국인 입맛에 잘 맞는 육회 타르타르나 마늘스프, 굴라쉬 중 하나는 꼭 시켜 먹어볼 것. 나 파르카누에서는 공정 가장 마지막에 시행되는 필터링을 하지 않아 끝 맛에 강한 홉 향이 감도는 필스너 우르켈 맛도 느껴볼 수 있으므로, 맥주 마니아라면 반드시 들려볼 것을 추천한다.

홈페이지_ www.naparkanu.com
주소_ Veleslavínova 59/4, 301 00 Plzeň
위치_ 랑고 레스토랑에서 도보로 약 3분
시간_ 월~수 11:00~23:00 / 목 11:00~24:00
금,토 11:00~25:00 / 일 11:00~22:00
요금_ 스타터 99kc~ / 메인 179kc~
전화_ 420-724-618-037

델리쉬
Delish

치열한 순위 싸움을 하는 플젠의 3대 햄버거 맛집 중 1위를 차지한 햄버거 전문점. 자그마치 25가지 종류의 햄버거를 판매하고 있으며, 관광객에게도 인기 있는 곳이다. 두껍고 질 좋은데다 촉촉한 패티가 들어있는 햄버거는 플젠에 다시 오고 싶을 정도의 인생 햄버거가 될 수도 있다.

홈페이지_ www.delish.cz
주소_ Riegrova 20, 301 00 Plzeň 3
위치_ 랑고 레스토랑에서 도보로 약 5분
시간_ 월~목 11:00~22:00 / 금 11:00~23:00
토 12:00~23:00 / 일 12:00~21:00
요금_ 버거류 139kc~
전화_ 420-773-039-513

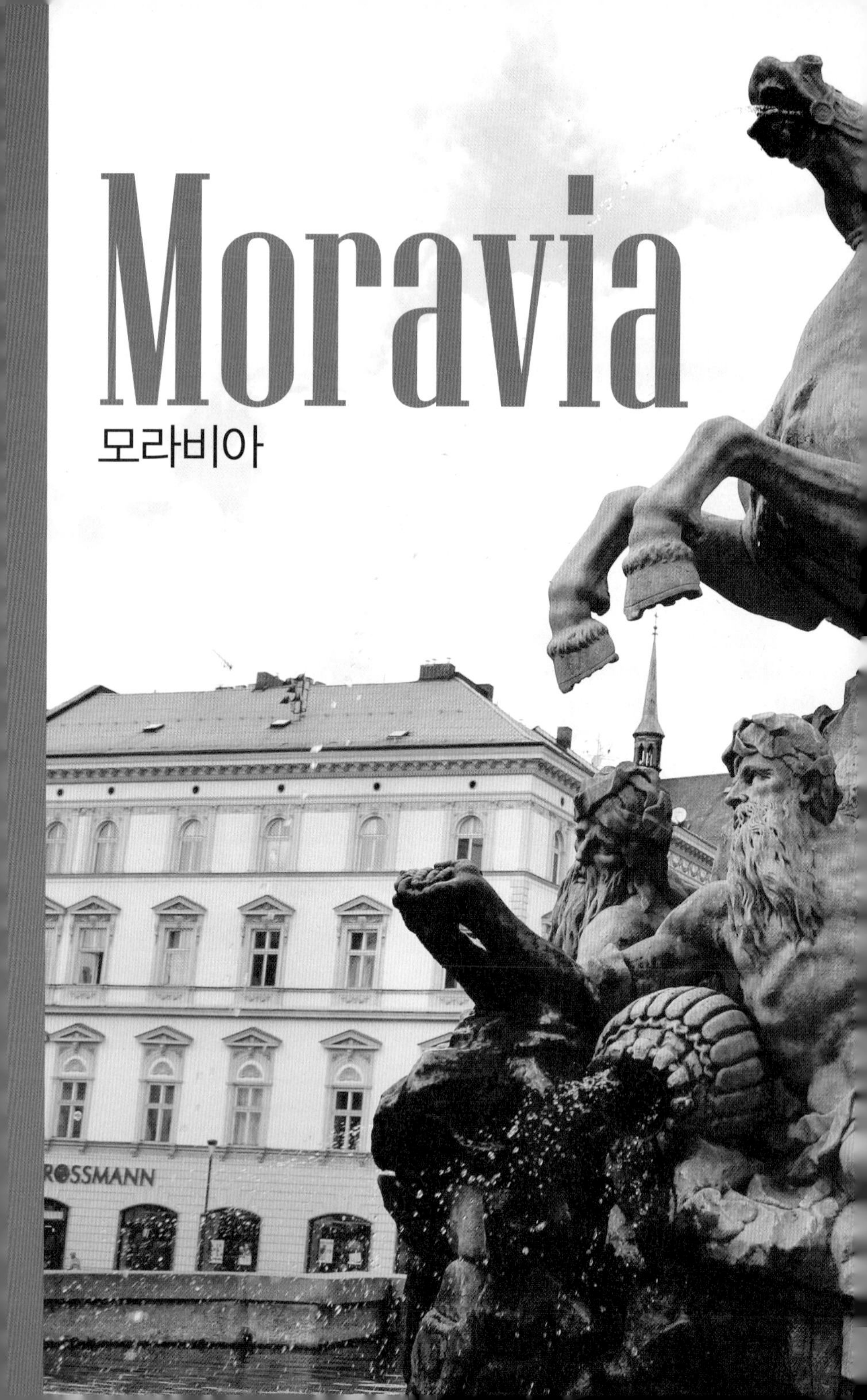
Moravia
모라비아
ROSSMANN

모 라 비 아

체코는 크게 동과 서로 나누는데 서부는 보헤미아Bohemia, 동부는 모라비아Moravia로 부른다. 프라하가 보헤미아 지방을 대표한다면 올로모우츠Olomouc는 모라비아 지방을 대표하는 도시이다.

오랜 전통과 문화유적을 간직한 모라비아 지방의 수도 올로모우츠Olomouc는 도시 규모로는 6번째이지만 프라하에 이어 체코에서 2번째로 많은 문화재를 보유하고 있다. 모라비아 지방은 유네스코 세계문화유산으로 지정된 크로메르지시 성, 알록달록한 르네상스 양식의 집들이 모여 있는 미쿨로프 구시가지 등 볼거리가 풍부한 지역이다.

축제

5월 비어페스트(음악과 맥주가 함께하는 축제)
7월 6일~30일 바로크 오페라 투어
9월 국제 오르간 축제
10월 가을 음악축제

모라비아 IN

모라비아는 대개 프라하를 거쳐 간다. 버스와 기차를 이용할 수 있지만 기차가 더 편리하다. 프라하에서는 중앙역이나 홀레쇼비체 역에서 탑승하고 브르노Bruno에서는 직행과 프레소브에서 갈아타는 경유편이 있다.

기차

프라하Praha
→ 올로모우츠Olomouc 2시간15분

브르노Bruno
→ 올로모우츠Olomouc 2시간30분

보헤미아와 모라비아

체코는 서부의 보헤미아 지방과 모라비아 지방으로 나뉜다. 보헤미아는 사업이 발달하였으며, 중심지는 프라하이다. 체코의 국력이 가장 강했다고 할 수 있는 14세기에는 체코의 왕 카를 4개가 신성 로마 제국(10~19세기의 독일 제국)의 황제가 되면서 권력을 잡아 프라하를 전 유럽의 중심지로 만들었다.
브르노를 중심으로 하는 모라비아는 농업이 발달한 지역이다. 이곳에서 9세기에 번성했던 대모라비아 제국은 비록 그 역사는 80년이 채 되지 않지만, 체코의 역사에서 빼놓을 수 없는 중요한 의미를 지니고 있다. 바로 이 대 모라비아 제국에서 체코 사람들과 슬로바키아 사람들이 함께 살았기 때문이다.

체코의 보헤미아와 모라비아는?

체코는 크게 보헤미아Bohemia와 모라비아 지방으로 나뉜다. 보헤미아는 체히Cechy라고도 하는데, 예전부터 체코의 정치적 중심지였다. 체코의 서부와 중부 지역에 해당하는 보헤미아는 면적은 52,750㎞, 인구는 약625만 명이다. 체코 공화국을 구성하는 동부 지방은 모라바Morava오 슬레스코Slezsko이다.

모라바는 체코 동쪽에 위치한 지방으로 모라바 강이 이 지역을 가로지른다. 한때 독일의 일부, 체코와 슬로바키아 진역, 폴란드 일부, 크로아티아 일부에 세력을 떨쳤던 대 모라비아의 중심지였고, 대 모라비아의 멸망 이후에 보헤미아 왕국에 복속되었다가 합스부루크 왕가 등의 통치를 거쳐 체코의 일부가 되었다. 슬레스코는 모라바 슬레스코주를 말한다.

모라바 지방의 북동부와 체코령 슬레스코 대부분 지역을 차지하는 주로 주도는 오스트라바이다. 면적은 5,445㎞, 인구는 약 126만 명이다. 오스트라바는 과거 석탄 산업으로 유명한 도시였다. 서쪽으로 올로모우츠 주 남쪽으로 즐린 주와 접하며 북쪽으로는 폴란드 동쪽으로는 슬로바키아와 국경을 접

한다. 이 슬레스코는 대개 모라비아 지역에 속하는 것으로 본다. 따라서 체코는 보헤미아와 모라비아로 크게 구분하는 경우가 많다. 이 지역의 구분은 지리적인 기준을 따른다.

보헤미아는 체코의 수도 프라하를 중심으로 지역적으로 서유럽에 가깝다. 프라하는 체코의 경제 중심지이며 화려한 문화유산으로 인해 관광산업이 발전했다. 반면 모라비아는 체코 제2의 공업도시 브르노를 중심으로 동쪽에 위치한다. 브르노에는 중화학 공업단지가 유명하고 남부 모라비아 지역은 화이트 와인Mikulov으로 유명하며, 와이너리도 많이 있다. 이 두 지역 사이에는 몇 가지 차이점이 있다.

언어적으로 보헤미아에서는 다소 느리면서 운율적 요소가 강한 체코어를 쓴다. 이와 달리 모라비아 지역의 말은 아주 빠르면서 운율적 요소가 거의 없다. 체코인들은 모라비아 인들은 시간이 없어서 그렇게 말한다고 하기도 한다. 이런 특징 때문에 체코 인들은 처음 만난 사람들끼리도 상대가 어느 지역 출신인지 쉽게 알아본다. 우리가 경상도, 전라도 사투리를 쓰면 지역을 쉽게 알 수 있는 것과 같은 원리이다.
그런데 두 지역 사람들 사이의 관계가 마냥 좋지만은 않다. 일반적으로 모라비아 인들은 보헤미아 인들보다 조금 더 순박하고 보헤미아 인들은 모라비아 인들보다 다소 깍쟁이 같다는 평을 받는다. 우리나라에서 서울 사람들이 시골사람보다 깍쟁이라고 이야기하는 것과 같다.

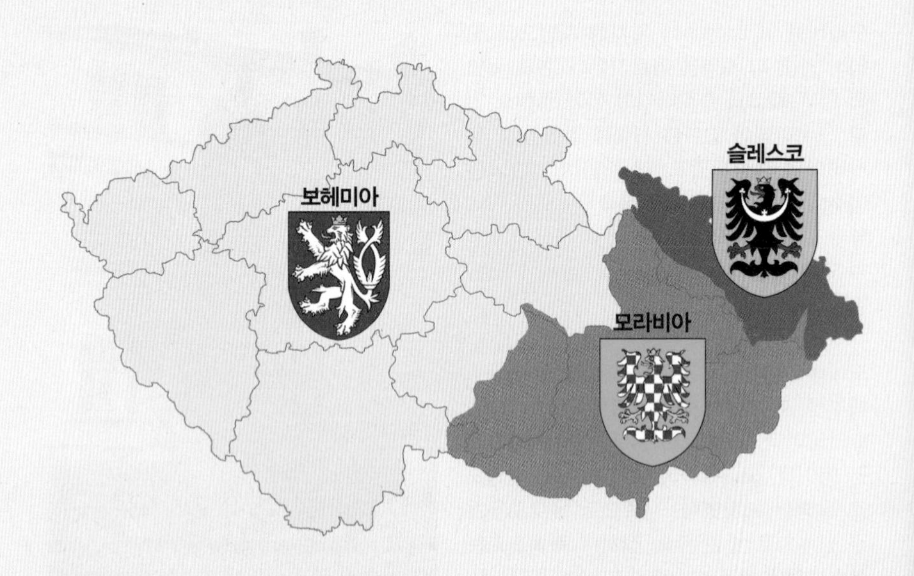

모라비아의 가을

Olomouc
올로모우츠

Bata
POŠTA
SMĚNÁRNA EXCHANGE
SMĚNÁRNA
EXCHANGE
tourist
0%
LAST MINUTE

Olomouc
올 로 모 우 츠

프라하가 보헤미아 지방을 대표한다면 올로모우츠Olomouc는 모라비아 지방을 대표하는 도시이다. 체코의 도시 규모로는 6번째이지만 프라하에 이어 체코에서 2번째로 많은 문화재를 보유하고 있다. 한적한 중세 도시를 느긋하게 걸어보면 중세의 향기를 느낄 수 있는 '작은 프라하'라고 불리지만 올로모우츠 시민들은 올로모우츠Olomouc로 불리기를 원한다.
모라비아의 대표 도시이자 천년이 넘는 역사를 간직하고 있는 올로모우츠Olomouc는 어느 곳을 가든 전통을 보전하고 있다. 프라하에 비해 저평가된 도시이니 체코여행에서 놓치지 말아야 한다.

올로모우츠 IN

체코의 국토는 넓지 않아서 프라하에서 대부분 당일치기로 다녀올 수 있다. 그러나 체코를 여행하려는 관광객은 올로모우츠를 거쳐 브루노Brno로 이동하는 경우가 많다. 프라하에서 중앙역이나 홀레쇼비체Holesovice역에서 타면 3시간 정도 지나면 올로모우츠Olomouc에 도착한다.

브르노에서 직행과 프레로브Prerov에서 갈아타는 환승편이 있으므로 시간을 확인하고 표를 구입해야 한다. 올로모우츠Olomouc는 인접한 슬로바키아, 오스트리아, 폴란드를 오가는 열차편이 운행되고 있다.

주간 이동가능 도시

올로모우츠 hl.n	브르노 Brno hl.n	열차 : 1시 30분~2시
올로모우츠 hl.n	프라하 Praha hl.n 또는 Holesoviec역	열차 : 2시 10분~2시 50분
올로모우츠 hl.n	프라하 Praha Florenc 터미널	버스 : 3시 30분
올로모우츠 hl.n	오스트리아 빈 Wien Sudbahnhot	열차 : 3시 10분~4시

야간 이동가능 도시

올로모우츠 hl.n	폴란드 바르샤바 Warszawa Centraina	열차 : 6시 10분
올로모우츠 hl.n	폴란드 크라쿠프 Krakow Glowmy	열차 : 6시 20분~8시 30분

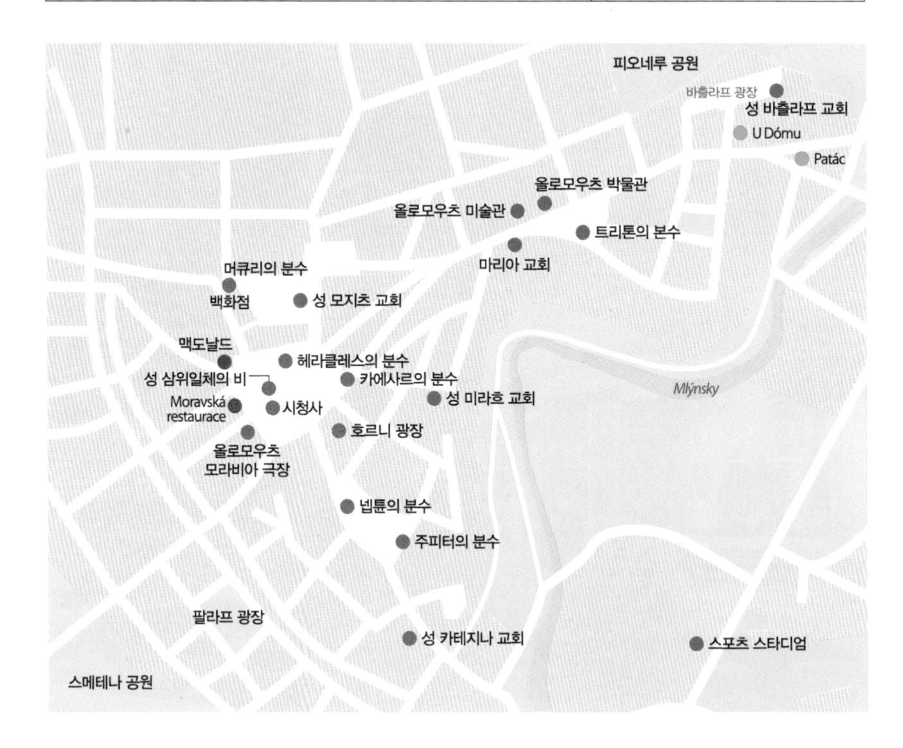

올로모우츠 중앙역에서 시내 IN

올로모우츠 중앙역에서 구시가의 호르니 광장까지 약 2㎞가 떨어져 있다. 대중교통수단인 트램을 이용하는 것이 가장 쉽고 편리하다. 트램 정류장이나 차량의 안에는 출발, 도착 시간, 도착 정류장이 표시되고 전광판이 앞에 있다.
티켓은 각 정류장 자동발매기나 신문가판대 등에서 구입할 수 있으며 탑승하면 개찰기에 티켓을 넣고 펀칭하면 된다. 하차 시에 직접 오픈 버튼을 눌러야 하차가 가능하다.

트램 1, 2, 4, 5, 6, 7번을 타고 코루나 쇼핑센터 역 하차 후 5분 정도를 걸어야 한다. 만약 일행이 4명 정도라면 택시를 타고 이동해도 교통비의 차이는 없다. 거리가 멀지 않아서 택시의 편리함이 있다.

핵심 도보 여행

버스나 기차를 타고 올로모우츠에 도착하여 걸어서 이동하기는 힘들다. 기차역이나 버스터미널이 구시가지에서 떨어져 있으므로 트램이나 버스를 타고 이동해야 한다. 버스로 도착했다면 버스터미널에서 지하도를 지나 왼쪽으로 돌아서 트램을 타고 이동하면 된다. 버스는 13, 14, 15, 19, 23, 700, 701번 버스를 타고 시그마 호텔 정류장에서 내리면 된다.

구시가지의 여행은 호르니 광장Horni nam에서 시작한다. 주변에는 카페나 레스토랑이 많아 잠시 쉴 수 있는 곳이다. 광장 중심에 있는 건물은 시청사로 매시 정각이 되면 건물 벽에 설치된 시계 장치를 보기 위해 많은 관광객이 몰려드는 곳이다. 프라하의 천문시계 앞과 비슷한 현상이 벌어진다.

호르니 광장에서 걸어서 공화국 광장까지 걸어가면 대부분의 관광지는 다 볼 수 있다. 공화국 광장으로 들어선 이후 돔스카 거리Domska가 있는 거리로 들어서면 가로수가 무성한 바츨라프 교회와 프제미슬 궁전이 있는 북쪽에는 프제미슬 성이 보인다.

올로모우츠에서 가장 유명한 관광지는 고딕양식의 성 바츨라프 대성당St. Wenceslas Cathedral과 대주교의 자리가 있는 올로모우츠 성이다. 로마네스크양식 대주교의 궁전Bishop's Palace의 천 년된 잔해도 볼 수 있다. 최근에 새로 공사한 대주교 박물관Archdiocesan Museum complex에서는 교회의 보물들과 올로모우츠 주교들의 소장품도 볼 수 있다.

호르니 광장
Horni Namesti

올로모우츠Olomouc의 대표적 관광명소로 호르니 광장Horni Namesti에는 광장을 둘러싸고 다양한 중세의 건물들이 그대로 남아있다. 광장 중앙에는 시청사와 성 삼위일체 기념비가 있으며 천문시계, 헤라클레스, 아리온 카이사르 분수 등이 있다. 광장 한편에는 구시가의 모습을 담은 작은 모형이 있다.
광장의 서쪽 중앙에 있는 거대한 성 삼위일체 비는 1716~1754년까지 바로크양식으로 건설한 것으로 높이가 35m에 이른다. 중부 유럽에서 독특한 양식으로 지어져 2000년에 유네스코 세계 문화유산으로 등재되었다.

광장에는 2개의 분수가 있어 화려함을 돋보이게 해준다. 시청사 동쪽에 있는 것이 전설의 올로모우츠 창시자인 카에사르 분수Caesarova Kašna이고 나머지 하나는 1688년에 만들어진 헤라클레스의 분수Herkulova Kašna이다.

위치_ 중앙역에서 트램1, 2, 4, 5, 6, 7번을 타고 코루나 쇼핑센터 앞에서 하차

성 삼위일체 기념비

Holy Trinity Column / Sloup Nejsvêtéjší Trojice

올로모우츠Olomouc에서 가장 유명한 유적은 2000년에 유네스코가 지정한 세계문화유산에도 등록된 성 삼위일체 기념비Sloup Nejsvêtéjší Trojice이다. 중부유럽에서 가장 큰 바로크 조각상인 성 삼위일체 기념비Sloup Nejsvêtéjší Trojice는 동유럽에서 가장 큰 바로크양식의 조각상이다. 어떤 것도 견줄 수 없는 크기, 부와 아름다움을 상징하는 기념물을 만들기 위해 노력했고 그 결과물에 관광객은 화려한 바로크 건축에 매료된다.

1716~1754년 동안 높이 올라간 기념비는 35m로 14세기에 유럽에 창궐한 흑사병을 이겨낸 기념과 감사함을 종교적으로 표현해 낸 것이다. 18명의 성인이 하늘을 바라보고 있는 형상으로 석주의 꼭대기에는 금도금을 한 가브리엘과 성모승천이 조각되어 있다. 아래에는 성 요셉과 세례요한 등의 조각과 12 사도 조각 등이 새겨져 있다.

성 삼위일체 기념비에 대한 사랑

18세기 초 모라비아 지방을 강타한 엄청난 페스트가 있었다. 올로모우츠에는 이미 전염병을 퇴치한 기념으로 세우는 기둥인 프라하 열주(Plague Column)를 가지고 있었지만 충분하지 않다고 생각한 시민들에게 새로 만들어진 성 삼위일체 석주는 바로 올로모우츠 사람들의 자존심이 되었다. 성 삼위일체 석주에 대한 올로모우츠 사람들의 사랑이 엄청나 도시 전체가 프로이센 군대에 의해 포위되었을 때 시민들은 군대에게 이 석주에만은 절대 총을 쏘지 말아달라고 간청했다고 할 정도이다.

시청사 & 천문시계
Radnice & Orloj

1378년 처음 짓기 시작해 1444년 완공한 르네상스 양식의 시청사는 호르니 광장 중앙에 있다. 시청사는 사면에 시계가 설치 된 첨탑이 있고 고딕양식으로 튀어 나온 차펠이 있다.
고딕양식과 르네상스 양식으로 만들어진 건물로 15세기에 완성되었다. 현재의 모습은 1955년에 보수되면서 천문 시계도 공산주의 모습으로 바뀌었다.
1607년에 완 공된 시청사 탑 전망대에 오르면 구시가 풍경을 한눈에 내려다볼 수 있으며, 탑 벽면에는 프라하의 천문시계와는 또 다른 천문 시계가 있다.
아기자기한 모양의 이 천문시계는 1519년에 처음 제작되었지만 제2차 세계대전 때 파괴된 후 여러 차례의 복원작업을 거쳤는데, 사회주의 시절 복원된 지금의 모습은 사회주의 이념을 상징하고 있다.
매시 정각에는 종이 울리며 프롤레타리아 계급을 표방하는 목각인형들이 나와 음악에 맞춰 춤을 춘다.

올로모우츠의 새로운 즐거움, 분수 찾기

그리스 신화에 나오는 6개의 분수와 카이사르 분수

1650년대에 스웨덴 군대가 체코 땅을 떠났을 때, 그들은 올로모우츠Olomouc를 폐허로 만들어 놓았다. 700개가 넘는 건물 중에서 약 1/4의 건물만이 거주할 수 있는 상태였고, 1640년도에 이곳에 살았던 3만 명의 사람들 중에 1,765명만이 살아남았다.

이 후 폐허가 된 도시는 점차 재건되었고, 재탄생의 상징물이자 올로모우츠에서 가장 아름다운 곳 중 하나는 바로 고대에 모티프를 두고 역사적 묘사를 담은 6개의 바로크 분수이다. 이 분수는 고전 신화에서 나온 헤라클레스, 주피터, 마스, 머큐리 등의 조각상으로 장식되어 있다.

카이사르 분수(Caesarova Kasna)

1725년에 만든 바로크 양식의 분수로 올로모우츠 분수 중 가장 뛰어난 작품이다. 고대 로마의 뛰어난 정치가인 가이우스 율리우스 카이사르가 말을 타고 있고 그의 발밑으로 두 남자가 누워있는 형상이다. 한 명은 모라바Morava 강와 다뉴브Danube 강을 의인화 했다고 한다.

헤라클래스 분수(Herkulova Kasna)

그리스 신화 속 가장 힘이 센 영웅 헤라클래스를 형상화해 1687부터 2년 동안 만든 바로크 약식의 분수로 신화 속의 이야기처럼 헤라클래스는 사자 가죽을 걸치고 오른손에는 몽둥이를 들고 있으며, 왼손에는 독수리가 발아래에는 그가 물리친 괴물 물뱀 히드라가 놓여 있다.

아리온 분수(Arionova Kasna)

그리스 신화 아리온의 이야기를 형상화해 1995년부터 7년 동안 만든 분수로 시청사 남서쪽에 위치해 있다.
그리스의 시인이자 음악가인 아리온이 마지막 노래를 부르고 바다에 투신했을 때, 그의 노래에 감명을 받은 돌고래가 그를 구출한다는 내용의 그리스 신화를 주제로 하고 있다.

마리아 기념비(Mariansky Sloup)

마리아 기념비는 14세기 유럽에 창궐했던 흑사병을 이겨낸 것에 대한 감사한 마음으로 1716년부터 8년 동안 만들어졌다.

넵튠 분수(Neptunova Kasna)

로마신화에 나오는 바다의 신 넵튠의 이야기를 형상화해 1683년에 만든 바로크 양식의 분수로 '물'을 다스리는 신 넵튠이 삼지창을 들고 바닷말 네 마리에 둘러싸여 당당하게 서 있는 모습을 형상화했다.

주피터 분수(Jupiterova Kasna)

그리스어로는 제우스, 로마어로는 주피터로 불리는 신들의 신 제우스를 형상화했다. 그리스 신화에 나오는 최고의 신 제우스를 형상화해 1707년에 만든 바로크 양식의 분수이다.

트리톤 분수(Kasna Tritonu)

그리스 신화에 나오는 반인 반어의 해신 트리톤을 형상화한 작품으로 원래 로마 바르베리니 광장에 있는 트리톤 분수에서 영감을 얻어 만들었다고 한다. 1709년 바로크 양식으로 만들어진 이 분수는 거대한 물고기와 거인 2명이 트리톤과 물을 뿜는 돌고래를 받치고 있는 형상을 하고 있다.

머큐리 분수(Merkurova Kasna)

1727년, 그리스 신화에 나오는 머큐리를 형상화한 분수이다. 그리스어로는 헤르메스, 로마 신화에서는 머큐리로 불리는 전령의 신 머큐리를 형상화한 작품으로 날개 달린 투구를 쓰고 2마리의 뱀이 꼬여있는 지팡이를 들고 있는 모습을 표현했다.

EATING

레스토랑 우 모리츠
Restaurant U Mořice

현지인들이 좋아하고, 외국인 현지 가이드도 추천하는 고기요리가 맛있는 레스토랑이다. 친절한 직원과 신선한 맥주를 제공하는 것으로도 인기가 있다.
생선요리나 파스타도 맛있지만 굴라쉬나 스테이크, 립 중 하나는 꼭 시켜볼 것. 현지인이나 서양 관광객에게 인기 많은 곳이기 때문에 주말 저녁에 방문할 예정이라면 예약하는 것이 좋다.

홈페이지_ www.umorice.cz
주소_ Opletalova 364/1, 779 00 Olomouc
위치_ 시계탑에서 북쪽으로 도보 약 3분
시간_ 월~토 11:00~22:00 / 일 11:00~23:00
요금_ 스타터 75Kc~ / 메인요리 145Kc~
전화_ 420-581-222-888

모라브스카 레스토랑
Moravska restaurace

넓게 펼쳐진 호르니 광장을 바라보며 식사할 수 있는 음식점으로 맛있는 음식과 친절한 직원들이 안정적인 서비스를 제공한다. 현지인들도 즐겨 찾는 맛집으로 어느 음식평가를 해도 올로모우츠 음식점 순위에서 항상 선정되고 있다. 고기 요리가 맛있기 때문에 음식과 어울리는 와인을 추천받아 함께 마신다면 올로모우츠의 진정한 미식을 즐길 수 있을 것이다.

홈페이지_ www.moravskarestaurace.cz
주소_ Horní nám. 23, 779 00 Olomouc
위치_ 아리온 분수 인근
시간_ 11:30~23:00
요금_ 스타터 160Kc~ / 메인요리 285Kc~
전화_ 420-585-222-868

프렌치 프라이
FÆNCY FRIES

체코 내 여러 개 지점을 갖고 있는 신선한 감자튀김 전문점으로 언제나 인기 있는 현지인들의 인기 간식으로 사랑받고 있다. 한국 돈 2천원이면 두툼하고 뜨끈한 감자튀김을 한 손 가득 먹을 수 있다. 테이크아웃 컵에 소스도 따로 담겨져 있어 간편하게 먹을 수 있는 것은 덤이다. 올로모우츠를 산책하며 소소하게 먹기 좋은 간식이 될 것이다.

홈페이지_ www.faencyfries.cz
주소_ Ztracená 317/15, 779 00 Olomouc
위치_ 트램 Komenského náměstí에서 도보 약 3분
시간_ 월~금 10:30~20:00 / 토 13:00~19:00
일요일 휴무
요금_ 38Kc~ **전화_** 420-733-123-456

미니피보바르 어 스테이크하우스 리에그로브카
Minipivovar a Steakhouse Riegrovka

매장 내에 양조장을 함께 운영하고 있는 스테이크 전문점으로 알려져 있다. 직접 드라이 에이징 시키는 스테이크가 일품이다. 고기 요리가 맛있는 곳으로 체코 전통 요리인 꼴레뇨나 타르타르, 햄버거도 맛있는 것으로 호평일색이다.
샘플 맥주를 주문하면 도수가 표시된 6종의 미니 맥주가 나온다. 본인의 입맛에 찰싹 붙는 맥주를 시켜 고기 요리와 함께 즐겨보자.

홈페이지_ www.riegrovka.eu
주소_ Riegrova 381/22, 779 00 Olomouc
위치_ 호르니 광장에서 도보 약 4분
시간_ 월 11:00~22:00 / 화,수 11:00~23:00
목 11:00~24:00 / 금 11:00~25:00
토 11:30~25:00 / 일 11:30~22:00
요금_ 55Kc~ / 메인요리 199K
전화_ 420-733-123-456

카페 라 피
Café la fee

현지인들이 좋아하는 브런치이자 디저트 카페로 유명하다. 대부분의 메뉴가 맛있는 것으로 호평인 곳으로 직원도 친절하기로 소문났다. 고전적이면서도 세련된 내부에서 더 깊이 들어가면 나뭇잎 사이로 햇살이 비치는 정원 테이블도 있다. 아침부터 늦은 저녁까지 운영하므로 시간대에 따라 브런치, 카페, 디저트를 즐겨보자. 홈 메이드 케이크와 에이드, 밀크셰이크를 주로 주문한다.

홈페이지_ www.facebook.com/cafelafeeolomouc
주소_ Ostružnická 13, 779 00 Olomouc
위치_ 호르니 광장에서 도보 약 3분
시간_ 월~목 08:00~21:00 / 금 08:00~22:00
토 09:00~21:00 / 일 09:00~20:00
요금_ 음료류 55Kc~ **전화_** 420-774-896-396

FORMAGGERIA
MAGGERIA
trIVnI PERQVE DEO
RAESENTIBVS AVGVSTIS
nCIsCo ATQVE THERESIA
CoLossVs ISTE
CARDINALE TROIER
ConseCratVs 9. sept.

Bruno
브르노

Bruno
브　르　노

체코 제2도시인 브르노Bruno는 화이트 와인의 성지로 유명하다. 브르노Bruno는 규모면에서는 체코에서 인구는 40만 명의 2번째로 큰 도시이고 버스, 기차 등 교통의 허브이다. 아름다운 자연경관으로 둘러싸여 있고, 프라하보다 조용하고 아늑한 분위기를 물씬 풍긴다. 브르노는 겨울을 제외하고 대체로 날씨가 좋은 편이라 판란 하늘을 자주 볼 수 있다. 9월에 많은 관광객들이 가을의 와인 투어를 가장 많이 즐긴다.

체코는 보헤미안 지방의 맥주가 익히 알려져 있지만, 모라비아 지역에서 맥주만큼 와인이 유명하다. 브르노 지역이 체코 와인 생산량의 96%를 담당한다. 중세의 고즈넉한 풍경에 와인 맛까지 음미하려면 발티체 성에 있는 국립와인협회 와인 살롱을 찾으면 된다. 이곳에서 열리는 시음 프로그램에 참가해 와인을 맛보고 구입할 수 있다. 화이트 와인은 아주 달콤하다.

간단한 브르노 역사

11세기에 성채로 건설된 브르노Bruno는 오늘날 체코에서 2번째로 큰 도시이자 모라비아 지역의 주도로 발전했다. 브르노Bruno의 구시가지에 자리 잡은 자유의 광장Náměstí Svobody에는 14세기의 성 베드로와 성 바오로 대성당, 올드 타운홀Old Town Hall 같은 건축학적 걸작들이 모여 있다. 카푸친 수도원Capuchin Monastery의 음산한 지하실에서 미라를 구경하고, 세인트 제임스 교회Church of St. James의 납골당에서 전염병과 전쟁으로 목숨을 잃은 사람들의 유골도 살펴볼 수 있다.

모라비아 왕국의 수도로 번영을 누렸던 브르노에는 슈필베르크 성과 교회 등의 많은 문화유산이 있다. 문화와 학문의 중심지로 미술관, 박물관, 도서관, 대학이 자리하고 있어 젊고 활기찬 분위기를 느껴진다. 모라비안 박물관Moravian Museum에서 현지 역사를 알 수 있고 브르노 모라비안 갤러리Moravian Gallery in Brno와 브르노 미술관Brno House of Arts에서 전시관도 둘러볼 수 있다.

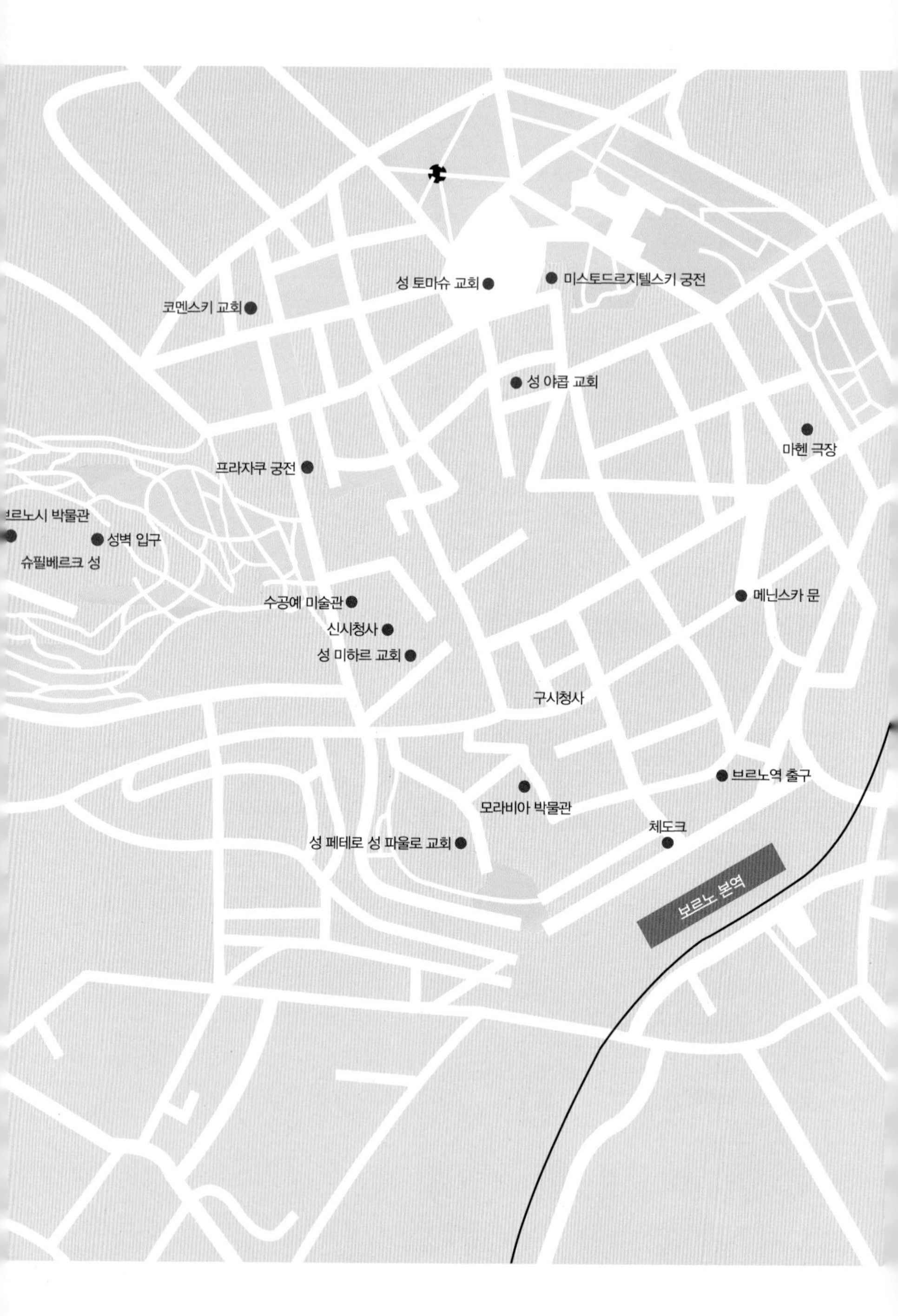
성 토마슈 교회
미스토드르지텔스키 궁전
코멘스키 교회
성 야콥 교회
마헨 극장
프라자쿠 궁전
브르노시 박물관
성벽 입구
슈필베르크 성
수공예 미술관
신시청사
성 미하르 교회
메닌스카 문
구시청사
브르노역 출구
모라비아 박물관
체도크
성 페테로 성 파울로 교회
보르노 본역

밤의 도시

밤이 되면 구시가지의 바와 레스토랑에서 즐거운 시간을 만끽해 보자. 커다란 광장이 내려다보이는 야외 테라스를 갖추고 있는 바가 많다. 현지에서 만든 스타로브르노 맥주와 남부 모라비아의 포도원에서 생산된 와인도 맛보고, 시민들과 대화를 나누면서 활기찬 하루를 마무리할 수 있다. 마헨 극장Mahen Theatre과 레두타 극장Reduta Theatre에서 발레와 오페라, 교향악단 공연을 관람하면서 여유를 즐기는 것도 좋은 방법이다.

잘 알려지지 않은 대학도시

브르노Brno는 인구와 규모 면에서는 체코에서 두 번째로 큰 도시지만, 관광지 인기도로 보자면 유네스코 문화유산에 등재된 체스키크룸로프, 모라비아의 올로모우츠에 훨씬 못 미친다. 버스, 트램을 타고 주요 관광지를 편안하게 둘러볼 수 있는 브르노는 인파로 북적대는 프라하에서는 느낄 수 없는 체코의 매력을 만끽할 수 있다.

브르노 IN

브르노Bruno는 남부 모라비아의 광활한 전원 지역으로 향하는 관문이다. 프라하에서 브르노까지는 기차를 타고 오면 쉽다. 프라하는 2시간 남짓, 오스트리아 비엔나는 1시간 30분, 헝가리 부다페스트는 3시간이면 버스로 도착할 수 있다.

기차

브르노Bruno는 프라하에서 18편, 올로모우츠에서 6편, 슬로바키아의 브라티슬라바에서 5편의 기차가 운행하는 교통의 중심지로 성장해왔다.
프라하 본역에서 매일 13편의 기차가 3시간 거리에 있는 브르노로 운행을 하고 있다. 홀레쇼비체 역에서 5편의 기차가 운행을 하는 교통의 중심지이다. 모라비아의 중심도시인 올로모우츠까지 매일 6편의 기차가 1시간 30분이면 도착한다.

버스

프라하와 올로모우츠에서 매시간 30분마다 출발하는 버스들이 브르노로 향하고 있다. 프라하에서 약 2시간 30분이 소요되며 올로모우츠에서 1시간 10분이면 도착하여 체코를 여행하는 관광객은 버스를 이용하는 비율이 높다.
버스로 프라하에서 출발해 브르노를 거쳐 헝가리의 부다페스트까지 이동하는 버스도 여행자들이 많이 선택하고 있다.

한눈에 브르노 파악하기

미술관과 중세 시대의 랜드마크인 활기 넘치는 바를 두루 갖춘 브르노Bruno를 방문해 모라비아의 여유로운 매력을 느껴보자. 건축학적으로 인상 깊은 기념물과 분위기 있는 바, 갤러리, 아름다운 공원과 박물관이 있는 브르노로 여행을 떠나면 넉넉한 인심을 느낄 수 있다.

브르노 시 전체는 큰 도시이지만 관광을 위한 구시가지는 작은 규모의 도시라고 알고 있어야 한다. 브르노 기차역에서 자유 광장으로 걸어서 약 10~15분 정도면 도착할 수 있어, 걸어서 여행을 즐길 수 있다. 버스터미널은 더 남쪽으로 위치해 있어 구시가지까지 10분 정도가 더 소요된다. 9번 트램이 역을 지나 구시가지까지 이동하므로 편하게 이용이 가능하다.

기차역에서 자유 광장까지 이어진 마사리코바Masarykova 거리는 가장 활발한 번화가로 레스토랑과 카페, 각종 상점들이 늘어서 있다. 북쪽으로 계속 이동하면 자유 광장nám. Svobody에 도착한다. 자유 광장을 중심으로 북쪽으로 성 야곱 교회, 남쪽으로 성 파울로 교회, 서쪽으로 슈필베르크 성이 있다.

광장 근처에 있는 고딕건축이나 은행 건물들은 현대적인 건물도 있지만 르네상스 양식으로 지어진 건물을 그대로 이용하고 있다. 도미키칸 광장이나 녹색 광장도 2블록 거리에 있어 여행하기에 좋은 도시이다.

도심 외곽에 자리 잡은 마사리크 대학교 멘델 박물관Mendel Museum of Masaryk University과 로마 문화 박물관Museum of Romani Culture, 브르노 기술박물관Technical Museum of Brno도 찾아가 보자. 트램을 타거나 걸어서 슈필베르크 성Spilberk Castle과 기능주의 양식의 두겐다트 별장Villa Tugendhat이 있는 언덕 위로 올라가 도시를 바라봐도 좋다.

화창한 날에 브르노의 공원과 정원에 들러 보자. 루잔키 공원의 넓은 잔디밭에서 여유를 만끽하며 식물원Botanicka Zahrada에서 자연경관을 감상하고 향기에 취해도 좋다. 브르노 동물원Zoo Brno에 들러 이국적인 야생동물도 만나고 보트를 타고 지하 강을 따라 마코차 심연Macocha Abyss의 경이로운 동굴이 모여 있는 곳으로 이동해도 좋다.

자유 광장

Náměstí Svobody / Freedom Square

구시가지의 중심에 있는 큰 광장으로 브르노 시민들이 걸어 다니면서 활동할 수 있는 곳이다.

자유 광장nám. Svobody에서 이어진 마사리코바Masarykova 거리는 가장 활발한 번화가로 레스토랑과 카페, 각종 상점들이 늘어서 있다. 자유 광장nám. Svobody 근처에는 성 야콥 교회부터 현대적인 건물까지 다양한 시대의 건축들이 둘러싸 있다.

전화_ +420 549 251 246

구 시청사
Stará Radnice / Old Town Hall

브르노의 랜드 마크인 언덕 위쪽의 세인트 피터 앤드 폴 성당 앞에서 사진도 찍고, 구 시청 건물 안에 들어가 이곳의 상징인 매달려 있는 악어도 구경해 본다. 고딕양식의 돌로 된 세공은 1511년 안톤 필그람Anton Pilgram이 제작했다. 그는 충분한 보수를 받지 못해 중심의 작은 탑을 뒤틀어놓았다고 전해진다.

건물로 들어가는 통로에는 브르노의 상징인 악어가 날카로운 눈으로 쳐다보고 있어 어두울 때에는 깜짝 놀라기도 한다. 내부에는 파노라마에서 입체사진을 보고, 세공의 오르골, 축음기 등이 전시되어 있으며 스테인드글라스도 아름다워 많은 관광객이 찾고 있다. 시청사의 탑에 올라가 브르노 시내를 조망할 수도 있다.

주소_ Radnická 8
시간_ 9~17시
전화_ +420-542-321-255

오메가 팰리스 백화점
Omega Palace Department Store

브르노 구시가의 중심부인 자유 광장Name˘sti Svobody에 들어서면, 네오르네상스와 바로크 양식의 빛바랜 건축물들 사이로 유독 모던한 빌딩 하나가 눈에 띈다. 바로 오메가 팰리스 백화점Omega Palace Department Store이다.

건축 스튜디오 쿠바 & 필라 아르키텍티Kuba & Pilar Architekti가 설계를 맡아 특유의 미니멀한 건축 미학을 선보였다. 직사각형으로 덩어리진 유백색 유리들이 기하학적 패턴처럼 연결되어 낮에는 빛을 품고, 밤에는 요요히 빛난다.

또 하나의 감상 포인트는 몇 해 전 건물 앞에 설치한 천문시계다. 조각가 올드리흐 루이브르Oldr˘ich Rujbr와 그래픽 디자이너 페트르 카메니크Petr Kamenik가 디자인한 검은 기둥이 마치 현대미술 작품을 보는 듯한 착각을 불러일으킨다. 밤이 되면 푸른빛 조명이 건물 전체에 들어와 더 이색적인 풍광을 즐길 수 있다.

시간_ 10~19시

현대적인 도시, 브르노

구시가 외곽까지 나가지 않아도 고딕과 바로크 사이, 우아함과 고풍스러움 사이로 군데군데 아주 모던한 건축물이 눈에 띄었다. 시티 투어를 맡은 마르티나에게 이에 관해 물었다. "1918년 체코와 슬로바키아가 합병한 이후 브르노는 연방에서 두 번째로 큰 도시가 되었다.
새로 생긴 기관이나 단체는 많은데 들어설 공간이 없으니까 자연스레 건축 붐이 일었죠." 일거리가 많아지니 당연히 건축가들이 모여들었고, 온갖 테크닉으로 무장한 젊은 건축가들이 하나의 세대를 이루며 일대의 문화적 트렌드를 선도하게 된 거다.
브르노 구시가에 기능주의 양식이 들어서기 시작한 건 그때부터다. 사실 브르노를 오늘날 모라비아에서 가장 현대적인 도시로 진화시킨 데는 건축의 공이 적잖다. 현지인들이 가장 자랑스러워하는 빌라 투겐타트(Villa Tugendhat)부터 구시가 한복판을 점령한 백화점 건물까지, 브르노를 '다른 맛'으로 기억하게 하는 주요 모던 건축을 둘러봤다.

녹색 광장
Zelny trh

자유 광장 근처에 작은 광장이 하나 더 있다. 겨울 시즌과 일요일을 제외하고는 늘 장이 서는 광장이다. 근처에서 생산된 신선한 제철 과일과 채소를 늘 쌓아두고 판다. 마트에서 파는 것보다 더 신선한 것들을 살 수 있다. 시장이 문을 닫는 겨울 시즌에는 크리스마스 마켓이 열린다.
각종 공예품과 크리스마스 관련 제품, 먹을거리를 판매해 눈과 입을 자극한다.
양배추 시장Zelný trh에서 다채로운 음식 가판대를 둘러보며 현지 주민들과 어울릴 수 있다. 바빌로니아, 그리스, 페르시아 제국을 상징하는 바르나소스 분수대Parnassus Fountain를 찾아가도 좋다. 가이드 투어에 참여하면 과거 은신처, 창고이자 고문실로 사용되었던 지하 터널도 구경할 수 있다.

주소_ Náměstí Svobody 1550

슈필베르크 성
Spilberk Castle

시내와 연결된 언덕을 통해 슈필베르크 성Spilberk Castle에 올라 시내를 조망할 수 있다 도심 속 숲속 같은 분위기를 주는 슈필베르크 성Spilberk Castle으로 올라가는 길은 나무로 둘러싸인 언덕이라 산책하기 좋다. 성 위쪽까지 올라가면 시내를 한눈에 볼 수 있는 최고의 장소이다.
언덕에 있는 13세기 요새의 포와 음산한 지하 감옥 안에 들어가 보고 미술 전시관을 관람할 수 있다. 브르노 구시가지가 한눈에 들어오는 멋진 전망도 보러 관광객이 많이 찾는다. 슈필베르크 성Spilberk Castle의 지하 감옥과 성벽, 박물관을 살펴보며 수백 년간 이어져 온 왕궁 역사에 대해 알 수 있다. 아름다운 성은 모라비안 총독의 관저이자 요새였고 합스부르크 시절에는 교도소로도 이용되었다. 슈필베르크 성Spilberk Castle은 1200년대 중반 오트카르 프르제미슬 2세의 명으로 건축되었다.

주소_ Spilberk 210/1
위치_ 슈필베르크 성에서 15분만 더 걸어가면 자유의 광장(Náměstí Svobody) 도착
시간_ 9~17시(월요일 휴관)
전화_ +420-542-123-611

전망 탑

입장료를 내고 안에 들어가면 더 높이 올라 볼 수 있는 전망대도 있다. 꼭대기에 올라가 브르노 도심과 주변 전원 지역이 한눈에 들어오는 멋진 전망을 감상할 수 있다. 나무가 줄지어 정원으로 둘러싸인 언덕 꼭대기에서 브르노 구 시가지가 보인다. 해 지는 시간에 맞춰 오르면 일몰 풍경도 한 번에 볼 수 있으니 일석이조다.

지하 감옥

적의 공격을 막기 위해 무기를 보관해 두었던 포곽은 18세기에 합스부르크 왕가 구성원들이 성의 중세 구조물에 지하 감옥을 증축하였다. 지하 감옥 안을 들여다보며 합스부르크 왕가에서 죄수들을 열악한 환경에 감금했던 것을 상상할 수 있다. 가장 유명했던 죄수로는 오스트리아의 장군 바론 프란츠 반 본 데르 트렌크, 이탈리아의 시인 실비오 펠리코, 체코의 악명 높은 무법자 바츨라프 바빈스키 등이 있다.

브르노 시립 박물관(Brno City Museum)

브르노의 문화적 유산을 소개하는 상설 전시관이 있다. 성에서 요새로(From Castle to Fortress)이동해 전시관에 가서 700년에 이르는 슈필베르크 성의 역사상 주요한 건축학적 변천사를 알 수 있다. 국립 교도소(Prison of the Nations) 전시관에 들러 성이 악명 높은 감옥으로 이용되던 당시의 상황을 이해하면서 브르노의 주요 역사적 사건을 시간대별로 살펴보고 바로크 조각상과 당시 가구, 르네상스 시대의 그림들을 관람하게 된다.

두겐다트 별장
Villa Tugendhat

기능주의의 진수를 보여 주는 유네스코 세계 문화유산인 두겐다트 별장은 체코의 부유한 가문이 머물렀던 곳이다. 두겐다트 별장Villa Tugendhat은 1920년대 브르노를 강타한 기능주의 건축 양식을 가진 건물이 모여 있다. 현대적으로 설계한 방과 당시 가구를 살펴보고, 창밖을 바라보면 자연 그대로의 아름다움을 간직한 정원을 볼 수 있다.

간략한 역사

두겐다트 별장Villa Tugendhat은 부유한 기업의 두 상속자인 그레테 두겐타트Grete Tugendhat와 프리츠 두겐타트Pritz Tugendhat가 살던 곳이다. 두 사람은 1927년 독일 건축가인 루드비히 미스 반데어로에Mies van der Rohe를 고용해 저택을 지었다. 이 저택은 뛰어난 디자인을 인정받아 세계적인 유명세를 얻게 되었다. 제2차 세계대전 때는 독일군에게 점령당해 폭격으로 피해도 보았다. 전쟁 이후 소아과 병원으로 운영되었다가 다시 별장으로 사용되고 있다.

주소_ Cernopolni 45
위치_ 구시가지에서 차로 10분, 걸어서 25분 거리
트램 3, 5, 11번 타고 이동
시간_ 10~18시(월요일 휴관)
전화_ +420-515-511-015

EATING

카펙
Kafec

브르노에서 진짜 맛있는 커피를 마시고 싶다면 꼭 들러야 할 카페. 현지인들이 추천하는 커피 맛집으로 2010년에 문을 열었으며, 플젠과 즐린에도 지점이 있다.
카페의 대표이자 모든 것을 관리 감독하는 토마스 코네티는 8살부터 커피를 만든 커피광이라고 알려져 있다. 친절하고 유쾌한 직원들이 내려주는 진한 커피 맛은 당신의 기대 이상일 것이다.

홈페이지_ www.kafec.cz
주소_ Orlí 491/16, 602 00 Brno-město
위치_ 양배추 시장에서 도보 약 2분
시간_ 월~금 09:00~20:00 / 토,일 09:00~20:00
요금_ 커피류 45Kc~
전화_ 420-537-021-965

고 브르노
Gỗ Brno - Pravá vietnamská kuchyně

브르노에서 맛있고 양 많기로 소문난 베트남 음식 전문점이다. 한국에서 먹는 베트남 음식과 크게 다르지 않아 좋다. 쌀국수나 분짜, 스프링 롤 등 대체로 모든 메뉴가 맛있다. 식사 만족도가 높아 재 방문률이 높다. 내부는 테이블이 많고 꽤 넓지만 브르노 내 인기 식당이기 때문에 식사 시간에는 사람이 붐빈다.

홈페이지_ www.facebook.com/GoBrno
주소_ Běhounská 115/4, 602 00 Brno-střed-Brno-město
위치_ 자유광장에서 북쪽으로 도보 약 2분
시간_ 월~토 11:00~22:00 / 일 12:00~22:00
요금_ 스프링롤 65Kc~ / 쌀국수 139Kc~
전화_ 420-720-021-575

버거 인
BURGER INN

나이와 성별을 불문하고 현지인들에게 인기 있는 수제 버거 전문점이다. 육즙이 촉촉하게 살아있는 두툼한 패티와 어우러지는 맛있는 소스와 야채, 노릇한 번까지 보면 먹고 싶은 마음이 생겨난다.
큰 접시가 꽉 차도록 내어주는 햄버거와 감자튀김을 먹고 나면 맛있고 배부른 식사에 저절로 만족하게 된다. 버거 인의 시그니처이자 한국인 입맛에 딱 맞는 체다 베이컨을 주로 주문한다.

홈페이지_ www.burgerinn.business.site
주소_ Běhounská 9, 602 00 Brno-střed
위치_ 고 브르노에서 북쪽으로 도보 약 2분
시간_ 일~목 11:00~22:00 / 금,토 11:00~23:00
요금_ 버거류 169Kc~
전화_ 420-775-253-799

크테리 네그지스토예
který neexistuje

브르노에 방문했다면 한번쯤 들러봐야 할 바. 가게 이름도 '존재하지 않는 바'라는 뜻이며, 브르노의 힙 플레이스로 유명해 오픈 전부터 대기 줄로 넘친다.
브르노의 대학생 2명이 최고의 술집을 찾으려 미국 동부로 여행을 다녀온 후 만든 곳으로, 체코에서 한 번도 느껴보지 못한 힙한 분위기에 저절로 들뜨게 될 것이다.

홈페이지_ www.barkteryneexistuje.cz
주소_ Běhounská 9, 602 00 Brno-střed
위치_ 고 브르노에서 북쪽으로 도보 약 2분
시간_ 일~목 11:00~22:00 / 금,토 11:00~23:00
요금_ 버거류 169Kc~
전화_ 420-775-253-799

수지스 피제리아 앤 레스토랑
Suzie's pizzeria & restaurant

현지인들이 자주 찾는 이탈리안 레스토랑으로, 이탈리아에서 수입한 재료를 사용하여 음식을 만들어낸다.
피자, 파스타, 리조또, 스테이크 등 다양한 메뉴를 판매하며, 신선하고 질 좋은 재료를 사용하여 개성이 있게 플레이팅하는 음식들은 눈도 입도 즐겁다. 모든 이들이 극찬하며 직원들도 자랑스러워하는 홈메이드 레모네이드를 추천한다.

홈페이지_ www.suzies.cz
주소_ 4 306 Údolní Veveří, 602 00 Brno-střed
위치_ 트램 Komenského náměstí에서 도보 약 3분
시간_ 월 ~토 11:00~23:00 / 일 11:00~22:00
요금_ 피자류 155Kc~
전화_ 420-702-160-160

Zámek Lednice

레드니체

Zámek Lednice
레 드 니 체

체코 남 모라비아 지방에 있는 레드니체는 유럽의 정원이라는 별명을 가지고 있으며, 자연과 건축물이 훌륭하게 어우러진 아름다움으로 1996년 유네스코 세계 유산에 선정되었다. 레드니체 안에 있는 발티체 성은 수 세기에 걸쳐 가꾸어진 정원은 독특한 아름다움을 가지고 있다. 희귀한 나무종과 정원과 어우러진 작은 건물들은 더 특별하게 만든다.

현재, 체코의 모라비아와 오스트리아 국경 지역인 이곳은 600년 동안 리히텐슈타인 가문에 의해 정성스럽게 가꾸어졌다. 유럽에서 영향력 있는 가문 중 하나였던 리히텐슈타인 가문은 레드니체 지역에 우아한 프랑스 정원과 아름다운 영국식 공원을 조성하였다. 그리고 공원 마다 귀족들의 연회를 위한 작은 파빌리온도 설치하였다.

레드니체 IN

프라하에서 1일 여행 코스로는 먼 거리로, 레드니체를 여행할 때에는 브르노Brno에서 이동하는 것이 좋다.

프라하 → 레드니체 (3~5시간 소요)
브리제츨라프역Břeclav hl. nádraží까지 IC, EC 기차로 이동 (314㎞) → 역에서 하차 후 브리제츨라프Břeclav 버스 정거장까지 이동(3분) / 레드니체 가는 로컬버스(11㎞)

브르노 → 레드니체 (1시간 소요)
① Ex, IC, EC 기차로 역nádraží 이동 (59㎞, 1시간 11분 소요)
역에서 하차후 브르제츨라프Břeclav 버스 정거장 이동(3분) → 레드니체 가는 로컬버스 탑승(11㎞)
② 브루노에서 매 시간 출발하는 로컬 트레인 탑승하여 포디빈Podivín 기차역 이동

교통정보

버스
미쿨로프(Mikulov) ↔ 레드니체(Lednice)행 버스 2시간 마다 운영

기차
비엔나(Vienna) – 브제츨라프(Břeclav) – 발티체(Valtice)행 1시간 마다 운영
즈노이모(Znojmo) – 발티체(Valtice) 행 1시간 마다 운영

관광 안내소
주소 : Lednice, Zámecké náměstí 68
전화 : +420519340986
tic@lednice.cz
홈페이지 : www.lednice.cz

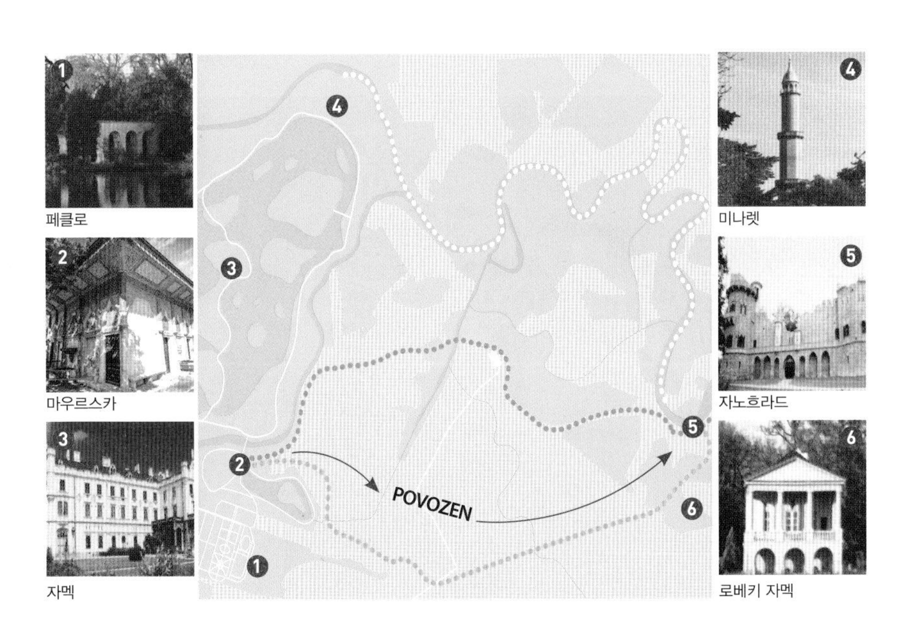

페클로
마우르스카
자멕
미나렛
자노흐라드
로베키 자멕

레드니체 한눈에 파악하기

프라하의 남동쪽에 있는 레드니체Lednice는 체코 남부의 모라비아지방에 있는 작은 마을이다. 넓은 공원으로 둘러싸인 동화 같은 성으로 유명한 체코의 와인 재배 지역의 심장부에 있다. 레드니체 성은 유네스코UNESCO에 등재된 레드니체Lednice – 발티체Valtice 문화 경관의 일부를 형성하고 체코와 슬로바키아, 폴란드의 국경 지대에 위치한 12세기의 방어거점으로 마을이 형성되기 시작했다.

몇 백 년 동안 네오 고딕Neo-Gothic양식의 궁전과 리히텐슈타인 가문이 소유한 레드니체Lednice 성이 핵심적인 관광지이다. 제대로 관람을 하기 위해서는 투어를 신청해야 설명을 제대로 들을 수 있다. 호화로운 개인 공간, 나이트 홀Knight's Hall, 박물관을 둘러본다.
잘 다듬어진 정원은 1845년에 지어졌고, 열대식물로 가득 찬 거대한 철과 유리로 덮인 온실은 또 하나의 볼거리이다. 바로크 건축가인 요한 버나드 피셔 본 에르라크Johann Bernard Fischer von Erlach는 17세기 후반에 승마학교를 설계했다. 공원 내에는 호숫가의 미나렛(Joseph Hardmuth 설계)이 있는데, 리히텐슈타인Lichtenstein 가문의 동양적 유물수집이 이루어진 곳이기도 하다.
나선형 계단은 아름다운 전망을 위한 60m 탑의 갤러리까지 302개의 계단을 따라 올라가게 된다. 여름에는 다이제 강Dyje River을 따라 보트크루즈와 마차 타기를 이용할 수 있다. 현지 포도주를 시음 할 수 있는 몇 개의 포도주 양조장이 있어 가을에 특히 관광객의 발길이 잦은 곳이다.

레드니체 성
Zámek Lednice

레드니체 성Zámek Lednice은 19세기 네오 고딕양식Neo-Gothic으로 지어진 성으로, 이 성은 유럽 귀족 회의의 여름 회의장으로 쓰였다.
귀족들의 여름 별장으로도 쓰였던 레드니체 성Zámek Lednice은 아름다운 정원에 내부에는 리히텐슈타인 가문의 손길이 닿은 가구 등이 전시되어 있다.

지하는 프레스티지 홀로 귀족들의 연회장을, 1층은 리히텐슈타인Lichtenstein 관저 내부를 다시 리모델링했다. 2층은 리히텐슈타인Lichtenstein 가문의 초상화를 전시하였다.

홈페이지_ www.zamek-lednice.com
주소_ Jerome 1, 691 44 Led Nice
운영시간_ 9~18시(5~8월) / 17시(9월)
월요일 휴관
9~17시(4,10월 / 토, 일요일만 개관)
요금_ 230Kc(학생, 어린이 175Kc / 가족 635Kc)

영어 가이드 투어 입장료

Tour 1 (지하 투어) | 일반 150Kc / 가족 400Kc / 학생 100Kc
Tour 2 (1층 투어) | 일반 150Kc / 가족 400Kc / 학생 100Kc
Tour 3 (2층 투어) | 일반 50Kc / 학생 30Kc

레드니체 스파(Lednice Spa)

몸과 마음을 위해 레드니체-발티체 복합건물(ednice-Valtice Complex)의 동화같은 풍경을 즐기면서 스파를 받는다. 리히텐슈타인(Lichtenstein) 가문의 중심지인 레드니체(Lednice)는 동화 같은 성과 화려한 정원으로 유명하며, 그 안에 최근에 인기를 누리고 있는 유명한 스파 단지가 있다.

- **주소** : Břeclavská 700, 691 44, Lednice
- **전화** : +420 519 304 811
- **홈페이지** : www.lednicelazne.cz / recepce@lednicelazne.cz

레드니체 미나렛
Lednice Minaret

레드니체 성Lednice Chateau의 정원 가운데에 위치한 레드니체 미나렛Lednice Minaret은 정원의 명물이다. 레드니체 미나렛Lednice Minaret는 이슬람교가 아닌 국가에서 가장 큰 구조물로 J. 하드무스J. Hardmuth의 디자인에 따라 무어 스타일로 지어진 탑이다.

첨탑이 있는 곳에 원래는 리히텐슈타인 가문이 교회를 지으려고 했지만 개신교와 가톨릭의 종교적인 저항에 부딪쳐 리히텐슈타인 가문은, 자신들의 권위를 더욱 내세우기 위해 무어 스타일로 이슬람교의 첨탑Lednice Minaret을 가진 모스크 사원을 지었다.

1797년에 건축을 시작한 첨탑은 높이 60m, 총 302개의 계단이 있다. 첨탑을 올라가면 아름다운 레드니체 성의 풍경을 한눈에 볼 수 있는 낭만적인 건물이다.

홈페이지_ www.zamek-lednice.com
주소_ Jerome 1, 691 44 Led Nice
시간_ 4,10월, 9~16시 (월요일 휴관)
5~9월, 9~17시(월요일 휴관
점심시간 12~13시
요금_ 일반 50Kc 학생 30Kc
전화_ +420-519-340-128

존의 성
Janův hrad / John 's Castle

존의 성Janův hrad은 완전한 기능을 갖춘 사냥용 별장이다. 18~19세기 경 지어진 존의 성Janův hrad은 레드니체 성Zámek Lednice에서 4㎞ 정도 떨어진 곳에 있다.

성공적인 사냥 후에 축하를 받는 장소로 사용되었다. 남성들은 자신의 사냥실력을 자랑하고 여성들은 아름다운 성에서 춤을 추면서 사냥을 기념하는 공간이었다.

홈페이지_ www.januv-hrad.cz
주소_ Janův hrad Zámek 1 691 44 Lednice na Moravě
시간_ 5~9월 9~16시15분 (월요일 휴관)
4,10월(토, 일요일만 개관)
요금_ 일반 60Kc, 가족 160Kc, 학생 40Kc
전화_ +420-519-355-134

레이스티나 콜로네이드
Reistina Colonnade

알로이스 1세와 얀 요셉 리히텐슈타인의 두 아들에 의하여 지어진 발티체Valtice 에서 2㎞ 정도 떨어진 공원에 위치한 건축물이다.
발티체 지역에 세운 16개의 콜로네이드는 건물이 완공된 후 아들들은 "아들이 아버지에게, 형이 동생에게"라는 헌정사를 새겼다고 한다.

랑데부(Randes-Vous)
귀족들이 사냥 후 쉬는 공간으로 만들어졌다.

공원
Park

두 성에 둘러싸여 있는 공원은 유럽에서 가장 고급스러운 풍경을 가지고 있다. 수련으로 장식된 작은 연못부터, 푸르른 숲, 꽃으로 가득한 들판과 희귀한 나무 종은 관광객의 눈을 붙잡고 있다.
비엔나 출신 건축가에 의하여 장식된 공원 곳곳의 건축물들은 신들의 세계에 온 듯 환상을 일으킨다.

레이스티나 콜로네이드

발티체 성
Zámek Valtice

발티체 성Zámek Valtice은 18세기에 오스트리아-모라비아 귀족 가문인 리히텐슈타인 가문의 거주 숙소로 사용되었다. 성 내부 곳곳에 꾸며진 회의장, 연회장, 채플은 18~19세기의 양식을 그대로 보존하여 무한한 아름다움을 느낄 수 있다. 현재는 호텔과 레스토랑으로 사용되고 있으며 아름다운 건물뿐만 아니라 체코 와인을 맛보기 위해 찾는 곳이다.

발티체 성Zámek Valtice은 로마 황제 마르쿠스 아우렐리우스가 팔라바 지역에 공식적으로 포도나무를 들여 포도 농사를 시작하게 되었다. 발티체Valtice 지하에는 국립와인협회 살롱 빈Salon Vín이 있다. 체코 인들은 국내의 소비량이 많아 해외 수출은 거의 안하고 있어 국립 와인 살롱의 와인들은 우리나라에서 마실 수 없는 와인들이다. 내부에서 시음을 해보고 구입할 수 있다.

발티체 성Zámek Valtice에서는 매년 최고의 체코와인 100점을 선정하여 공표하는 업무를 하고 와인협회에서는 그해의 최고의 와인을 맛볼 수 있다. 발티체 성Zámek Valtice의 와인 셀러는 발티체Valtice 지역에서 가장 오래된 와인 저장고이고, 발티체 성Zámek Valtice 입구에 위치한 와인 상점에서 최고의 와인을 추천받아 구매해도 좋다.

주소_ Zámek 1, 691 42 Valtice
시간_ 6~8월 9~18시/ 5, 9월 17시까지
4, 10월 16시까지 (월요일 휴관)
요금_ Princely Tour(15개 홀 방문, 45분)
- 일반 130Kc 가족 320Kc 학생 100Kc
Imperial Tour(21개 홀 방문, 60분)
- 일반 190Kc 가족 450Kc 학생 130Kc
바로크 극장 (45분)
- 일반 100Kc 가족 260Kc 학생 80Kc
Princely Tour + 와인 테이스팅 – 190Kc
Imperial Tour + 와인 테이스팅 – 240Kc
전화_ +420-778-743-754

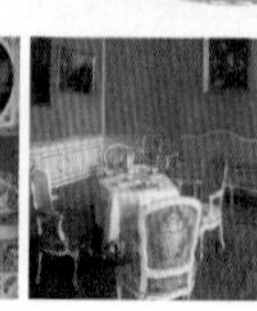

체코와인의 본고장

레드니체와 발티체는 5~6월이 가장 아름답고, 9월은 와인 축제의 달이다. 로마 황제였던 마르쿠스 아우렐리우스가 공식적으로 포도나무를 들여오면서 포도 농사가 시작되었다고 알려진 곳이다. 로마에서 직접 들여온 포도나무로 와인을 직접 만든다는 자부심이 강하다. 발티체 성의 와인셀러에는 발티체에서 가장 오래된 와인 저장고로 국립 와인협회Salon VI도 있다. 매년 체코에서 만들어진 와인 중 베스트 100을 선정하여 발표하고 있으며 와인 전문가 200명이 엄선한 체코 와인을 시음해 볼 수 있다.

U 카플리치(U Kapličky) 와이너리

U 카플리치 와이너리(U Kapličky Winery)는 가족 와이너리로 자신의 포도원에서 시음을 하고 안락한 숙박 시설과 웰빙 센터를 제공하고 있다. 와인 욕조에서 와인과 함께 휴식을 취하고 수영장에서 수영을 하면서 하루를 지낼 수 있다. 저녁에는 U카플리치(U Kapličky)에서 와인 특선 요리를 제공해 주는 지역 특선 요리를 맛볼 수 있다.

- **주소** : Vinařská 484, 691 05 Zaječí (GPS : 48.87033236068564, 16.751457671524008)
- **전화** : +420 606 766 147
- **홈페이지** : recepce@vinarstviukaplicky.cz / www.vinarstviukaplicky.cz

Telč
텔치

ZAKAZ
VSTUPU
P

Telč
텔 치

보헤미아와 모라비아의 경계에 위치한 텔치Telč는 중세에 만들어진 대표적인 계획도시로 아기자기한 멋의 도시로 더 유명하다. 삼각형 모양의 자하리아슈 광장nam Zachariáše z Hradce에는 다양한 색으로 칠해진 바로크와 로코코, 르네상스 양식의 건축물이 80개 이상 늘어서 있어 아기자기한 모습을 보여 준다.

간략한 텔치의 역사

'모라비아의 진주'라고 불리는 조그만 도시는 보헤미아와 모라비아의 경계 지점에 위치해 있다. 12세기에 모라비아의 왕자 오타Otta 2세가 보헤미아의 브제티슬라프Břetislav 왕을 격퇴한 곳에 도시를 세웠다. 1339년에 흐라데츠Hradec가문이 통치하였는데 이때 르네상스풍의 도시로 발전을 시작했다.
17세기에 가장 강대하고 부유했던 발트슈타인 가문이 도시를 소유하면서 바로크풍의 원형 지붕을 얹은 성과 르네상스식의 궁전을 세웠다. 중세의 대표적인 도시로 그 보존 가치가 높아 1992년에 유네스코 세계 유산으로 지정 되었다.

텔치 IN

모라비아 지방에 속한 텔치Telč는 프라하에서 직접 이동하는 기차는 없다. 프라하에서 하루에 6편 정도의 버스가 있으며 2시간 40분 정도 시간이 소요된다.

기차

브르노에서 4편의 기차가 운행하고 약 2시간 40분이 소요된다. 가장 빨리 이동하는 방법은 체스케 부데요비체에서 텔치를 향해 가는 기차를 타는 것이다. 기차는 2시간을 이동하면 도착한다. 그러므로 프라하에서 체스키크롬로프를 여행하고 나서 체스케 부데요비체로 이동하여 텔치로 가는 기차를 타면 된다.

버스

텔치Telč를 가장 쉽게 이동하는 방법은 버스를 이용하는 것이다. 저렴하고 빠르게 체코 전역으로 퍼져 있다. 프라하에서 버스는 하루에 6편 정도의 버스가 있으며 2시간 40분 정도 소요된다.
텔치Telč로 가장 빨리 이동하는 방법은 체스케 부데요비체에서 2시간 동안 버스를 타고 이동하는 것이다. 아니면 브르노에서 약 3시간 정도 이동하면 도착할 수 있다.

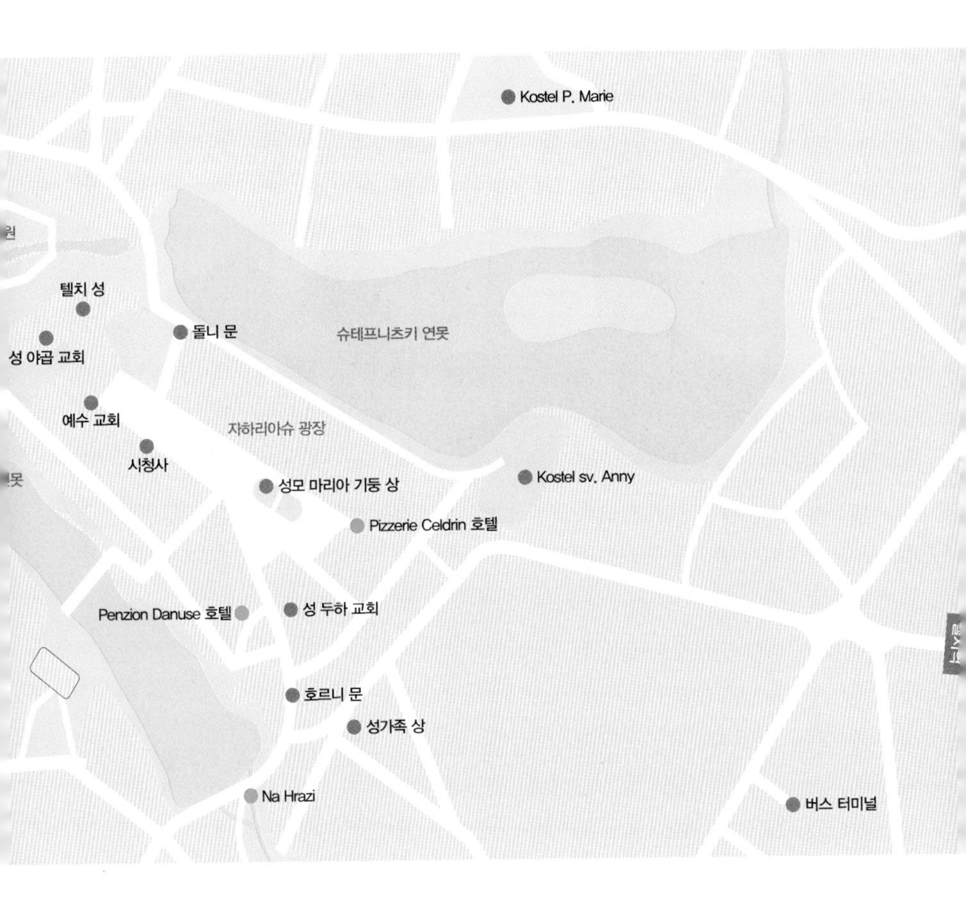
Kostel P. Marie
텔치 성
성 야곱 교회
돌니 문
슈테프니츠키 연못
예수 교회
자하리아슈 광장
시청사
성모 마리아 기둥 상
Kostel sv. Anny
Pizzerie Celdrin 호텔
Penzion Danuse 호텔
성 두하 교회
호르니 문
성가족 상
Na Hrazi
버스 터미널

한눈에 텔치 파악하기

기차역에서 구시가지까지는 마사리코바Masarykova 거리를 따라 걸어 10분 정도면 도착할 수 있다. 그리스도를 안은 요셉과 마리아의 성 가족 상을 보고 오른쪽으로 이동해 호르니 문을 지나면 구시가지가 나온다.

13세기에 지어진 로마네스크 양식의 성 두하 교회Kostel sv. Ducha를 지나 자하리아슈 광장nam Zachariáše z Hradce에서 고딕양식의 시청사를 중심으로 둘러보면 된다. 텔치 성은 광장 안으로 10분 정도 들어가면 끝자락에 있다.

자하리아슈 광장
nám Zachariáše z Hradce / Zachariás z Hradce Square

삼각형의 광장은 텔치Telč에서 보고 싶은 건물들은 대부분 볼 수 있는 곳이다. 광장 중심에는 성모마리아 상은 18세기 초에 페스트를 물리쳤다는 것을 기념해 시민들의 기부로 세워졌다. 좌우로 늘어선 건물들은 다양한 파스텔톤의 예쁜 건물들로 동화속의 한 장면 같다.

1530년에 화재로 전소되면서 1550년에 통치한 영주인 자하리아슈Zachariáše가 르네상스양식으로 설계하여 만들어 '마르크트 광장'이라고 이름 지었다.

뛰어난 기술로 보존된 집들의 입구는 아케이드로 되어 있고 대부분은 기념품 상점들이 운영하고 있다. 스그라피트 방식으로 장식한 건물로 돌출된 창이 특징이다.

주소_ nám Zachariáše z Hradce 10
전화_ +420-567-112-407

텔치 거리풍경
Telč Street Scene

16세기부터 본격적으로 발전을 시작한 도시는 고스란히 당시의 아름다움을 간직하고 있다. 몇 백 년 동안 시간이 멈춘 것 같은 중세의 거리 풍경은 1992년에 유네스코 세계문화유산으로 등재되었다.

텔치 성
Telčský Zámek / Castle Telc

13세기에 만들어진 고딕양식의 성으로 축조되었지만 16세기 후반에 자하리아슈 Zachariáše가 이탈리아의 건축가에게 의뢰해 르네상스 양식으로 개축했다. 성 안에는 14세기에 건축된 고딕양식의 성 야큽 교회Kostel sv. Jakuba가 화재 후 1892년 현재의 모습으로 재건되었다.

가이드 투어(60분 소요)

박제와 모피, 그리스 신화를 주제로 그린 천장화와 포드스타스키 리히텐슈타인이 생활한 그대로 보존된 방을 견학한다.

홈페이지_ www.zzmek-telc.cz
시간_ 9~17시(5~8월 / 4, 9, 10월 16시까지 11~3월까지, 월요일 휴관)
요금_ 180Kc(학생 90Kc)
전화_ +420-567-243-943

체코 여행을 위한 서양 미술의 이해

서로마 제국이 멸망한 후 유럽 역사의 중심지는 지중해에서 서유럽으로 옮겨 갔다. 이로써 고대가 막을 내리고 중세가 시작된 것이다. 서로마 제국이 멸망한 후에도 동로마 제국은 천 년이나 계속되었다.

고대 미술

그리스의 미술

고대 그리스인들은 현실의 삶을 즐기고 사랑했다. 이들이 믿는 신은 인간 생활의 여러 부분을 책임지는 친숙한 존재였다. 그리스인들은 신의 모습을 닮은 완벽한 인간의 아름다움을 표현하기 위해 끊임없이 노력했다. 그리스 인들은 자연이 황금 비례를 이룰 때 가장 아름답다고 믿었다. 그래서 황금 비례를 신전, 조각, 도자기 등 모든 곳에 적용시켜 아름다움을 만들어냈다. 이를 근거로 사람의 몸도 머리가 키의 1/8이 되었을 때 가장 아름답다는 결론을 내렸다. 같은 시기에 건축은 신전 건축을 중심으로 발달했다. 건축에서는 질서와 균형을 강조했는데, 대표적인 것이 파르테논 신전이다.
그 후 알렉산드로스 대왕의 동방 원정으로 그리스 문화와 오리엔트 문화가 결합되어 헬레니즘 문화가 탄생했다. 이 시기에 그리스 조각은 큰 변화를 겪었다. 균형과 조화를 이룬 완벽하고 아름다운 모습 대신에 인간의 격렬한 감정과 과장된 움직임을 조각에 담게 된 것이다. '라오콘 상'과 '밀로의 비너스'가 조각된 것이 이 시기이다.

로마의 미술

그리스의 뒤를 이은 로마 인들은 처음에는 그리스 미술을 그대로 모방했다. 그러나 로마의 독자적인 미술을 만들어 갔다. 로마인들은 인물을 조각할 때 흉터까지 그대로 새겨 넣어 개성을 드러냈다. 로마 미술을 이야기할 때는 건축물을 빼놓을 수 없다. 공중목욕탕, 도로 등을 건축한 로마는 실용성을 고려하면서 완벽한 건축미를 추구했다. 티투스 개선문, 콘스탄티누스 개선문, 콜로세움, 판테온 신전, 카라칼라 황제의 목욕탕 등이 대표적이다.
로마 시대의 그림은 거의 남아 있지 않다. 그러나 베수비오 화산 폭발 당시 화산재에 묻혔다가 발굴된 벽화를 통해 당시 로마 그림의 수준이 꽤 높았음을 알 수 있다.

중세 서양 미술

비잔티움 미술

동로마 제국을 비잔티움 제국이라고 하고 이 시기의 미술을 '비잔티움 미술'이라고 한다. 그리스 미술과 헬레니즘 미술을 이어받은 비잔티움 미술은 특히 건축과 그림이 발달했다. 비잔티움 건축은 커다란 둥근 지붕인 '돔'과 정교한 모자이크 벽화가 특징이다.
대표적인 건축물이 성 소피아 성당이다. 비잔티움 건축의 천장과 벽은 모자이크 벽화로 장식되었다. 비잔티움 제국 말기에는 예수나 성모 마리아를 그린 성상화가 유행했다. 교회에서는 성상을 그릴 때 교회가 정한 원칙을 엄격하게 지키도록 했다. 그래서 성모 마리아와 예수의 머리 뒤에는 성스럽게 보이도록 둥근 후광이 그려졌으며, 표정은 매우 엄숙하게 표현되었다.

서유럽(게르만족+로마+비잔티움=로마네스크)

게르만족을 비롯한 여러 민족이 이동해 와 수많은 왕국이 세워지고 멸망했다. 이들은 크리스트교를 받아들이고 봉건 제도를 확립하면서 게르만족의 문화에 로마와 비잔티움 문화를 받아들여 '로마와 같은'이라는 뜻의 '로마네스크'라는 새로운 양식을 만들어냈다.
이 시기에는 교회 건축이 예술 양식의 대부분을 차지한다. 로마네스크 건축은 돌로 만든 아치형 천장과 이를 받쳐 주는 두꺼운 벽과 굵은 기둥이 특징이다. 그래서 로마네스크 양식으로 지어진 교회는 빛이 안으로 잘 들어오지 않아 어두침침하다. 로마네스크 조각은 '성서'에 나오는 인물이나 동물을 교회의 문 위에 새겨 넣는 부조가 발달했다.

중세 후기

교회 건축에 '고스트 양식'이라는 뜻의 '고딕'이라는 새로운 미술 양식이 나타났다. 늘어난 크리스트 교도를 수용하기 위해 교회의 규모는 점점 커졌으며 하늘에 더 가까이 가려는 욕망으로 높이는 점점 하늘에 닿을 듯 높아졌다. 그리고 실내를 가득 메우던 두꺼운 벽과 기둥들이 사라지고 창문의 크기는 커졌다. 크고 넓은 창은 화려하고 아름다운 스테인드글라스로 장식되어 교회에 들어온 사람에게 마치 천국에 온 것과 같은 느낌을 갖게 했다.

서양 근대 미술

르네상스

르네상스는 '다시 태어나다'라는 뜻이며, 14~16세기 이탈리아 미술이 고대 그리스, 로마의 고전 미술을 부활시켰다는 의미에서 붙여진 이름이다. 당시의 미술가들은 인간과 사물을 있는 그대로 그림과 조각에 표현하고 싶어 했다. 이렇게 표현하는 데 가장 큰 공헌을 한 것은 원근법의 발견이었다. 원근법은 먼 곳의 물체는 작게, 가까이 있는 물체는 크게 그리는 방법이다. 르네상스 예술가들은 원근법을 받아들여 평평한 화면 위에 그려진 사물을 진짜처럼 보이게 했다. 이들은 엄격한 구도, 완벽한 비례, 명암법, 원근법과 같은 르네상스가 만들어 낸 기법을 총동원하여 미술사에 길이 남을 위대한 걸작들을 남겼다.

바로크 미술(17세기)

17세기에는 바로크 미술이 유행했다. 미술의 주제도 르네상스 시대에 주로 그려진 종교와 신화뿐만 아니라 생활 주변의 소재나 일상생활의 장면들로 다양해졌다. 프랑스와 스페인에서는 강력해진 왕권을 과시하기 위해 크고 웅장한 궁전을 짓고 화려하게 장식했다. 또한 왕실의 지원을 받은 궁정 화가를 두어 그림을 그리게 했다. 그래서 베르사유 궁전이 지어지고 루벤스, 벨라스케스, 반 다이크 같은 궁정 화가들이 활발히 활동했다.

네덜란드

상업으로 많은 돈을 벌어들인 시민들을 위한 미술이 발달했다. 이 시기 네덜란드 화가들은 미술품을 주문 받아 그릴 뿐 아니라 자신이 그린 미술품을 팔기 시작했다. 렘브란트, 얀 스텐, 호메바 등의 재능 있는 화가들이 나타나 미술이 크게 발전했다.

야경, 렘브란트를 몰락의 길로 걷게 한 그림

위대한 바로크 미술가로 꼽히는 렘브란트는 젊었을 때 암스테르담에서 초상화가로 명성을 누렸다. 그런데 그림 하나가 렘브란트의 운명을 바꾸어 놓았다. 17세기 초 네덜란드에서는 여러 명이 공동 초상화를 제작하여 직장에 걸어 두는 것이 유행이었다. 어느 날 렘브란트는 16명의 암스테르담 시민 방위대원들에게 주문을 받고 초상화를 그렸다. 하지만 완성된 그림을 본 시민 방위대원들은 불만을 터뜨렸다.

같은 돈을 냈는데, 어떤 사람은 앞사람에 가려서 몸통도 보이지 않고 얼굴만 간신히 보이거나, 얼굴조차 제대로 안 보이는 사람도 있었기 때문이었다. 렘브란트는 빛과 그림자의 대조를 강하게 표현하는 데 뛰어난 화가였다. 그는 기념사진을 찍듯 초상화를 그리기보다는 그림 속에 감정과 느낌을 담고 싶었던 것이다. 하지만 화가 난 방위대원들은 렘브란트를 형편없는 화가라고 소문을 냈다. 야경의 실패로 그림 주문이 뚝 끊긴 렘브란트는 평생 가난에 허덕여야 했다.

로코코 미술(18세기)

프랑스 왕궁에서 시작되어 유럽으로 퍼져 나간 로코코 미술은 화려하고 사치스러운 생활을 한 귀족들을 위한 미술이었다. 로코코 미술은 밝고 섬세한 여성미가 강조된 미술이라 할 수 있다. 그래서 그림에 화려하고 밝은 색채를 즐겨 썼으며, 귀족의 연애나 파티, 오락 등을 주제로 한 그림을 많이 그렸다. 대표적인 로코코 화가로는 와토, 부셰, 샤르댕, 프라고나르 등이 있다.

신고전주의 미술(18세기 후반)

18세기 후반에 프랑스 혁명이 일어나자 귀족들의 로코코 양식 대신 혁명의 분위기에 맞는 신고전주의 미술이 유행했다. 이 시기에는 고대 그리스, 로마를 이상으로 삼았다. 따라서 신고전주의는 대상을 꼼꼼하게 관찰해 사물의 형태와 명암이 정확하게 드러나도록 했으며, 단순한 구도와 붓 자국 없는 매끈한 화면이 특징이었다. 주로 서사적이고 영웅적인 이야기가 그려졌다. 대표적인 화가로는 다비드와 앵그르가 있다.

낭만주의 미술(19세기 전반)

신고전주의에 반발해 낭만주의 미술이 19세기에 시작되었다. 낭만주의 화가들은 이제 교회나 궁전을 위하여 그림을 그리지 않았고, 원하는 주제를 느낀 대로 자유롭게 그렸다. 주로 문학에서 영감을 얻었으며, 그림의 주제도 꿈, 신비, 밤, 먼 나라에 대한 동경, 자연에 대한 것이었다. 낭만주의를 대표하는 화가로는 들라크루아, 제리코, 터너, 고야 등이 있다.

사실주의 미술(19세기 중반)

감정에 치우친 낭만주의를 밀어내고 사실주의 미술이 유행했다. 사실주의 화가들은 경치나 세상의 모습을 있는 그대로 정확하게 옮기려고 노력했다. 쿠르베는 공식적으로 사실주의를 선언하고 실천한 화가이다. "나는 천사를 본 적이 없으므로 천사를 그릴 수 없다"라는 쿠르베의 말은 사실주의 성격을 잘 보여준다.

인상주의 미술(19세기 후반)

이전의 미술과는 완전히 다른 '인상주의'라는 새로운 미술이 등장했다. 인상주의 화가들은 그림 도구를 싸들고 밖으로 나가 야외에서 그림을 그렸다. 야외의 밝은 태양 아래에서는 사물이 항상 같은 모습과 색채로 보이지 않는다는 것을 중요하게 생각했다. 인상주의 화가로는 모네, 르누아르, 드가, 마네 등이 있다.

후기 인상주의 미술(19세기 말)

인상주의 안에서 개성을 더욱 발전시킨 후기 인상주의 미술이 나타났다. 세잔, 고흐, 고갱으로 대표되는 후기 인상주의 화가들은 빛과 색채로 자신들의 느낌과 감정을 다양하게 표현하려고 했다. 이들의 개성적인 그림은 21세기 미술에 큰 영향을 미쳤다.

서양 현대 미술

야수파(20세기 초반)

현대미술은 야수파가 중심이 되었다. 야수파라는 이름은 사용하는 색채가 사나운 짐승인 야수처럼 강렬해서 붙여진 이름이다. 야수파 화가들은 대상의 모양과 색채를 마음대로 구성하여 당시 사람들에게 큰 충격을 주었다. 마티스, 블라맹크, 뒤피 등의 화가가 있다. 비슷한 시기에 독일에서 등장한 표현주의는 강렬한 색채, 거친 붓 터치, 대담한 형태 등을 특징으로 한다. 표현주의 화가들은 사회에서 일어나는 여러 가지 문제에 관심을 가졌고, 미술을 통해 더 나은 사회를 건설하려 했다. 대표적인 화가로는 뭉크, 키르히너, 놀데, 페히슈타인 등이 있다.

입체파(1907년)

1907년, 현대 미술에 가장 큰 영향을 끼친 입체파가 등장한다. 입체파 화가들은 르네상스 이래 서양 미술가들이 이루려고 노력해 온 화면의 조화와 통일을 거부했다. 그 대신 이들은 사물의 형태를 수많은 조각으로 쪼개고 겹쳐서 화면에 펼쳐 놓았다. 피카소와 브라크 등이 유명한 입체파 화가이다.

추상 미술(1919년대)

1910년경에 일어난 추상 미술은 러시아 화가 칸딘스키로부터 시작되었다. 칸딘스키는 눈에 보이는 대상의 겉모습에 얽매이지 않고 순수한 색과 형태, 선만으로도 그림을 그릴 수 있다고 주장했다. 네덜란드에서 추상 미술을 이끈 몬드리안은 자연에서 볼 수 없는 엄격하고 정확한 질서를 그림에 표현하려고 했다. 몬드리안은 그림을 그릴 때 선과 직사각형만을 사용했다. 또한 색도 흰색, 검은색, 회색, 빨간색, 노란색, 파란색만 썼다.

초현실주의(1920년대)

1920년대에 시작되었다. 초현주의 미술은 현실 세계에서 있기 힘든 일들, 상상 속에서 가능한 일들, 꿈속에서 경험한 일들을 그림으로 표현하는 미술이다. 초현실주의 화가로는 샤갈, 에른스트, 마그리트, 달리, 미로 등이 있다.

추상 표현주의(1940년대)

1940년대 이후 미국이 세계 미술의 중심이 되기 시작했다. 바로 추상 표현주의였다. 추상 표현주의의 대표적인 화가 잭슨 폴록은 캔버스를 바닥에 깔아 놓고 그 위를 돌아다니며 물감을 흘리거나 붓에 물감을 듬뿍 묻혀 뿌렸다. 그래서 폴록의 미술을 '액션 페인팅'이라고도 한다.

팝 아트(1960년대)

1960년대에는 가장 미국적인 회화라고 평가되는 팝 아트가 생겨났다. 팝 아트는 널리 알려진 연예인이나 정치인, 상품, 만화 등 대중적인 이미지를 미술에 등장시켰다. 대표적인 화가로는 앤디워홀과 리히텐슈타인, 올덴버그 등이 있다.

체코 화폐 코루나(KČ)

왕관을 뜻하는 코루나(KČ, CZK)는 체코의 통화이다. 1993년 2월 8일에 체코와 슬로바키아가 나뉘자 체코슬로바키아 코루나와 체코 코루나를 1 대 1 비율로 대체하면서 탄생했다. 그래서 최초의 체코 지폐는 1993년, 100, 500, 1000 코루나로 사용되었지만 경제 사정이 좋지 않으면서 지나치게 많이 발행되어 인플레이션이 발생하기도 하였다.

1993년과 1994년 새로 도안한 20, 50, 100, 200, 500, 1000, 2000, 5000 코루나가 도입되어 쓰이고 있으며 이 중 1000, 5000 코루나 최초 주조권은 통용이 금지되고 있다. 하지만 2000 코루나만은 발행 시기에 관계없이 여전히 통용이 유효하다.

정리하면 지폐로는 100, 200, 500, 1000, 2000, 5000 코루나, 동전은 1, 2, 5, 10, 20, 50 코루나가 있다. 체코 화폐에는 지폐에 인물들의 그림과 더불어 "CESKA NARODNI BANKA"라고 적혀있다. 체코 국립 은행이란 뜻으로 체코 내에서 사용되는 지폐임을 확인시켜 주는 것이다. 동전에는 숫자와 함께 체코 화폐 단위인 KČ(코루나)가 적혀 있다. KČ이 적혀있지 않으면 체코 돈이 아니고 비슷한 벨라루스 화폐일 수도 있다.

Travellog login

트래블로그Travellog로 **로그인**하라!

여행은 일상화 되어 다양한 이유로 여행을 합니다.
여행은 인터넷에 로그인하면 자료가 나오는 시대로 변화했습니다.
새로운 여행지를 발굴하고 편안하고
즐거운 여행을 만들어줄 가이드북을 소개합니다.

일상에서 조금 비켜나 나를 발견할 수 있는 여행은
오감을 통해 여행기록TRAVEL LOG으로 남을 것입니다.

조대현

63개국, 298개 도시 이상을 여행하면서 강의와 여행 컨설팅, 잡지 등의 칼럼을 쓰고 있다. KBC 토크 콘서트 화통, MBC TV 특강 2회 출연(새로운 나를 찾아가는 여행, 자녀와 함께 하는 여행)과 꽃보다 청춘 아이슬란드에 아이슬란드 링로드가 나오면서 인기를 얻었고, 다양한 여행 강의로 인기를 높이고 있으며 '트래블로그' 여행시리즈를 집필하고 있다. 저서로 블라디보스토크, 크로아티아, 모로코, 나트랑, 푸꾸옥, 아이슬란드, 가고시마, 몰타, 오스트리아, 족자카르타 등이 출간되었고 북유럽, 독일, 이탈리아 등이 발간될 예정이다.

폴라 http://naver.me/xPEdID2t

이라암

'집에 돌아오지 못하면 어떡하지?'하는 걱정 때문에 스물 전까지 혼자 지하철을 타본 적이 없던 쫄보 중에 쫄보였다. 어느 날 오로라에 치여 첫 해외여행을 아이슬란드로 다녀온 이후 여행 맛을 알게 되어 40여 개 도시를 다녀오면서 여행에 푹 빠졌다. 나만 즐거운 여행을 넘어서 성별, 성격, 장애 상관없이 모두가 즐길 수 있는 여행 문화를 만드는 것이 삶의 목표로 여행을 사랑하면서 새롭게 여행 작가로 살아가고 있다.

트래블로그

체코 & 프라하 한 달 살기

초판 1쇄 인쇄 I 2020년 2월 3일
초판 1쇄 발행 I 2020년 2월 10일

글 I 조대현, 이라암
사진 I 조대현
펴낸곳 I 나우출판사
편집 · 교정 I 박수미
디자인 I 서희정

주소 I 서울시 중랑구 용마산로 669
이메일 I nowpublisher@gmail.com

979-11-90486-10-1 (13980)

※ 일러두기 : 본 도서의 지명은 현지인의 발음에 의거하여 표기하였습니다.